永善五莲峰市级自然保护区

汤明华　潘庭华　赵金发 ◎ 主编

云南省林业调查规划院生态分院

YNK 云南科技出版社

·昆　明·

图书在版编目（CIP）数据

永善五莲峰市级自然保护区 / 汤明华，潘庭华，赵金发主编. -- 昆明 : 云南科技出版社，2023.11
ISBN 978-7-5587-5323-7

Ⅰ. ①永… Ⅱ. ①汤… ②潘… ③赵… Ⅲ. ①自然保护区—概况—永善县 Ⅳ. ① S759.992.744

中国国家版本馆 CIP 数据核字 (2023) 第 210535 号

永善五莲峰市级自然保护区

YONGSHAN WULIAN FENG SHIJI ZIRAN BAOHUQU

汤明华　潘庭华　赵金发　主编

出 版 人：温　翔
策　　划：高　亢
责任编辑：肖　娅　杨志芳
封面设计：余仲勋
责任校对：秦永红
责任印制：蒋丽芬

书　　号：ISBN 978-7-5587-5323-7
印　　刷：云南灵彩印务包装有限公司
开　　本：889mm × 1194mm　1/16
印　　张：18.75
字　　数：430 千字
版　　次：2023 年 11 月第 1 版
印　　次：2023 年 11 月第 1 次印刷
定　　价：128.00 元

出版发行：云南科技出版社
地　　址：昆明市环城西路 609 号
电　　话：0871-64192752

编委会

永善五莲峰市级自然保护区位置示意图

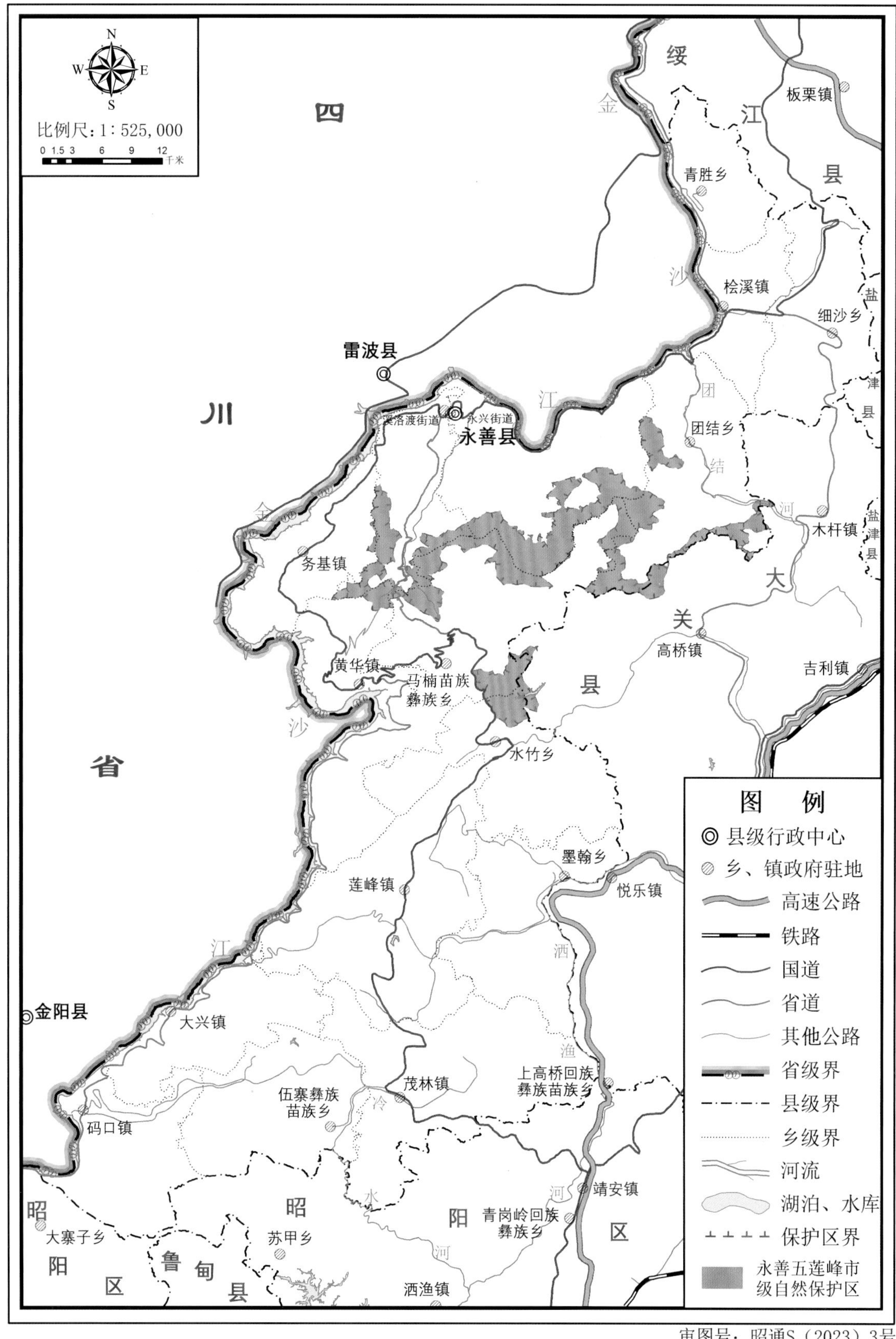

审图号：昭通S（2023）3号

永善五莲峰市级自然保护区植被图

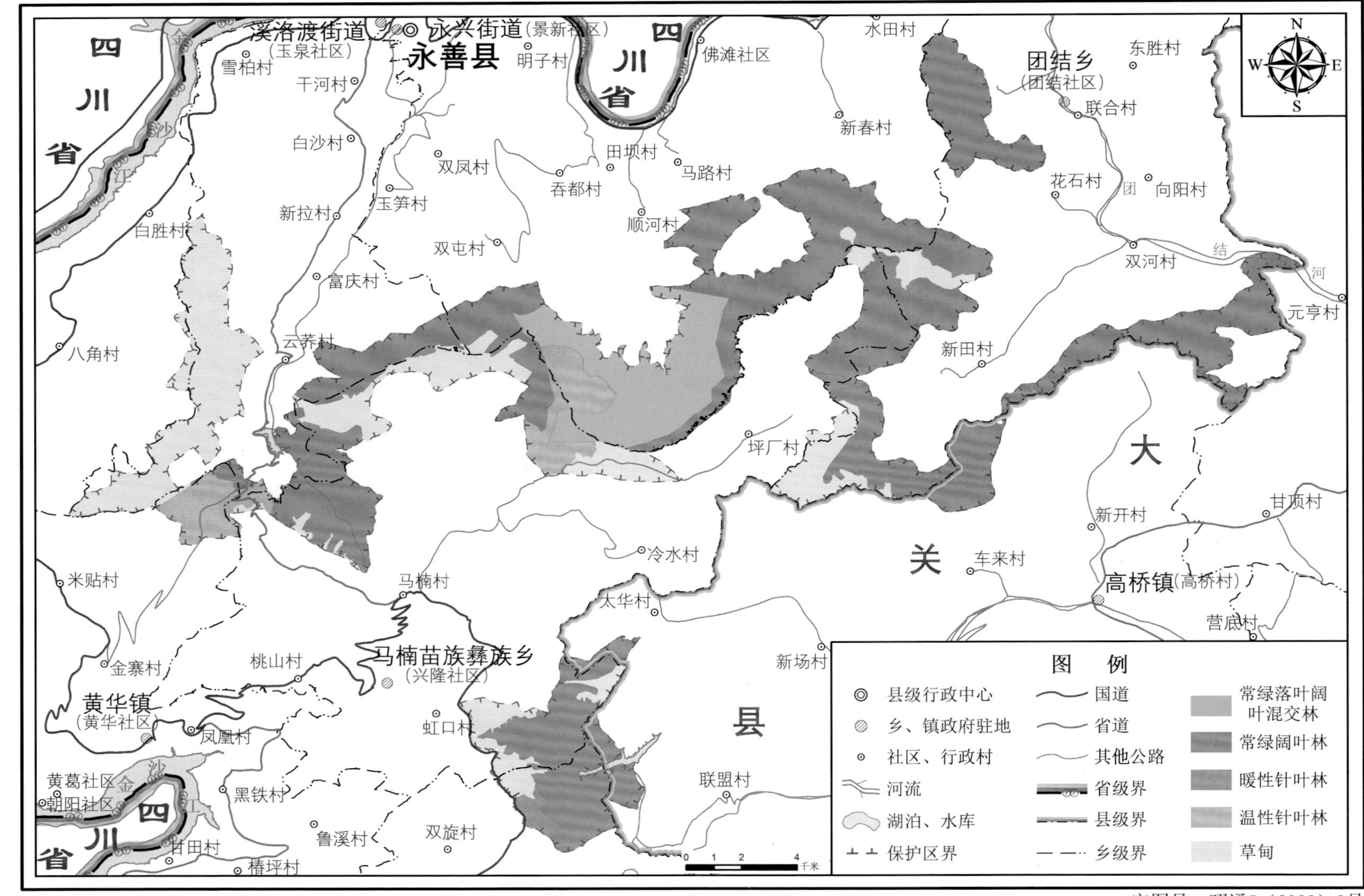

审图号：昭通S（2023）3号

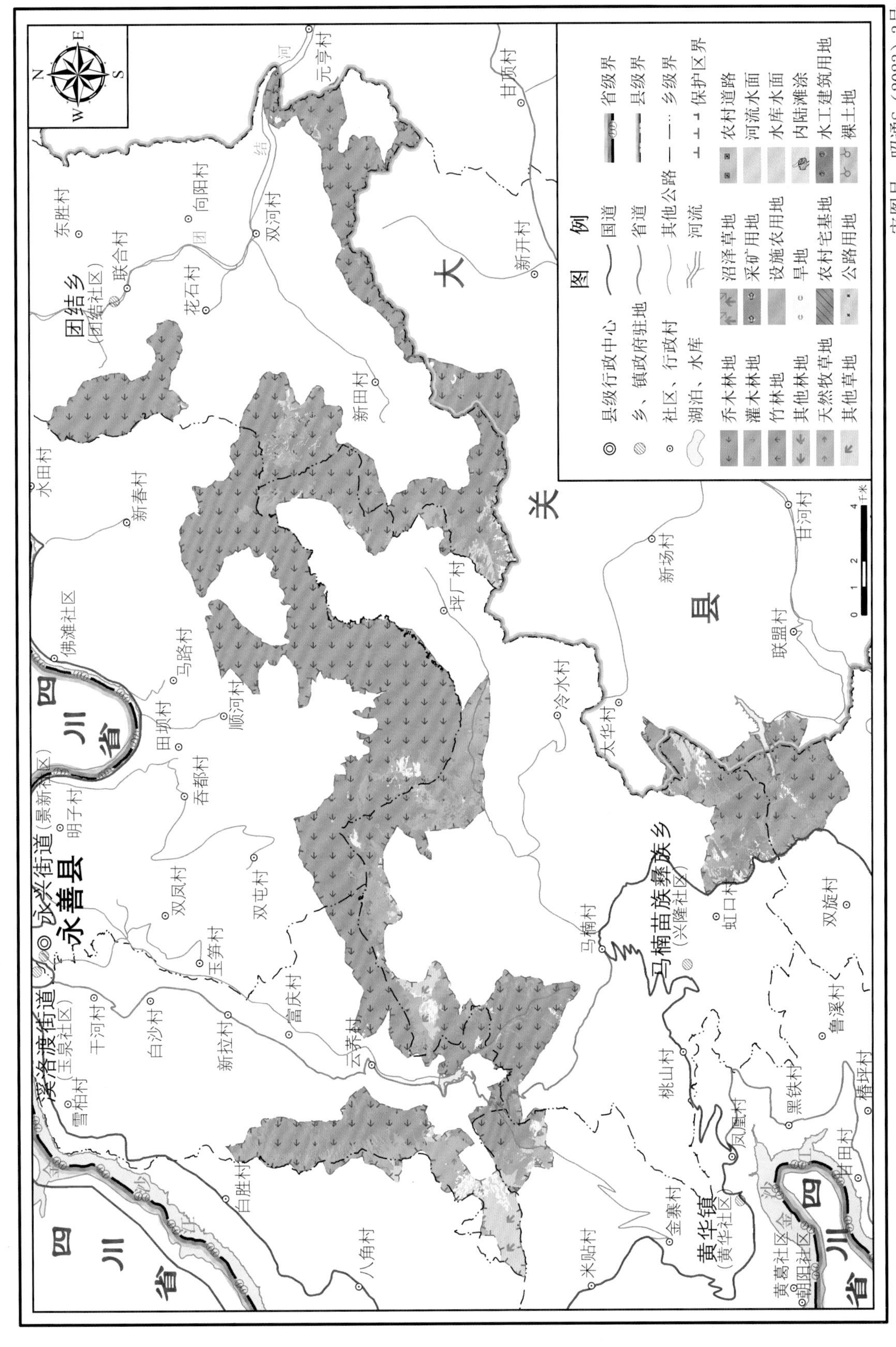

永善五莲峰市级自然保护区土地利用现状图
图 例
县级行政中心
乡、镇政府驻地
社区、行政村
湖泊、水库
国道
省道
其他公路
河流
省级界
县级界
乡级界
保护区界
乔木林地
灌木林地
竹林地
其他林地
天然牧草地
其他草地
沼泽草地
采矿用地
设施农用地
旱地
农村宅基地
公路用地
农村道路
河流水面
水库水面
内陆滩涂
水工建筑用地
裸土地
审图号：昭通S（2023）3号

永善五莲峰市级自然保护区国家重点保护野生植物分布图

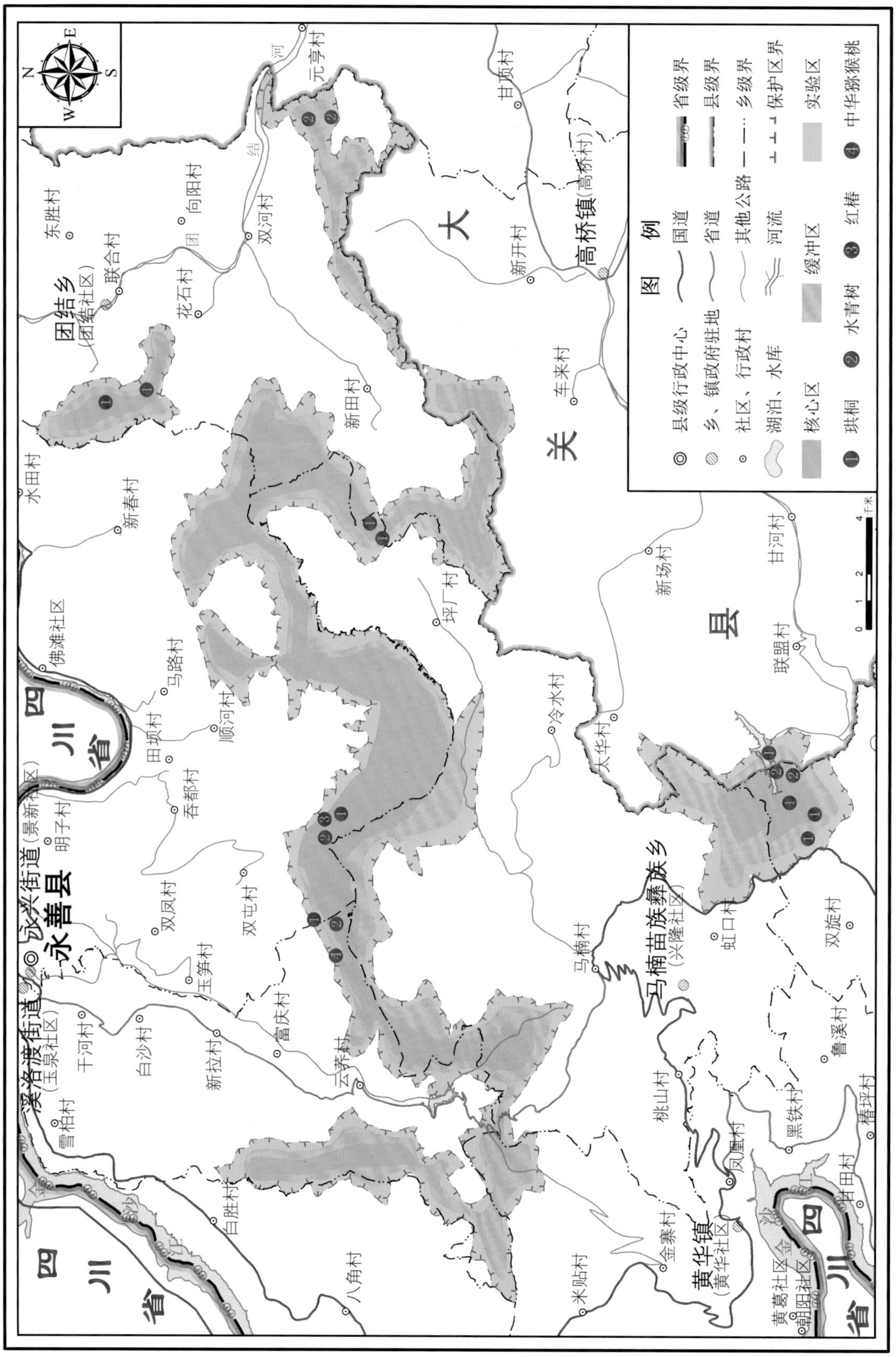

审图号：昭通S（2023）3号

永善五莲峰市级自然保护区国家重点保护野生动物分布图

图例

县级行政中心　乡、镇政府驻地　社区、行政村　湖泊、水库　核心区

国道　省道　其他公路　河流　缓冲区

省级界　县级界　乡级界　保护区界　实验区

1 灰林鸮　2 红腹角雉　3 豹猫　4 斑头鸺鹠　5 普通鵟　6 树鼩

7 白鹇　8 中华斑羚　9 松雀鹰　10 林麝　11 画眉

12 青鼬　13 红隼　14 藏酋猴　15 红嘴相思鸟　16 贵州疣螈

17 白腹锦鸡　18 鹊鹞　19 眼镜蛇　20 黑熊　21 毛冠鹿

审图号：昭通S（2023）3号

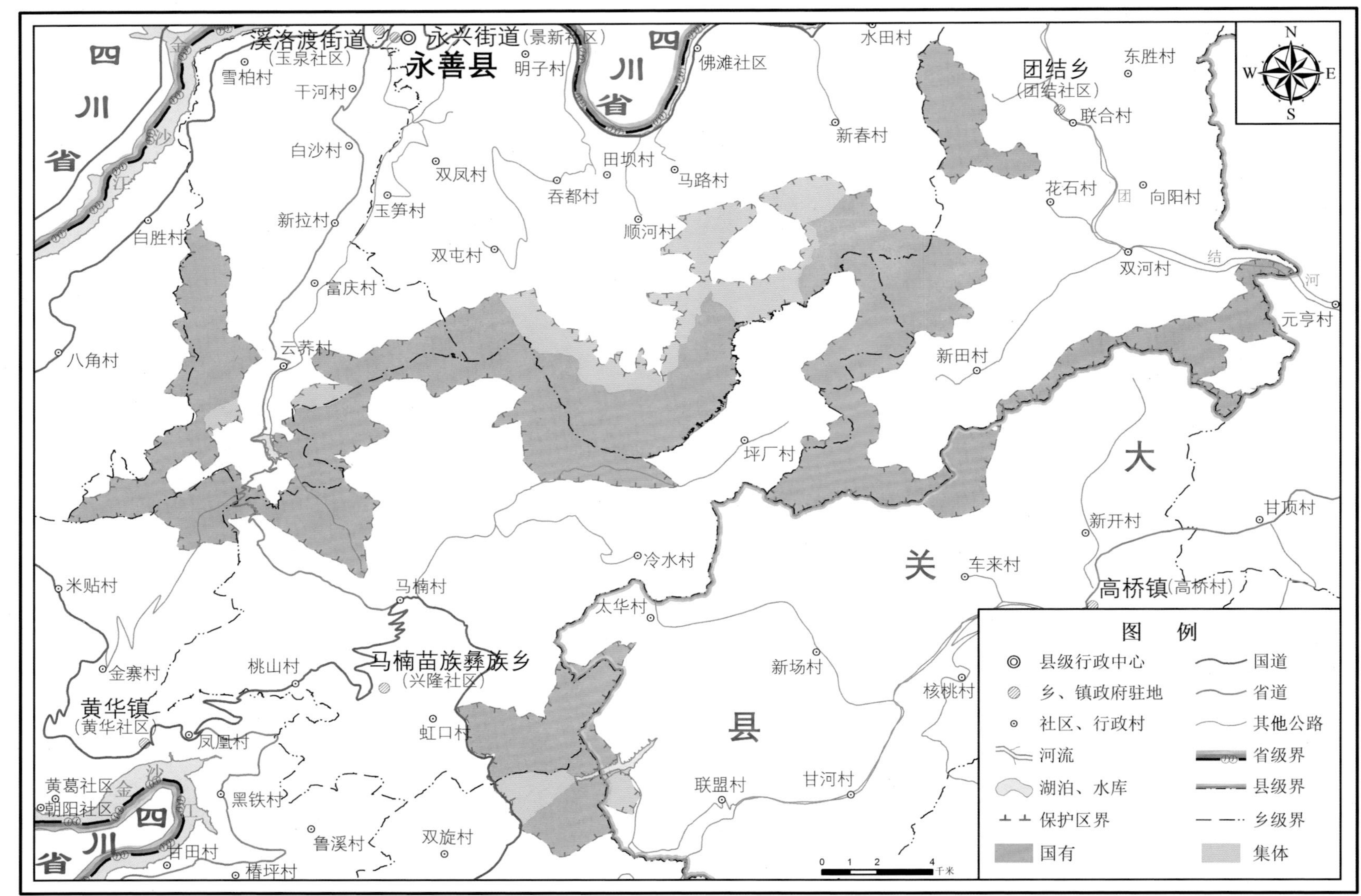

永善五莲峰市级自然保护区林权图
审图号：昭通S（2023）3号
图 例
县级行政中心
乡、镇政府驻地
社区、行政村
河流
湖泊、水库
保护区界
国有
国道
省道
其他公路
省级界
县级界
乡级界
集体
0 1 2 4 千米
四川省
永善县
大关县
团结乡
(团结社区)
高桥镇(高桥村)
马楠苗族彝族乡
(兴隆社区)
黄华镇
(黄华社区)
溪洛渡街道
(玉泉社区)
永兴街道(景新社区)
东胜村
联合村
向阳村
花石村
双河村
元亭村
甘顶村
新开村
车来村
新田村
水田村
新春村
佛滩社区
马路村
田坝村
顺河村
吞都村
明子村
双凤村
双屯村
玉笋村
富庆村
干河村
白沙村
新拉村
云荞村
雪柏村
白胜村
八角村
米贴村
金寨村
桃山村
凤凰村
黑铁村
鲁溪村
双旋村
虹口村
马楠村
冷水村
太华村
坪厂村
联盟村
新场村
甘河村
核桃村
椿坪村
甘田村
黄葛社区
朝阳社区

永善五莲峰市级自然保护区功能分区图

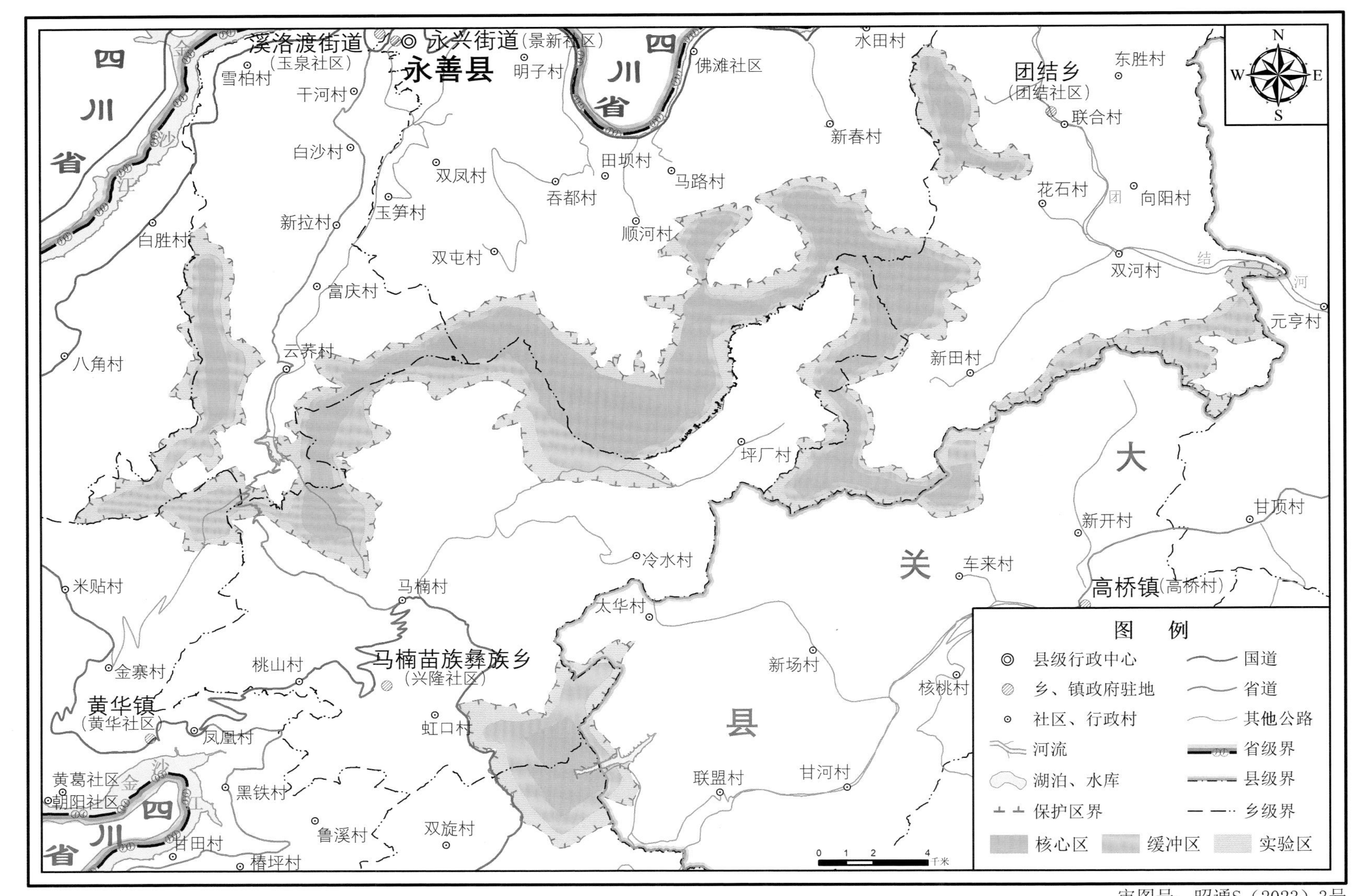

审图号：昭通S（2023）3号

永善五莲峰市级自然保护区与金沙江位置示意图

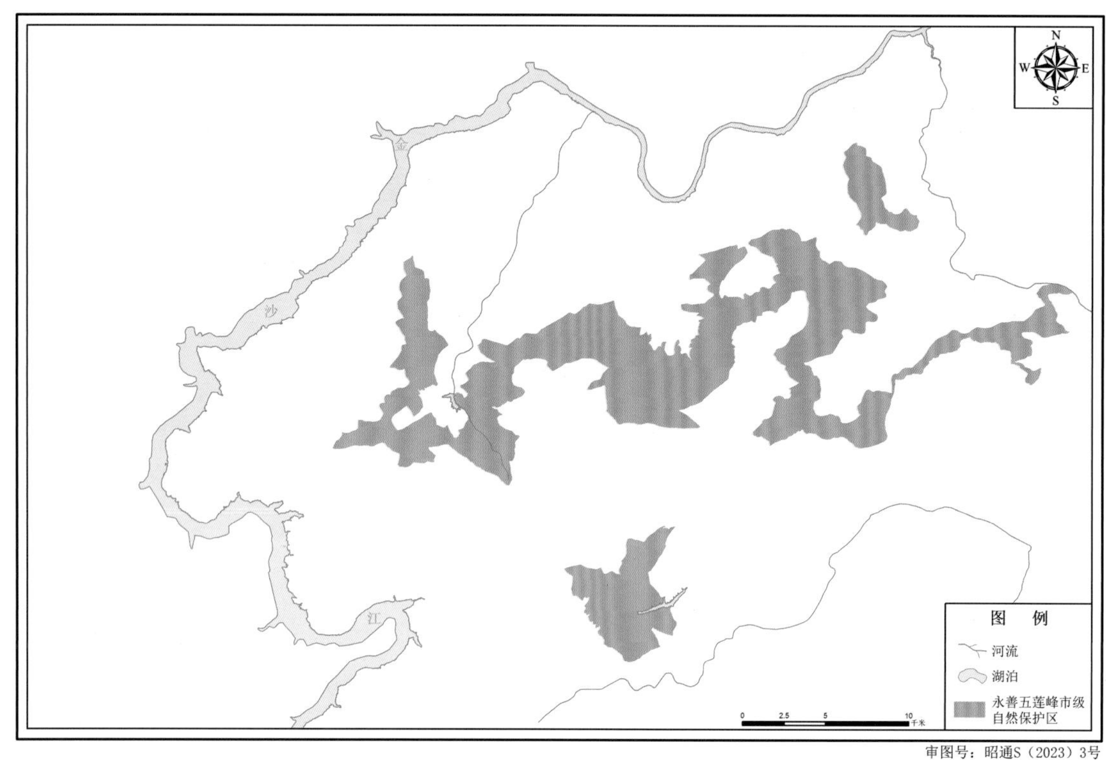

审图号：昭通S（2023）3号

永善五莲峰市级自然保护区高程图

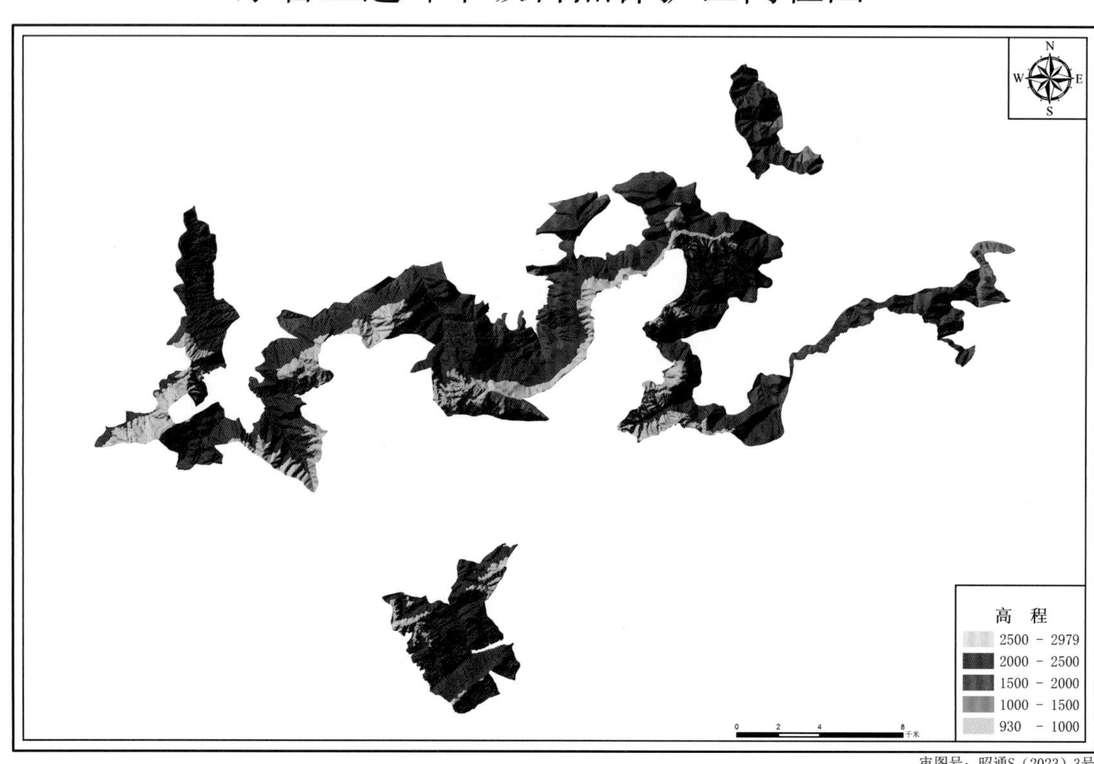

审图号：昭通S（2023）3号

植 被

常绿阔叶林

常绿落叶阔叶混交林

温性针叶林（日本落叶松林）

温性针叶林（日本落叶松林）

暖性针叶林（柳杉林）

草甸

国家重点保护野生植物

国家Ⅰ级重点保护植物　珙桐 ***Davidia involucrata***

国家Ⅰ级重点保护植物　红豆杉 ***Taxus chinensis***

国家Ⅱ级重点保护植物　水青树 ***Tetracentron sinense***

国家Ⅱ级重点保护植物　红椿 ***Toona ciliata***

国家Ⅱ级重点保护植物　中华猕猴桃 ***Actinidia chinensis***

国家重点保护野生动物

国家Ⅰ级保护动物

林麝 ***Moschus berezovskii***

国家Ⅱ级保护动物

黑熊 ***Selenarctos thibetanus***

国家Ⅱ级保护动物

白腹锦鸡 ***Chrysolophus amherstiae***

国家Ⅱ级保护动物

白鹇 ***Lophura nycthemera***

国家Ⅱ级保护动物

贵州疣螈 ***Tylototriton kweichowensis***

国家Ⅱ级保护动物

鹊鹞 ***Cirus melanoleucos***

国家Ⅱ级保护动物

豹猫 ***Prionailurus bengalensis***

国家Ⅱ级保护动物

藏酋猴 ***Macaca thibetana***

国家Ⅱ级保护动物

毛冠鹿 ***Elaphodus cephalophus***

国家Ⅱ级保护动物

貉 ***Nyctereutes procyonoides***

国家Ⅱ级保护动物

青鼬 ***Martes flavigula***

国家Ⅱ级保护动物

中华斑羚 ***Naemorhedus griseus***

国家Ⅱ级保护动物

白胸翡翠 ***Halcyon smyrnensis***

国家Ⅱ级保护动物

白胸翡翠 ***Halcyon smyrnensis***

国家Ⅱ级保护动物

斑头鸺鹠 ***Glaucidium cuculoides***

国家Ⅱ级保护动物

斑头鸺鹠 ***Glaucidium cuculoides***

国家Ⅱ级保护动物

大噪鹛 ***Garrulax maximus***

国家Ⅱ级保护动物

红腹角雉 ***Tragopan temminckii***

国家Ⅱ级保护动物

普通鵟 ***Buteo japonicus***

国家Ⅱ级保护动物

红嘴相思鸟 ***Leiothrix lutea***

国家Ⅱ级保护动物

画眉 ***Garrulax canorus***

国家Ⅱ级保护动物

灰林鸮 ***Strix aluco***

国家Ⅱ级保护动物

红隼 ***Falco tinnunculus***

国家Ⅱ级保护动物

松雀鹰 ***Accipiter virgatus***

岩　石

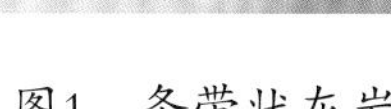

图1　条带状灰岩

图2　硅质灰岩

图3　鲕粒灰岩

图4　泥晶灰岩

图5　石英条带灰岩

图6　钙质条带灰岩

图7　石灰岩

图8　石灰岩

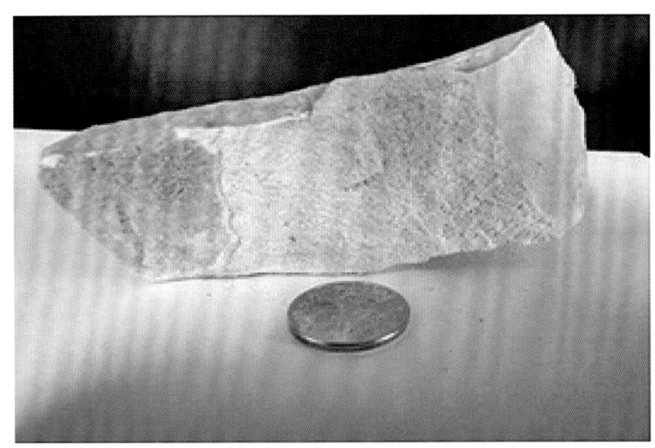

图9　细粒石英砂岩

图10　长石石英砂岩

图11　粉砂质泥岩

图12　石英砂岩

图13　含泥质条带粉砂岩

图14　硅质条带砂岩

图15　黑云绿泥辉绿岩

图16　石英岩

土 壤

图1 赤红壤剖面

图2 红壤剖面

图3 黄壤剖面

图4 黄棕壤剖面

图5 紫色土剖面

科学考察与工作会议

考察组野外工作照

科学考察工作会议

前 言

永善五莲峰市级自然保护区（以下简称“保护区”）位于云南省昭通市永善县境内，地处东经103° 31′ 28″ ~103° 55′ 29″，北纬27° 57′ 25″ ~28° 13′ 52″，最低海拔939m，最高海拔2979m，相对高差2040m。保护区于2003年经昭通市人民政府批准晋升为市级自然保护区，总面积30841hm^2；2014年8月，《昭通市人民政府关于永善县五莲峰市级自然保护区范围调整的批复》（昭政复〔2014〕43号）同意永善县五莲峰市级自然保护区范围调整，调整后的保护区面积18705.73hm^2，其中：核心区面积6681.68hm^2，缓冲区面积5331.07hm^2，实验区面积6692.98hm^2。

保护区属于“自然生态系统”类别中的“森林生态系统类型”，规模为中型自然保护区。主要保护以中山湿性常绿阔叶林、山地常绿落叶阔叶混交林及分布其间的珍稀保护动植物物种。主要保护对象包括：

（1）保护独特的森林生态系统。保护五莲峰川、滇交界的原生阔叶植被过渡类型，保护以峨眉栲林为主的亚热带中山湿性常绿阔叶林、以水青冈林为主的常绿落叶阔叶林和以杉木林为主的暖温性针叶林的森林生态系统，包括：峨眉栲–华木荷群落、峨眉栲–筇竹群落、峨眉栲–珙桐群落、水青冈–峨眉栲群落、杉木群落、柳杉群落等森林生态系统。

（2）保护丰富的国家重点保护植物资源。保护以珙桐、红豆杉、水青树、红椿、中华猕猴桃为代表的重点保护野生植物资源。

（3）保护丰富的珍稀濒危动物资源。保护以林麝、贵州疣螈、红隼、中华斑羚、藏酋猴、黑熊为代表的珍稀濒危野生动物资源。包括：国家Ⅰ级保护动物1种，即林麝；国家Ⅱ级保护动物21种，即毛冠鹿、中华斑羚、藏酋猴、貉、黑熊、青鼬、豹猫、红隼、普通鵟、鹊鹞、松雀鹰、白鹇、白腹锦鸡、红腹角雉、斑头鸺鹠、灰林鸮、画眉、红嘴相思鸟、白胸翡翠、大噪鹛和贵州疣螈；云南省级保护动物2种，即眼镜蛇、毛冠鹿；CITES附录物种14种，即中华斑羚、黑熊、红隼、普通鵟、鹊鹞、松雀鹰、斑头鸺鹠、灰林鸮、画眉、红嘴相思鸟、林麝、藏酋猴、豹猫、树鼩；IUCN红色物种3种，即林麝、中华斑羚和黑熊。

为切实贯彻落实党和国家关于生态文明建设与环境保护精神，以及《国务院办公厅关于做好自然保护区管理有关工作的通知》《云南省人民政府关于进一步加强自然保护区建设和管理的意见》和《云南省人民政府办公厅关于做好自然保护区管理有关工作的意见》等文件精神，市（州）、县（市、区）级自然保护区普遍存在"批而不建、建而不管、管而不严"现象，自然保护区本底资源不清等问题。经永善县人民政府召开会议研究决定，委托云南省林业调查规划院生态分院牵头组织完成保护区综合科学考察。综合科学考察于2019年5—12月进行，设置了自然地理、植被、植物、动物、生物多样性、土地利用、社会经济与社会发展、保护建设管理、摄像、GIS与制图等10方面的专题。考察由云南省林业调查规划院生态分院、云南师范大学、西南林业大学等单位共同开展，是保护区迄今关于自然环境和生物资源最为全面的一次综合考察，基本摸清了保护区自然环境、生物资源本底和一些重要物种的分布和数量。

此书系根据上述综合科学考察结果，并在综合前人工作基础上整理编撰而成，较为系统地阐述了保护区自然环境、动植物资源、社会经济及建设管理状况，可供保护区管理者以及从事自然保护地、野生动植物、生物多样性等领域研究的广大科学工作者和爱好者参考借鉴。由于编者水平有限，不足之处难免，敬请专家和读者指正。

在野外考察、资料整理和成果编写期间，得到了云南省林业和草原局自然保护地管理处、野生动植物保护管理处、昭通市林业和草原局、永善县人民政府、永善县林业和草原局、永善县自然保护区管护局的大力支持，在此一并表示感谢。

编　者

2023年11月

目 录

第一章　保护区概况

保护区位于乌蒙山脉西北面的金沙江南岸，地处东经103° 31′ 28″ ~ 103° 55′ 29″，北纬27° 57′ 25″ ~ 28° 13′ 52″，保护区内最低海拔939m，最高海拔2979m。保护区总面积18705.73hm²，功能区区划以针对性、完整性和协调性为原则，采用核心区、缓冲区和实验区三区区划，其中：核心区面积6681.68hm²，占保护区面积的35.72%；缓冲区面积5331.07hm²，占保护区总面积的28.50%；实验区面积6692.98hm²，占保护区总面积的35.78%。保护区分为北、中、南（团结上厂、二龙口、蒿枝坝）三个片区，其中：团结上厂片区面积922.53hm²，地理坐标：东经103° 48′ 08″ ~ 103° 50′ 35″，北纬28° 10′ 56″ ~ 28° 13′ 54″；二龙口片区面积15431.26hm²，地理坐标：东经103° 31′ 28″ ~ 103° 55′ 26″，北纬28° 02′ 58″ ~ 28° 11′ 11″；蒿枝坝片区面积2351.94hm²，地理坐标：东经103° 39′ 01″ ~ 103° 42′ 45″，北纬27° 57′ 25″ ~ 28° 01′ 46″。

第一节　位置与范围

一、地理位置

永善县位于乌蒙山脉西北面的金沙江南岸，东面与大关、盐津两县交界，南与昭阳区接壤，西隔金沙江与四川省雷波、金阳两县相望，北与绥江县毗邻。东西横距46.6km，南北纵距121.2km，国土总面积2789hm²。县城所在地溪洛渡街道，距昭通市政府驻地昭阳区180km，距省会昆明580km。

永善五莲峰市级自然保护区位于永善县中部，涉及永善县团结、溪洛渡、马楠、水竹、务基和黄华6个乡镇（街道）。东至大关县县界，南至水竹乡双旋村老魁山梁子，西至务基镇八角村、黄华镇米贴村，北至溪洛渡街道云荞村、团结乡联合村。属五莲峰山系，是四川盆地向云贵高原的过渡地带，地理坐标为东经103° 31′ 28″ ~ 103° 55′ 29″，北纬27° 57′ 25″ ~ 28° 13′ 52″，保护区内最低海拔939m，最高海拔2979m。

二、四至界线

保护区北面起始于坛子口大梁子，向东沿龙门溪西面大梁子至丝栗坳梁子，最东至双河毛背坡（县界），转向东南面与大关县接壤，最南至老槐山东南部下面二环路，转西进入昭永公路，最西至务基分水岭。

保护区分为北、中、南（团结上厂、二龙口、蒿枝坝）三个片区。

团结上厂片区：面积922.53hm²，地理坐标：东经103° 48′ 08″ ~103° 50′ 35″，北纬28° 10′ 56″ ~28° 13′ 54″。四界范围：北至坛子口大梁子界，南至鹅山梁子至上厂，东至坛子口大梁子下经龙门溪西面大梁子至丝栗坳梁子，西至野猪凼梁子至仰天窝大梁子。

二龙口片区：面积15431.26hm²，地理坐标：东经103° 31′ 28″ ~103° 55′ 26″，北纬28° 02′ 58″ ~28° 11′ 11″。四界范围：北至大火地南部梁子沿黄泥坡、施家坡、灯草坪、郑家山、凉水井至干砂坝，南沿胡家湾南部（县界）至水塘子经龙塘、木鱼山、九道河、水口山、道坡、石灰窑到梯子岩梁子，东至团结双河毛背坡（县界），西至务基分水岭。

蒿枝坝片区：面积2351.94hm²，地理坐标：东经103° 39′ 01″ ~103° 42′ 45″，北纬27° 57′ 25″ ~28° 01′ 46″。四界范围：北起大虹口梁子至老拱山，南邻老槐山东南部下面二环路，东至老拱山下经堆窝厂梁子（县界）至凤凰坝沟，西至昭永公路。

第二节　保护区的性质和保护对象

一、保护区性质与类型

1. 保护区的性质

永善五莲峰市级自然保护区是经昭通市人民政府批准（昭政复〔2003〕61号、昭政复〔2014〕43号调整）建立的市级自然保护区，保护区管理机构属公益一类事业单位。

2. 保护区的类型

根据环境保护部（现生态环境部）和国家技术监督局（现国家市场监督管理总局）1993年联合发布的中华人民共和国国家标准《自然保护区类型与级别划分原则》（GB/T 14529—1993），永善五莲峰市级自然保护区属于“自然生态系统”类别中的“森林生态系统类型”，规模为中型自然保护区。

二、主要保护对象

保护区内主要保护对象是中山湿性常绿阔叶林、常绿落叶阔叶混交林及分布其间的珍稀保护动植物物种。

1. 保护独特的森林生态系统

保护五莲峰川、滇交界的原生阔叶植被过渡类型，保护以峨眉栲林为主的亚热带中山湿性常绿阔叶林、以水青冈林为主的常绿落叶阔叶林和以杉木林为主的暖温性针叶林的森林生态系统，包括：峨眉栲-华木荷（*Castanopsis platyacantha*，*Schima sinensis*）群落、峨眉栲-筇竹（*Castanopsis platyacantha*，*Qiongzhuea tumidinoda*）群落、峨眉栲-珙桐（*Castanopsis platyacantha*，*Davidia involucrata*）群落、水青冈-峨眉栲（*Fagus engleriana*，*Castanopsis platyacantha*）群落、杉木（*Cunninghamia lanceolata*）群落、柳杉（*Cryptomeria fortunei*）群落等森林生态系统。

2. 保护丰富的国家重点保护植物资源

保护以珙桐、红豆杉（*Taxus chinensis*）、水青树（*Tetracentron sinense*）、红椿（*Toona ciliata*）、中华猕猴桃（*Actinidia chinensis*）为代表的重点保护野生植物资源。

3. 保护丰富的珍稀濒危动物资源

保护以林麝（*Moschus berezovskii*）、贵州疣螈（*Tylototriton kweichowensis*）、红隼（*Falco tinnunculus*）、中华斑羚（*Naemorhedus griseus*）、藏酋猴（*Macaca thibetana*）、黑熊（*Selenarctos thibetanus*）为代表的珍稀濒危野生动物资源。国家级和省级保护动物共23种，包括：国家Ⅰ级保护动物1种，即林麝；国家Ⅱ级保护动物21种，即毛冠鹿（*Elaphodus cephalophus*）、中华斑羚、藏酋猴、貉（*Nyctereutes procyonoides*）、黑熊、青鼬（*Martes flavigula*）、豹猫（*Prionailurus bengalensis*）、红隼、普通鵟（*Buteo japonicus*）、鹊鹞（*Circus melanoleucos*）、松雀鹰（*Accipiter virgatus*）、白鹇（*Lophura nycthemera*）、白腹锦鸡（*Chrysolophus amherstiae*）、红腹角雉（*Tragopan temminckii*）、斑头鸺鹠（*Glaucidium cuculoides*）、灰林鸮（*Strix aluco*）、画眉（*Garrulax canorus*）、红嘴相思鸟（*Leiothrix lutea*）、白胸翡翠（*Halcyon smyrnensis*）、大噪鹛（*Garrulax maximus*）和贵州疣螈；云南省级保护动物2种，即眼镜蛇（*Naja naja*）、毛冠鹿。列入CITES附录物种14种，即中华斑羚、黑熊、红隼、普通鵟、鹊鹞、松雀鹰、斑头鸺鹠、灰林鸮、画眉、红嘴相思鸟、林麝、藏酋猴、豹猫、树鼩（*Tupaia belangeri*）。列入IUCN红色物种3种，即林麝、中华斑羚和黑熊。

上述保护对象在各片区中的分布情况是：团结上厂片区的主要保护对象为以峨眉栲-珙桐群

落、峨眉栲-华木荷群落、峨眉栲-筇竹群落为主的中山湿性常绿阔叶林森林生态系统，以及森林生态系统内以豹猫、树鼩为主的保护动物和以珙桐等为主的保护植物；二龙口片区主要保护对象为以水青冈-峨眉栲群落、峨眉栲-华木荷群落、峨眉栲-筇竹群落、峨眉栲-珙桐群落、杉木群落、日本落叶松群落、草甸为主的中山湿性常绿阔叶林和常绿落叶阔叶混交林、暖温性针叶林的森林生态系统，以及森林生态系统内以林麝、贵州疣螈、红隼、普通鵟、鹊鹞、松雀鹰、白鹇、白腹锦鸡、红腹角雉、斑头鸺鹠、灰林鸮、中华斑羚、藏酋猴、黑熊、青鼬、豹猫、树鼩、画眉、红嘴相思鸟为主的保护动物和以珙桐、水青树、红椿等为主的保护植物；蒿枝坝片区主要保护对象为以峨眉栲-华木荷群落、峨眉栲-珙桐群落、峨眉栲-筇竹群落、柳杉群落、草甸为主的中山湿性常绿阔叶林森林生态系统，以及森林生态系统内以眼镜蛇、鹊鹞、白腹锦鸡为主的保护动物和以珙桐、水青树等为主的保护植物。

第三节　功能区划

保护区的功能区划根据《昭通市人民政府关于永善县五莲峰市级自然区范围调整的批复》（昭政复〔2014〕43号）同意的分区范围和面积，对其进行功能区的区划。

一、区划原则

1. 针对性

针对主要保护对象的栖息地以及面临的干扰因素，确定各功能区的空间位置和范围。

2. 完整性

为保证主要保护对象的长期安全及其生境的持久稳定，确保各功能区的完整性。

3. 协调性

在对自然环境与自然资源有效保护的前提下，充分考虑当地社区生产生活的基本需要和社会经济的发展需求。

二、区划方法

根据区划原则和依据，在实地调查基础上，结合保护区的地形地貌、森林植被分布情况，保护对象的分布状况及自然、社会经济条件等，采取人工区划与自然区划相结合的综合区划对保护区进行区划。区划调整由保护区管护局和项目组人员参与共同确定，采用三区区划。

核心区是以保护物种集中、生态系统完整且地域连片，可构成一个有效的保护单位。具体而言，将符合下列条件的地段区域划为核心区：将珙桐、水青树、红椿、贵州疣螈、红隼、普通鵟、鹊鹞、松雀鹰、白鹇、白腹锦鸡、红腹角雉、斑头鸺鹠、灰林鸮、中华斑羚、藏酋猴、黑熊、青鼬等国家重点保护野生动植物相对集中分布的区域；适宜保护对象生长、栖息的场所；具有典型代表性并保存完好的自然生态系统、优美的自然景观；区内无不良因素的干扰和破坏；保护对象在单位面积上的群体有适宜的可容量。

缓冲区位于核心区外围，以对核心区起到缓冲作用的地段，其宽度可足以消除或减缓外界对核心区的干扰。缓冲区内可以开展科研监测、实习考察等，禁止经营性活动。

实验区是以改善自然生态环境和合理利用自然资源、人文资源，发展经济、增强保护区自养能力、改善职工工作和生活条件为目的。在确保保护区主要保护对象得到有效保护的前提下，充分考虑到保护区和当地经济的发展需求和保护矛盾缓解的需要，为保护区范围内开展自然资源可持续利用预留空间，以满足保护区生态经济的可持续发展。

三、区划结果

根据《昭通市人民政府关于永善县五莲峰市级自然区范围调整的批复》（昭政复〔2014〕43号）同意的分区范围和面积，保护区分为核心区、缓冲区和实验区三个功能区。功能区划见表1–1、1–2和1–3。

1. 核心区

保护区核心区面积6681.68hm^2，占保护区面积的35.72%。

核心区位于保护区的中心位置，此区域无居民点，也没有社区村民的其他生产性经营用地或项目。核心区内覆盖了保护区暖性针叶林森林生态系统的主要部分，包括珙桐、水青树、红椿和中华猕猴桃为代表的稀有植物群落；也包括贵州疣螈、红隼、普通鵟、鹊鹞、松雀鹰、白鹇、白腹锦鸡、红腹角雉、斑头鸺鹠、灰林鸮、中华斑羚、藏酋猴、黑熊、青鼬等国家重点保护野生动物及其主要栖息环境。

2. 缓冲区

保护区缓冲区面积5331.07hm^2，占保护区总面积的28.50%。

缓冲区位于核心区与实验区之间，缓冲区林地权属国有和集体均有，现有植被以天然林为主，分布有国家重点保护的野生动植物。可供科研、教学实习使用，把此地段划为缓冲区，可以起到对核心区的保护缓冲作用。

3. 实验区

保护区实验区面积6692.98hm²，占保护区总面积的35.78%。

实验区分布在核心保护区的外围，主要是保护区内少有人为活动的边缘地带，实验区的划定是对核心保护区起到保护作用，同时为在保护区内开展科学实验或生态旅游等持续利用提供条件，并对协调保护区内管理和周边区域群众生产生活的关系具有重要作用。

表1-1　永善五莲峰市级自然保护区功能区区划面积表（片区）

功能区	片区面积（hm²）			合计（hm²）	比例（%）
	二龙口片区	蒿枝坝片区	团结上厂片区		
核心区	5795.15	602.21	284.32	6681.68	35.72
缓冲区	4230.35	830.77	269.95	5331.07	28.50
实验区	5405.76	918.96	368.26	6692.98	35.78
总计	15431.26	2351.94	922.53	18705.73	100.00

表1-2　永善五莲峰市级自然保护区功能区区划面积表（乡镇、街道）

功能区	合计	大关县（hm²）			永善县（hm²）						
		计	木杆镇	高桥镇	计	务基镇	团结乡	水竹乡	溪洛渡街道	马楠乡	黄华镇
核心区	6681.68	171.32		171.32	6510.36		1304.85	377.66	3596.15	1231.70	
缓冲区	5331.07	263.82		263.82	5067.25	15.25	1232.82	244.21	1496.96	1776.89	301.12
实验区	6692.98	478.47	12.29	466.18	6214.51	105.59	1576.13	251.77	2400.95	1701.40	178.67
合计	18705.73	913.61	12.29	901.32	17792.12	120.84	4113.80	873.64	7494.06	4709.99	479.79

表1-3　永善五莲峰市级自然保护区功能区区划面积表（权属）

功能区	国有（hm²）	集体（hm²）	合计（hm²）
核心区	5640.28	1041.4	6681.68
缓冲区	4863.54	467.53	5331.07
实验区	5466.34	1226.64	6692.98
总计	15970.16	2735.57	18705.73

第二章　自然地理环境

保护区地层出露齐全，除受华力西期运动影响缺失石炭系地层，受燕山—喜马拉雅运动影响缺失侏罗系、白垩系、第三系地层外，自中元古界到下三叠统均有出露。五莲峰自然保护区内出露的地层以古生界和中生界为主，包括寒武系、奥陶系、志留系、二叠系、三叠系，且以二叠系出露面积最大。

受燕山—喜马拉雅运动影响，由于以五莲峰运动为主体的地形抬升和金沙江、洒渔河两水系的纵深切割，形成沟谷纵横交错，复杂的强侵蚀地貌特征，由南向北，有67座2000m以上的山峰，分别向东西倾斜，20条高原型山谷河流分布于山峰两侧，从境内青胜乡六马厂最低海拔340m，到伍寨乡白云最高海拔3184m，绝对高差达2844m。五莲峰自然保护区属中低山深谷区，海拔高度为939～2979m，起伏高度2040m，属于典型的山地构造地形，山地是该保护区基本地貌类型。保护区山地基本集中在中海拔（1000～2000m）等级范围内；从形态上来讲，保护区可划分为中起伏山地（500～1000m）和大起伏山地（1000～2500m）；构成保护区山地的岩性主要是沉积岩类，并归为沉积岩类构造侵蚀剥蚀山地。

保护区所在的永善县属于亚热带湿润季风气候，气候温和湿润，四季不明显，雨量相对集中，雨季雨量充沛，昼夜温差变化较大，日照尚差。在时间上，每年4—10月为雨季，雨季受西南季风影响，降水丰沛，气温较高蒸发量大，多阴雨天气，空气湿度大；11月至翌年3月为旱季，这一时期则主要受干燥下沉气流影响，降水稀少，空气干燥，多晴朗天气。在空间上，保护区共发育5个山地垂直气候带。以南亚热带（800～1400m）为其水平气候带（基带），其上为正向垂直带谱，依次有山地中亚热带（1400～1700m）、山地北亚热带（1700～2000m）、山地南温带（2000～2400m）和山地中温带（2400～2974m）。

保护区内的河流多为季节性河流，流程短小，流域面积小，均汇入金沙江。保护区河流均属于典型的山区河流，山区性河道特征十分显著；其他河流流域面积小，流程短，河床比较大，多数河段纵剖面呈阶梯状，水流湍急，下切侵蚀强烈，谷坡陡，河床窄，横断面呈“V”形。河床组成物质以基岩、砾石为主，多数河段边滩、河漫滩和阶地很少发育或没有发育。由于受金沙江的切割，保护区形成山高谷深，侵蚀强烈的自然景观，构成复杂的山区地形，地势高低悬殊，因而在水平位置和垂直高度上形成明显的差异，直接影响着保护区的气候变化，影响着降水和径流的时空分布，造成地表水资源在保护区内分布不平衡。

保护区自然土壤可划分为铁铝土、淋溶土和初育土3个土纲，湿热铁铝土、湿暖铁铝土、湿暖淋溶土和石质初育土4个亚纲，赤红壤、红壤、黄壤、黄棕壤和紫色土5个土类，赤红壤、红壤、黄红壤、黄壤、暗黄棕壤和酸性紫色土6个亚类。

第一节　地质地貌

一、地层与岩石

（一）地层

永善县境内地层出露齐全，除受华力西期运动影响缺失石炭系地层，受燕山—喜马拉雅运动影响缺失侏罗系、白垩系、第三系地层外，自中元古界到下三叠统均有出露。五莲峰自然保护区内出露的地层以古生界和中生界为主，包括寒武系、奥陶系、志留系、二叠系、三叠系，且以二叠系出露面积最大。

1. 寒武系（Є）

保护区内寒武系多出露于靠近金沙江流域及其切割较深的地区，区内寒武系发育较齐全。

（1）上统二道水组（Є3e）：本组与中寒武统相伴出露，此外，大关附近也有零星分布。主要为粉—细晶白云岩。

（2）中统陡坡寺组（Є2d）、西王庙组（Є2x）。

① 陡坡寺组：多分布于金沙江两侧，为浅海相之碳酸盐、泥质沉积。

②西王庙组：为燥热气候下的滨海—潟湖相粉砂、泥质及碳酸盐类沉积。本组以鲜明的紫红、砖红色为特征，与下伏陡坡寺组为整合接触。

（3）下统梅树村组（Є1m）、筇竹寺组（Є1q）、沧浪铺组（Є1c）、龙王庙组（Є1l）。

①梅树村组：主要岩性为白云岩，与下伏震旦系灯影组为连续沉积，与上覆筇竹寺组呈假整合接触，主要出露有梅树村组白云质粉砂岩、硅质岩、含磷粉砂质白云岩、磷块岩、含磷硅质岩。

②筇竹寺组：为弱还原环境下的浅海相沉积，岩性单一，几乎全由粉砂岩组成，上部呈灰绿色夹少量细砂岩，中下部以黑色为主，夹少量泥灰岩。筇竹寺组与下伏梅树村组呈假整合接触。

③沧浪铺组：本组与上述两组相伴出露，为滨海—浅海相砂、泥质及碳酸盐沉积，主要为石英细—粉砂岩、泥质页岩夹钙质粉砂岩及薄层灰岩。

④龙王庙组：为浅海—潟湖相碳酸盐沉积，沿金沙江一带分布较多。本组岩性变化不大，底部普遍见条带状白云质灰岩，多含粉砂岩及泥质。

2. 奥陶系（O）

保护区内奥陶系分布范围基本与寒武系相当。下统以浅海相碎屑岩为主，中统属海相碳酸盐沉积，上统以页岩为主，主要层序划分如下：

（1）上统五峰组（O3w）、涧草沟组（O3j）。

①五峰组：本组主要为黑色钙质粉砂岩及粉砂质页岩互层，其间夹硅质粉砂岩。

②涧草沟组：本组主要为灰黑色中层状含泥质石灰岩与黑色薄层钙质页岩互层，与下伏中奥陶统宝塔组灰岩连续过渡。

（2）中统上巧家组（Oq）、大箐组（O3d）。

①上巧家组：岩性多为砂岩、粉砂岩、粉砂质泥岩夹生物碎屑灰岩。

②大箐组：本组主要为灰色粉晶白云岩夹角砾状白云岩。

（3）下统湄潭组（O1m）：本组分布在金沙江及其支流两侧，岩性特征明显，层序清楚，岩性变化不大，主要以砂岩、页岩、细砂岩为主。

3. 志留系（S）

志留系为一套滨海与浅海相互交替的连续沉积，在保护区内出露中统大路寨组、嘶风崖组，下统黄葛溪组、龙马溪组。

（1）中统大路寨组（S2d）、嘶风崖组（S2s）。

①大路寨组：区内大路寨组为浅海相沉积，以泥灰质细碎屑与泥质碳酸盐组成，与下伏下志留统黄葛溪组为连续沉积。

②嘶风崖组：区内本组为浅海—滨海相弱还原至氧化环境下的沉积，由泥质、粉砂质、碳酸盐、泥质或粉砂质碳酸盐组成。

（2）下统黄葛溪组（S1h）、龙马溪组（S1l）。

①黄葛溪组：保护区内本组与龙马溪组相伴出露，为一套浅海—滨海相的沉积，由碎屑、泥质碳酸盐及碳酸盐组成，本组与下伏龙马溪组为连续沉积。

②龙马溪组：区内龙马溪组与上奥陶统相伴出露，为浅海—滨海相的沉积，由灰黑色砂泥质岩及碳酸盐组成，与下伏上奥陶统观音桥组为连续沉积。

4. 二叠系（P）

二叠系在永善县相当发育，几乎遍布全区域，下部以碳酸盐类岩石为主，上部有玄武岩产出。保护区内主要有上统宣威组、峨眉山玄武岩组，下统茅口组、栖霞组、梁山组。具体如下：

（1）上统宣威组（P2x）、峨眉山玄武岩组（P2β）。

①宣威组：本组与下伏峨眉山呈假整合接触，岩性为灰、灰绿、紫红等色含煤砂页岩。

②峨眉山玄武岩组：本组在保护区内分布面积甚广，与下伏茅口组呈假整合接触关系，主要由致密、杏仁、气孔状玄武岩夹凝灰岩或凝灰质砂（页）岩组成。

（2）下统茅口组（P2m）、栖霞组（P2q）、梁山组（P2l）。

①茅口组：茅口组与栖霞组一起出露，呈连续过渡关系，以灰、深灰、灰白色灰岩及生物碎屑灰岩为主。

②栖霞组：栖霞组与梁山组相伴出露，与下伏梁山组呈整合接触关系，由灰岩、生物碎屑灰岩和少量白云岩、假鲕状灰岩组成。

③梁山组：梁山组分布范围颇广，多呈北东—南西相之带状蜿蜒延伸，其岩性为浅灰色、灰黑色、紫红色砂页岩夹砂砾岩。

5. 三叠系（T）

三叠系是由一套滨海—浅海相砂泥质及碳酸盐类岩石组成，包括上统须家河组、中统关岭组、下统飞仙关组。

（1）上统须家河组（T3xj）：须家河组与下伏关岭组呈假整合接触关系，为一套陆相含煤沼泽相砂页岩沉积，以含岩屑石英砂岩、页岩、粉砂质页岩为主。

（2）中统关岭组（T2g）：本组与下伏永宁镇组呈连续过渡关系，由灰色、灰绿色、紫红色砂岩、粉砂岩、页岩、灰岩、泥灰岩、白云岩组成。

（3）下统飞仙关组（T1yn）：本组由砂岩、灰岩、白云岩及页岩组成。

（二）岩石

保护区内主要出露沉积岩，有零星岩浆岩及变质岩分布。

1. 沉积岩

保护区内沉积岩出露地表最多的是石灰岩、砂岩和粉砂岩等，见保护区内岩石图1~8为石灰岩，主要有条带状灰岩、硅质灰岩、鲕粒灰岩、泥晶灰岩、石英条带灰岩、钙质条带灰岩等；图9～14为砂岩、泥岩、粉砂岩，主要包括细粒石英砂岩、长石石英砂岩、粉砂质泥岩、石英砂岩、含泥质条带粉砂岩、硅质条带砂岩等。

2. 岩浆岩

保护区内发现的岩浆岩相比沉积岩较少，主要是辉绿岩，见保护区内岩石图15所示，为黑云绿泥辉绿岩。

3. 变质岩

保护区内变质岩分布面积较小，出露地表较多的是石英岩，见保护区内岩石图16所示。

（三）地质构造和矿产

在大地构造单元上，本区属杨子准地合边缘，晋宁运动、燕山运动、加里东运动是本区主要的三次运动。

褶皱：县境褶皱以北东向为主，在不同构造单元中，有方向性的挠曲变化，具明显特征的有马佛背斜和蒿枝坝向斜。

断裂：县境内南北向或近似南北向断裂构造的断层有5条，其主要特征是按一定间距有规律地成群成带地自西向东排列，构成此组断裂均呈南北展布。断裂一般走向延长十多千米，断层高角度向西倾斜，错断谷时代地层，断距数百米，为压性断层。保护区位于巧家—莲峰大断裂西侧，同时也是县境内非常重要的一条大断裂。此断裂南自巧家县向北东经矿区到盐津县城附近，走向延伸长约90km。倾向西北，倾角约80°。断失地层厚度约700～1000m。断裂带的宽度一般10～20m，最大宽度在巧家县东坪铅锌矿区，宽约100m。断层具多期次活动特点，在断裂南段见有基性岩脉侵入活动，是川滇两省交界处重要的铅锌矿控矿断裂，沿断裂两侧分布10余个大中型铅锌矿床。

保护区内地层发育比较齐全，构造运动和岩浆活动都不甚发育。保护区内部为泥石流、滑坡、坍塌易发区，历史上也曾多次出现水文地质灾害，且冷涝、冰雹、大风、干旱、山洪等气候灾害也时有发生。受到五莲峰活动性断裂影响，保护区内也会发生地震活动。因此，五莲峰自然保护区内地震与岩崩、滑坡同时发生。

县境内矿产较丰富，以铅锌为主，次有铁、铜、金、铝土矿、磷块岩、黄铁矿、石灰岩及白云岩等十余种，产地近200处。从区域上看铅锌矿分布，尤其是沿北东向巧家—莲峰大断裂两侧，分布茂租、汞山—热水河、东坪、白马厂、乐洪、金沙等约10个大中型铅锌矿床，矿床类型多为碳酸盐岩容矿的密西西比型铅锌矿床（MVT型铅锌矿床）。

二、地 貌

永善地域特征呈海带状，由北向南延伸，南北宽50km，东西长120km，地处乌蒙山脉西北部；五莲峰山系段上，地貌特征以五莲峰为主体，由南向北倾斜，地势雄伟，山峦起伏，北部主要以金沙江及支流切割侵蚀为主的地貌形态，中部、南部以五莲峰为分水岭，大致对称向西部金沙江和东部洒渔河河谷倾斜，蜿蜒如树枝状的河流分布在以五莲峰为主体的山脉西侧，汇集于金沙江和洒渔河水系。

由于以五莲峰运动为主体的地形抬升和金沙江、洒渔河两水系的纵深切割，形成沟谷纵横交错，复杂的强侵蚀地貌特征，由南向北，有67座2000m以上的山峰，分别向东西倾斜，20条高原型山谷河流分布于山峰两侧，从境内青胜乡六马厂最低海拔340m，到伍寨乡白云最高海拔3184m，绝对高差达2844m。县境内有“地无三里平，开门就见山”的山区地貌特征。

依据中国陆地基本地貌类型分类系统（李炳元等，2008）中的地貌基本形态类型、地貌形态成因类型和成因形态类型分类方案，以1∶50000地形图和1∶200000区域地质图为工作底图，在野外考察的基础上，划分保护区基本地貌类型和形态成因类型。以基本地貌类型为主，分析、判断保护区及附近地区的地貌特征、地貌结构和发育演化等。

保护区属中低山深谷区，海拔高度939～2979m，起伏高度2040m，属于典型的山地构造地形，山地是该保护区基本地貌类型。依据中国陆地基本地貌类型分类系统（李炳元等，2008）中的海拔高度分级指标，保护区山地主要可划分为低海拔（<1000m）、中海拔（1000～2000m）和亚高海拔（2000～4000m）3个等级，但基本集中在中海拔（1000～2000m）等级范围内。从形态上来讲，划分为中起伏山地（500～1000m）和大起伏山地（1000～2500m）。构成保护区山地的岩性主要是沉积岩类，这些山地也都是构造抬升和流水溶蚀、侵蚀剥蚀共同作用下形成的，据此将保护区地貌归并为沉积岩类构造侵蚀剥蚀山地。

（一）地貌特征

1. 河谷切割深且地表破碎

保护区形状不规则，分散、连接度差，最高海拔2979m，最低海拔939m，悬殊的高差，致使在较短的水平距离范围内，海拔会迅速发生变化，坡面径流汇集迅速，山区河流洪峰会陡涨陡落，侵蚀强烈，河流泥沙含量高，河流侵蚀切割比较强烈，地表比较破碎。

2. 中海拔山地为主

保护区内河流众多，受河流切割作用，形成的山地海拔多在2000m左右。总的来看保护区以中海拔山地为主，低海拔主要分布在保护区的北部和东部，中起伏山地主要分布在保护区的南部和西部。整个保护区几乎全为山地，盆地地形少，仅分布在中下游河段区域。

（二）主要地貌类型

1. 山地

山地是保护区最主要的地貌类型，根据海拔和相对高度，保护区山地以中山（海拔1000～3500m）为主，低山面积很少，没有高山发育。中山可细分为高中山（海拔2500～3500m）、中山（海拔1500～2500m）和低中山（海拔1000～1500m）。这些山地先是构造变动产生早期形态，后又长期剥蚀夷平，再度抬升并被河流分割形成的，属构造侵蚀类型山地。（见永善五莲峰市级自然保护区高程图）

（1）高中山：保护区内高于2500m的地区，主要分布在保护区南部边缘，占总面积的19.69%，主要是由于侵蚀与剥蚀后形成的山地，河谷幽深。（见永善五莲峰市级自然保护区高程图）

（2）中山：海拔1500～2500m的地区，是保护区面积最大、分布最广的山地类型，占到总面积的77.74%。所形成的岩石主要以砂岩和石灰岩为主，主要位于保护区的北部，受到长期侵蚀风化的影响。

（3）低中山：海拔1000～1500m的地区，占到保护区总面积的2.47%，主要分布在保护区的东部地区。

（4）低山：海拔1000m以下的地区，是保护区内面积最小的类型，占比0.10%，分布在保护区内东北侧。

2. 河谷

（1）发育特点：保护区及附近地区河流地貌十分发育，河谷纵横。受地质构造及岩性的影响，河谷各段被河流侵蚀而成的河谷形态差异很大，多数河流源头地带，因水量小，又有一定面积的古夷平面，河谷切割不深，河床浅，大多呈宽谷状。离开源地不远，因河床变陡，切割加深，遂演变为“V”形峡谷。

（2）峡谷：保护区内众多支流的中下游河谷，均属深切峡谷。河床都比较窄，几乎占据整个谷底，比降都比较大，水流湍急，下切侵蚀和溯源侵蚀强烈，沿河裂点众多，河漫滩、边滩不发育，物质组成以基岩、砾石、粗砂为主。

（3）宽谷：集中分布于河流源头地带以及发育有河谷盆地的河段。河床相对较宽，河谷开阔，河床比降小，水流速度慢，下切侵蚀弱，往往堆积作用明显，谷坡上一般都发育有规模不等的边滩和河漫滩。

保护区是县境内主要河流的源头，受坡度大、降水丰富和河流众多等因素的影响，过境河流及源于境内的众多支流均有较强的下蚀能力，故受河流深切的河谷，除近原面处为较浅的“U”形谷外，均为坡陡谷深的“V”形峡谷，这类河流切割深，坡陡、水流急、落差大，谷底多砾石和粗砂，基岩裸露，是保护区河谷中的主要类型。

第二节　气　候

一、气候特征

根据永善县境内的地理特征，气候主要特点为立体型气候，气候区分为亚热带和温带气候区。由于受地形地貌差异悬殊的影响，形成具有地带性差异和非地带性差异的气候特征，地带性差异的特点体现在五莲峰分水岭山脉走向为界，起于耿家湾、上高桥沿洒渔河下约1km对岸陡岩头，以甘杉龙塘梁子、轿顶山、泽头山、五莲峰、镜子山、马楠狮子头、溪落渡街道二梁子、老二宝止。全县分为南北两片，南片面积1219.29km²，占总面积的43.7%，北片面积1571.11km²，占总面积的56.3%。在同等海拔高程上，年均气温南片比北片高2.3～3℃，非地带性差异则以海拔高低悬殊形成的立体气候特征，有“山下桃花山上雪，一日之行四季衣”之称。

（一）亚热带湿润季风气候

保护区属亚热带湿润季风气候区，气候温和湿润，四季不明显，雨量相对集中，雨季雨量充沛，昼夜温差变化较大，日照尚差。这一地区的地形在高度上有很大的变化。在太阳辐射和地形的综合作用下，区域气候具有显著的垂直差异。本节所分析气象数据来自永善县气象局多年日值数据（表2–1、表2–2），用来分析保护区内气候状况。

表2–1　永善县气象站点地理坐标

气象站点	经度	纬度	海拔（m）
永善县气象站	东经104°	北纬28°	877.2

表2–2　永善县主要气候因素的多年平均值统计

气温（℃）			活动积温	绝对湿度	日照	总辐射	无霜期	降水量	干旱指数
年平均	最高	最低	≥10℃	mbar①	h	kcal②/cm²	d	mm	
16.5	38.8	–3.6	5395.8	14.7	1251.5	96.336	315	682.1	1.34

注：①1 mbar=100 Pa。②1 kcal≈4.1868 kJ。

1. 热量和降水丰富

保护区为亚热带湿润季风气候，热量充裕，气候湿润。多年平均气温16.5℃，多年平均1月均温6.9℃，多年平均7月24.9℃，多年平均年≥10℃的积温5395.8℃。气温随海拔变化而变化，分为温区和次温近冷区，温区分布在海拔较低的地区，年平均气温18～19.9℃，次温近冷区分布在山区高山边缘，年均气温12～18℃。

保护区高山阴湿多雨，年平均降雨量多值区分布于山脉脊部，最高为1100～1400mm，年平均降雨量低值区主要分布在河谷地带，最低为600～800mm，年平均降雨量为1077 mm。降水主要集中在夏季，从月份上看7月降水最多，为142.3mm，1月降水最少，为5mm。

2. 冬无严寒、夏无酷暑

永善县春季17.1℃，夏季均温24.1℃，秋季均温17℃，冬季均温8.1℃，多年平均每两秒风速为0.7m。由于纬度位置较低，且位于金沙江南岸，春季气温较高；受山地的影响，且降雨主要集中在夏季，云量丰富，夏季气温较低，呈现出冬无严寒、夏无酷暑的特征。

3. 降水季节变化大，旱雨季分明

年降水量达1077mm，降水量十分丰富，年内变化大，季节分配极不平衡，旱雨季分明，全年80%以上降水集中在雨季（4—10月），旱季（11月至翌年3月）则仅占全年降水的20%不到。雨季受西南季风影响，降水丰沛，气温较高，蒸发量大，多阴雨天气，空气湿度大。旱季受干燥下沉气流影响，降水稀少，空气干燥，多晴朗天气。

（二）垂直分异明显

保护区山体的最高峰海拔2979m，最低点海拔939m，相对高差2040m。共发育5个山地垂直气候带。以南亚热带（800～1400m）为其水平气候带（基带），其上为正向垂直带谱，依次有山地中亚热带（1400～1700m）、山地北亚热带（1700～2000m）、山地南温带（2000～2400m）和山地中温带（2400～2979m）。

二、气候资源

（一）气温

1. 年变化

根据气象站基础数据，计算可得，保护区最低点年均温为16.28℃，最低温为-3.82℃，最高温为38.58℃；1200m海拔高度处年均温为14.56℃，最低温为-5.54℃，最高温为36.86℃；1500m海拔处年均温为12.76℃，最低温为-7.34℃，最高温为35.06℃；1800m海拔处年均温为10.96℃，最低温为-9.14℃，最高温为33.26℃；2400m海拔处年均温为7.36℃，最低温为-12.74℃，最高温为29.66℃；五莲峰自然保护区最高点2979m海拔处年均温为3.92℃，最低温为-16.18℃，最高温为26.22℃。不同海拔高度年内平均气温、最低温和最高温变化见表2-3。

表2-3 永善五莲峰市级自然保护区不同海拔高度气温计算值

海拔（m）＼气温（℃）	平均	最低	最高
939	16.28	-3.82	38.58
1200	14.56	-5.54	36.86
1500	12.76	-7.34	35.06
1800	10.96	-9.14	33.26
2400	7.36	-12.74	29.66
2979	3.92	-16.18	26.22

2. 四季变化

按自然气候季节划分，3—5月为春季，6—8月为夏季，9—11月为秋季；12月至翌年2月为冬季。县境内由低海拔到高海拔地区，温度差异较大。不同海拔高度季节平均气温变化见表2-4。

表2-4 永善五莲峰市级自然保护区不同海拔高度季节平均气温计算值

季节＼海拔（m）	939	1200	1500	1800	2400	2979
春季	16.73	15.16	13.36	11.56	7.96	4.49
夏季	23.79	22.16	20.36	18.56	14.96	11.49
秋季	16.63	15.06	13.26	11.46	7.86	4.39
冬季	7.73	6.16	4.36	2.56	-1.04	-4.51

3. 无霜期

保护区气候温和，干雨季节明显，冬季无严寒，夏季少酷热，无霜期较长。海拔900m左右的江边河谷区年无霜期335～365d，海拔900～1300m的山区年无霜期320～340d，海拔1300～1600m的山区年无霜期235～276d，海拔1600m以上的高山区年无霜期195～250d。

（二）水分资源

受大气环流的影响，永善县气候的季节差异主要表现为干湿季节分明。4—10月为雨季，受印度西南季风的影响，降水多而集中，暴雨等灾害性天气具有多发性和突发性，其中6—8月降水相对集中；11月至翌年3月为旱季，受经由中亚、伊朗高原东移的干燥西风环流影响，干旱少雨。同一区域不同的时段，雨季多于干季，夏季多于秋、春、冬季。

全县各地年平均雨量为580～1000mm，年最低降雨量563.7mm，最高降雨量1002.5mm。年降雨量小于700mm的有位于金沙江一带的佛滩、桧溪、青胜、细沙、溪洛渡、黄华、黄坪等乡镇。年降雨量700～900mm的有务基、马楠、莲峰、万和、大兴、码口等乡镇。年降雨量大于900mm的有茂林、伍寨、墨翰等乡镇。

全县降水量的总趋势是随着海拔增加而增加，大致海拔每升高100m，雨量增加15mm，以下将以永善县气象站降水量和水汽压数据作为基础分析其水分资源状况。

1. 降水量、水汽压年内变化

如表2–5所示，永善县1月平均水汽压为6.9hPa，平均降水为5mm；2月平均水汽压为7.8hPa，平均降水为7.6mm；3月平均水汽压为9.8hPa，平均降水为16.9mm；4月平均水汽压为13.2hPa，平均降水为50.6mm；5月平均水汽压为16.9hPa，平均降水为74.9mm；6月平均水汽压为21.1hPa，平均降水为122.2mm；7月平均水汽压为24.6hPa，平均降水为142.3mm；8月平均水汽压为23.9hPa，平均降水为136.7mm；9月平均水汽压为19.8hPa，平均降水为76mm；10月平均水汽压为15.2hPa，平均降水为36.5mm；11月平均水汽压为11.2hPa，平均降水为13.8mm；12月平均水汽压为7.8hPa，平均降水为3.3mm。7月平均气温最高，降水最多，平均水汽压高，气候温暖湿润，气候的月值差异造月份平均气温最低，平均降水量少，平均水汽压较低，气候干燥度高，气候年内的差异性造成了永善县季节间多样化的植被景观。

表2–5　永善县多年月值水汽压、降水变化

月份	平均水汽压（hPa）	平均降水（mm）
1月	6.9	5
2月	7.8	7.6
3月	9.8	16.9
4月	13.2	50.6
5月	16.9	74.9
6月	21.1	122.2
7月	24.6	142.3
8月	23.9	136.7
9月	19.8	76
10月	15.2	36.5
11月	11.2	13.8
12月	7.8	3.3

2. 季节变化

永善县春季平均水汽压为13.3hPa，平均降水为142.4mm；夏季平均水汽压为23.2hPa，平均降水为401.2mm；秋季平均水汽压为15.4hPa，平均降水为126.3mm；冬季平均水汽压为7.5hPa，平均降水为15.9mm（表2–6）。夏季气温较高，降水丰富，平均水汽压大，气候湿润；冬季气温较低，降水较少，平均水汽压小，气候干燥。

表2–6　永善县多年季节水汽压、降水变化

季节	平均水汽压（hPa）	平均降水（mm）
春季	13.3	142.4
夏季	23.2	401.2
秋季	15.4	126.3
冬季	7.5	15.9

3. 积温

永善县气温夏季较高，冬季较低，气温季节变化和缓，呈现明显的亚热带季风气候特征，春季平均气温17.1℃，≥10℃的积温1575℃；夏季平均气温24.1℃，≥10℃的积温2216.2℃；秋季平均气温17℃，≥10℃的积温1543.5℃；冬季平均气温8.1℃，≥10℃的积温61.1℃（表2–7）。热量资源丰富。

用日平均气温≥0℃、≥5℃、≥10℃和≥18℃持续日数和积温来表示，其中≥5℃是多数温带木本植物恢复和停止生长，喜温植物能安全越冬的界限温度；≥10℃积温是我国用来衡量一地热量资源丰歉的重要指标。永善县全年≥0℃的积温为6058.7℃，≥0℃持续天数为365d；≥5℃的积温为6058.7℃，≥5℃持续天数为365d；≥10℃的积温为5395.8℃，≥10℃持续天数为281d；≥18℃的积温为3859.5℃，≥18℃持续天数为172d。

表2–7　永善县多年季节积温变化

季节	平均气温（℃）	积温（℃）
春季	17.1	1575
夏季	24.1	2216.2
秋季	17	1543.5
冬季	8.1	61.1

（三）风力资源

永善盛行偏东风，其次是东北风，南风较少。原因是许多风向与河流的走向一致。山区由于地形影响，风速较小，但遇恶劣天气时，也会出现较大的风速，一般是雷雨大风和寒潮大风，如1982年5月28日出现18m/s的西北风。冬季易出现寒潮大风，如1980年2月25日出现10m/s的北风，同年3月30日出现12m/s的偏东北风。永善县月风速变化见图2–1。

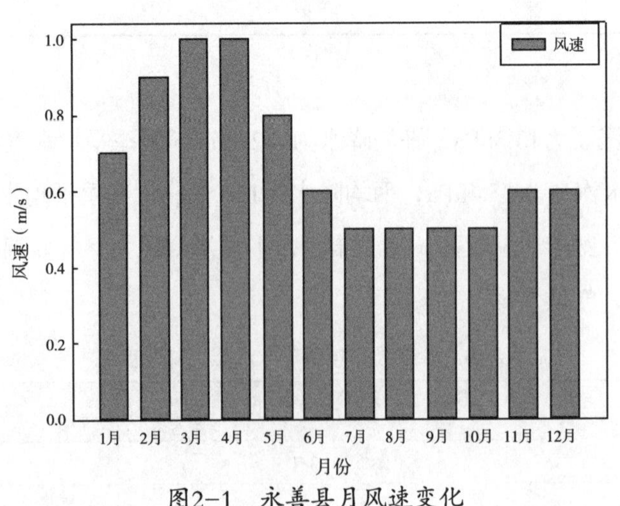

图2–1　永善县月风速变化

多年各月风速变化显示，一年内风速最强的为3月和4月，最弱的为7—10月。一天内，一般午后风速大，早晨风速小。因受地形影响，频率、风向、风速区域性强。

第三节　水　文

一、水系和河道特征

保护区内的河流，多为季节性河流，流程短小，流域面积也小，最终都汇入金沙江。保护区河流都属于典型的山区河流，山区性河道特征十分显著。其他河流流域面积小，流程短，河床比较大，多数河段纵剖面呈阶梯状，水流湍急，下切侵蚀强烈，谷坡陡，河床窄，横断面呈“V”形。河床组成物质以基岩、砾石为主，多数河段边滩、河漫滩和阶地很少发育或没有发育。见永善五莲峰市级自然保护区与金沙江位置示意图。

二、水文特征

保护区气候主要属于亚热带山地湿润季风气候，降水量充沛，但雨季、旱季分明，雨季降水量占全年降水量的80%以上，河流相应以降雨径流补给为主，形成汛期（5—10月）。旱季降水量稀少，仅占全年降水量的不足20%，降雨难以形成地表径流，河流主要由地下水补给，流量很小但很稳定。

受干湿季分明的季风气候的影响，径流年内分配也不均匀；同时，保护区和附近地区河流径流量年际变化较大，就同一河流的变差系数（Cv值）而言，上游大于下游，支流大于干流，流域面积小的河流大于流域面积大的河流。最大年径流量与最小年径流量相差约2.2～2.5倍。

保护区许多河流流量小，落差大。保护区内多数地区降雨量随海拔高度的增加而增加。但区域内一些河流有断流现象，属于季节性河流。

三、水文地质

地下水资源是赋存和运动于地表以下岩层中的水，来源主要靠大气降水入渗补给。县境内呈北东向褶皱构造发育，是主要的赋水构造，对区域地下水的分布，埋藏和运动起主导作用，由于境内地形抬升起伏，气候复杂，褶皱断裂，交错密布，破坏了岩层的完整性，使地质构造、隔水层与含水层、贫水层与富水层相互交错，具多层富水特征，构成复杂的水文地质特征。

金沙江形成保护区的最低侵蚀基准面，随着地形向两侧河流倾斜，造成多层含水层暴露于两翼河段坡上，地下水在构造和地形的共同作用下，从不同高度顺层向两侧河谷运动，最终排向金沙江。在河岸或河床上出露流量较大而稳定的承压自流水。

按保护区内地下水的含水岩组及其富水程度，可将其分为以下两类：

1. 地下水类型

（1）碳酸盐岩类裂隙岩溶含水岩组：碳酸盐岩类裂隙岩溶含水岩层中主要分布的是碳酸盐岩类含水岩组，是保护区内分布面积最大的含水岩层，其中富水程度强的主要分布在保护区西侧，富水强度中等的主要分布在保护区中部和东部。

（2）碎屑岩类孔隙裂隙含水岩组：碎屑岩类孔隙裂隙含水岩组中主要分布的是碎屑岩类夹碳酸盐类含水岩组，富水程度较强，位于保护区西南部。

（3）岩浆岩类裂隙含水岩组：岩浆岩类裂隙含水岩组中主要分布的是喷出岩类夹碳酸盐岩类或碎屑岩类含水岩组，富水强度较弱，主要分布在保护区西北部。

2. 地下水补给、径流、排泄条件

测区虽坡陡谷深，但岩石风化，构造裂隙发育，是大气降水补给地下水的有利条件。地下水运动受岩层走向及倾向控制，运动于两层泥岩之间，岩层被冲沟、断层等切断后，则以泉的形式排泄于地表。流域地下水受岩性、构造及地形影响，以金沙江为最低排泄基准面。

四、地表水系

由于受金沙江的切割，保护区形成山高谷深，侵蚀强烈的自然景观，构成复杂的山区地形，地势高低悬殊，因而在水平位置和垂直高度上形成明显的差异，直接影响着保护区的气候变化，影响着降水和径流的时空分布，造成了地表水资源在保护区内分布不平衡。

保护区地表水资源的特点，主要有四个特征：

（1）降雨时空分布不均，年内变化夏秋多，冬春少，季节性较强。其中，5—10月降水量占全年总量的88%，11月至翌年4月降水少，冬春季节降水量只占全年降雨的12%左右，出现大面积径流干枯，汛期洪流大，但难以控制利用，84%左右的径流量汇入金沙江。

（2）河流深切，流水开发利用难度大，利用率低。

（3）保护区内灰岩比例大，溶洞裂隙发育，地下泉水出露位置低，难以利用。

（4）区域性和工程性缺水严重，水土资源匹配严重失调。

永善县地处云贵高原过渡带，水资源总量丰富，但时空分布不均，有75%～90%降水量主要集中在5—10月，洪枯变化大，特殊的地理环境形成季节性、区域性、工程性、资源性缺水，同时与城市化、工业化发展伴随水质性缺水矛盾并存；山高坡陡，人在山上愁，水在山下流，山区农户居住分散，耕地分散，可集中连片灌溉率低，水资源开发利用成本高，投资大，2015年底有效灌溉面积18.5万亩（1亩≈666.7m^2，全书同），占耕地总面积48.39万亩的38.23%，还有61.77%的耕地得不到灌溉保障。五莲峰自然保护区地表水年度变化表现为丰水年与枯水年差异明显，比值差1.5～2.3倍，并且变化无常，没有规律性。水资源的分布不均衡，开发量有限。

保护区流域内坡陡流急，流域以侵蚀构造地貌为主，其次为构造溶蚀地貌。流域内植被覆盖较好，以阔叶林、灌木林、杂草为主。

第四节　土　壤

一、成土环境条件

1. 地貌与母质

保护区位于向四川盆地倾斜的坡面上，属云贵高原北缘向四川盆地倾斜的过渡地段。地表受到喜马拉雅造山运动的强烈影响和金沙江及其支流切割，形成峰、谷、沟相间又相连的中山深切割地形，形成了南高北低的山势。最高峰海拔2979m，最低点海拔939m，相对高度2040m。发育有以沉积岩为主构成的土山。

保护区在大地构造上位于川滇造山褶皱带，是中新世以来地壳不等量抬升的边缘地带。出露的地层以奥陶系、二叠系、三叠系为主，其中三叠系和二叠系出露面积较大。成土母岩有碳酸盐岩类（如白云岩、白云质灰岩、石灰岩等）、基性结晶岩类（玄武岩）、泥质岩类（如泥岩、页岩、砂页岩、板岩、片岩等）、紫色岩类（紫色砂页岩、紫色页岩、紫色砂岩等）、冲洪积物类（如新老冲积物、洪积物等），属典型土山，风化壳和土壤较深厚。

2. 气候与生物

保护区位于四川盆地西南缘向云贵高原过渡地带,受大陆气团和海洋季风交替影响，属季风型海洋性气候区。干、雨季节明显，四季分明。温度日较差夏季最大，春季稍次，秋季更次，冬季最小。温度的垂直梯度大于水平梯度，从河谷矮山区到高山山顶，年平均气温不断降低，气候的垂直差异明显。年降水量900～1000mm，保护区湿度大，云雾多，水热状况由河谷的暖热湿润逐渐过渡为山顶附近的温暖湿润型，属湿润至潮湿气候区。这些气候特点是保护区土壤水平分布和垂直分带产生差异的直接原因。

保护区至今仍保存着大面积典型的中山湿性常绿阔叶林、常绿落叶阔叶混交针叶林、湿性针叶林、稀疏灌木草丛、高山草甸等植被类型，局部地段因种植杉木林导致林下灌草层受到一定的影响。繁茂的亚热带森林植被为土壤的发育和保护提供了优越的生物气候条件。土壤微生物以及丰富的土壤动物，在分解有机残体、释放养分、合成腐殖质方面也发挥了重要的作用，同时还增加了土壤有机质的含量，改善了土壤的物理性状，促进了土壤的形成和演化。

二、土壤分类与分布

1. 土壤分类

土壤是气候、地形、母质、生物和时间等自然环境因素长期综合作用的产物。它既是独立的历史自然体，又是生态环境的一个重要组成要素。成土因素和成土过程不同，土壤类型及其土体构型、内在性质和肥力水平也不相同。根据土壤发生学原理、土壤地带性分布规律和土壤属性，对典型剖面的形态特征、成土过程的分异及各发生层理化性质进行对比分析，以《中国土壤分类系统》和《云南省土壤分类系统》为依据，保护区自然土壤可划分为铁铝土、淋溶土和初育土3个土纲，湿热铁铝土、湿暖铁铝土、湿暖淋溶土和石质初育土4个亚纲，赤红壤、红壤、黄壤、黄棕壤和紫色土5个土类，赤红壤、红壤、黄红壤、黄壤、暗黄棕壤和酸性紫色土6个亚类，见表2–8。

表2–8　永善五莲峰市级自然保护区土壤分类系统

土纲	亚纲	土类	亚类	植被类型
铁铝土	湿热铁铝土	赤红壤	赤红壤	季风常绿阔叶林、暖性常绿阔叶林
		红壤	红壤、黄红壤	暖性常绿阔叶林、暖性常绿针叶林
	湿暖铁铝土	黄壤	黄壤	暖性常绿针叶林、松林混交林
淋溶土	湿暖淋溶土	黄棕壤	暗黄棕壤	松杉混交林、稀疏灌木草丛、高山草甸
初育土	石质初育土	紫色土	酸性紫色土	季风常绿阔叶林、暖性常绿阔叶林等

2. 土壤分布

从云南地带性土壤分布模式——“山原型水平地带”来看，保护区所处土壤水平带（基带）应为滇东南喀斯特山原上发育的赤红壤带，在赤红壤带之上的高耸山地发育了属于正向垂直地带的系列土壤带。

五莲峰自然保护区特定的地理位置、山体高度、地貌部位（如沟谷、山脊、阴坡、阳坡、迎风坡、背风坡、陡坡、缓坡等）、水热组合状况和植被随高度的变化，致使不同海拔高度的土壤，其形成过程的强度和发育方向有别，形成了性状特征截然不同的土壤类型以及同一土类的不同土属，表现出显著的垂直分布规律和十分明显的地区差异。成土环境条件的差异大，引起土壤垂直带谱中各土壤带的交错分布和过渡现象。从云南地带性土壤分布模式——“山原型水平地带”来看，五莲峰地区土壤水平带（基带）应为赤红壤带（800～1300m），在赤红壤带之上的山地则发育了属于正向垂直地带的红壤带（1300～2100m），红壤带之上分布着的是黄壤带（2100～2500m），2500m以上分布的是黄棕壤。保护区内发育的地带性土壤以赤红壤、红壤、黄壤和黄棕壤为主，非地带性土壤以紫色土为主，多有分布。

3. 土壤发育特点

（1）成土特点：保护区基带土壤赤红壤脱硅富铝化作用强度偏弱，硅铝铁率偏高。因降水丰富，干湿季不明显，以致土壤水分含量高，常年处于潮湿状态，赤红壤、红壤、黄壤分布广泛。也因为水分条件更为优越，生物富积作用明显，表土层和心土层有机质含量明显偏高。随海拔高度的增加，水热组合由暖热湿润型逐渐变为温暖湿润型，土壤脱硅富铝化过程的强度变弱，生物小循环过程逐渐减弱，腐殖质累积过程则逐渐增强，致使土壤颜色也有规律地发生相应的变化。

（2）土壤颜色：随海拔高度的增加，表土层和心土层的颜色相应地由浅变深。由赤红壤的棕色（7.5YR 4/4）→红壤的灰黄色（2.5YR 6/3）→黄壤的黑棕色（7.5YR 2/2）→黄棕壤的黑棕色（7.5YR 2/2）。心土层：由赤红壤的红棕色（5YR 4/6）→红壤的黄橙色（7.5YR 7/8）→黄壤的黄棕色（10YR 5/8）→黄棕壤的淡棕色（7.5YR 5/6）。这表明，随海拔高度的增加，气候由湿热逐渐变得湿凉，土壤脱硅富铝化过程由强到弱，腐殖质累积过程则逐渐增强，随着湿度的增大，黄化过程逐渐明显进而增强。

（3）干湿状况：雨季（2019年7月底至8月初）的调查结果表明，由保护区边缘的赤红壤分布区到保护片山顶，随海拔高度的增加，土壤自然水分含量相应增大，土壤水分状况是：润→湿润。相同海拔高度上，阴坡土壤含水量略高于阳坡，由表土层向下至心土层、底土层，水分含量均呈增加趋势。其原因是随海拔升高，降水增多，气温下降，空气湿度增大，土壤蒸发减弱。

（4）质地状况：深受母岩和母质性质及植被状况的影响。砂岩、泥岩、粉砂岩风化壳上发育的土壤，表土层松软，质地大多为黏土、黏壤土和壤土，心土层质地大多为砂壤土。随海拔高度的增加，由于温度的降低，成土过程减弱，加之许多地段坡度相应增大，影响岩石风化和土壤发育的外动力条件愈加不稳定，土体明显变薄，土壤黏粒含量明显减少，粗砂、砾石含量逐渐增多。

（5）土壤酸碱度与有机质含量：保护区内土壤地带性呈弱酸性至酸性，因生物气候条件垂直分异显著，尤其是降水量的增多，导致土壤淋溶作用相应增强，致使土壤pH值也表现出随海拔升高逐渐降低，由弱酸性逐渐变为强酸性的垂直变化特点。随海拔高度的增加，土壤类型由矿质土逐渐过渡为有机土。高海拔地区气候温凉潮湿、有利于腐殖质的合成。

三、土壤基本性状特征

1. 赤红壤

只有普通赤红壤1个亚类，是保护区基带土壤，分布于保护区939～1300m的低热河谷盆地及低中山地区，以及保护区附近。成土母质为砂岩、砂页岩等的风化残积物、坡积物。植被类型以季风常绿阔叶林为主，其次为半常绿季雨林。富铝化作用和生物积累过程较强烈，土层发育深厚。赤红壤化学性质见表2–9。

以2019年8月2日保护区内实地剖面考察的赤红壤为例（见保护区土壤图1），成土母质为砂岩风化残积物，植被类型为季风常绿阔叶林。其剖面各发生层特征如下：

①O 层：0～3cm，枯枝落叶层。

②A 层：3～20cm，棕色，中壤，粒状结构，较紧实，根系多量。

③B 层：20～40cm，红棕色，中壤，粒状结构，紧实，根系多量至中量，有铁锰结核。

④C 层：40～100cm，暗棕红色，中壤，块状结构，极紧实，多砾石，根系少量。

表2–9　永善五莲峰市级自然保护区赤红壤化学性质

发生层	深度（cm）	pH	有机质含量（g/kg）	氨氮含量（g/kg）	硝氮含量（g/kg）	总氮含量（g/kg）	母岩
A	3～20	5.1	168.4520	34.6151	3.0984	37.7135	砂岩
B	20～40	4.9	42.2380	26.7899	2.6829	29.4728	砂岩
C	40～100	4.8	30.8940	18.2951	3.3385	21.6335	砂岩

2. 红壤

有红壤和黄红壤2个亚类，分布于保护区1300～2100m的中山地区。成土母质主要是砂岩、泥岩等的风化残积物、坡积物。原生植被以中山湿性常绿阔叶林为主，其次为季风常绿阔叶林等。脱硅富铁铝化过程较强烈，盐基和硅酸大量淋失，土体矿质养分贫乏，土壤呈酸性至强酸性反应。在原始森林地区，生物小循环较旺盛，表土层质地和结构较好，多为壤土和团粒结构，养分含量偏高。据成土条件、剖面形态特征及各发生层理化性质的差异。红壤化学性质见表2–10。

以保护区内海拔1836m实地剖面考察的普通红壤为例（见保护区土壤图2），成土母质为泥岩风化残积物，植被类型为中山湿性常绿阔叶林。其剖面各发生层特征如下：

①O 层：0～5cm，枯枝落叶层。

②A 层：5～18cm，黑棕色，轻壤，团粒状结构，较紧实，根系多量。

③B 层：18～30cm，淡棕黄色，轻壤，块状结构，紧实，根系少量。

④C 层：30～90cm，淡棕色，中壤，块状结构，极紧实，根系少量。

表2-10　永善五莲峰市级自然保护区红壤化学性质

发生层	深度（cm）	ph	有机质含量（g/kg）	氨氮含量（g/kg）	硝氮含量（g/kg）	总氮含量（g/kg）	母岩
A	5 ~ 18	4.7	95.7682	23.3084	13.3608	36.6692	泥岩
B	18 ~ 30	4.6	68.9083	18.5808	4.5000	23.0808	泥岩
C	30 ~ 90	4.9	33.8938	16.3871	3.1629	19.5500	泥岩

3. 黄壤

只有普通黄壤1个亚类，主要分布在黄棕壤之下，红壤之上，海拔2100 ~ 2500m的中山地区，是保护区内面积最大的土类。气候类型为山地北亚热带和山地暖温带湿润季风气候，年平均气温6.7 ~ 14.0℃，年降水量1200mm以上。降水量充沛，空气和土壤湿度大。植被类型为典型中山湿性常绿阔叶林。成土母质为砂岩的残积、坡积物。其成土特点除富铝化过程外，还有显著的黄化过程和强烈的生物富集过程。剖面层次发育完整，土体一般较深厚，心土层一般呈棕黄至黄色，质地轻壤至中壤。由于受不同母岩的影响，pH值变化较大，由酸性至微酸性。表层土有机质含量高，速效磷含量低。黄壤化学性质见表2-11。

以保护区内海拔2221m实地剖面考察的黄壤为例（见保护区土壤图3），母岩砂岩风化残积物，植被类型为中山湿性常绿阔叶林。其剖面各发生层特征如下：

①O 层：0 ~ 3cm，枯枝落叶层。

②A层：3 ~ 20cm，黑棕色，壤土，团粒至小团块状结构，土体疏松至较疏松，润，根系多量，含有腐殖质。

③B层：20 ~ 45cm，黄棕色，少砾质黏土，较疏松至较紧实，湿润，根系中量，含有腐殖质聚集体。

④C 层：45 ~ 90cm，黄橙色，多砾质黏土，极紧实，湿润，无根系。

表2-11　永善五莲峰市级自然保护区黄壤化学性质

发生层	深度（cm）	pH	有机质含量（g/kg）	氨氮含量（g/kg）	硝氮含量（g/kg）	总氮含量（g/kg）	母岩
A	3 ~ 20	6.3	96.0268	14.9879	7.1822	26.1702	砂岩
B	20 ~ 45	4.9	35.4282	14.1734	2.2322	1.0000	砂岩
C	45 ~ 90	4.7	20.8604	13.1329	2.1677	15.3007	砂岩

4. 黄棕壤

只有暗黄棕壤1个亚类，主要分布于保护区2500m以上的高中山地区，面积很小。气候类型属山地中温带湿润季风气候，降水量多，空气湿度大，多雨多雾，温凉潮湿特点显著。植被类型为中山湿性常绿阔叶林和山顶苔藓矮林，地表和树干上附生有较多的地衣、苔藓。成土母质以砂岩、页岩、泥岩的风化残积物为主。枯枝落叶层厚约3cm。其成土特点是既有一定的黏化过程，又有较弱的脱硅富铝化过程和较强的生物累积作用。表土层质地良好，多为轻壤土，以团粒结构为主，心土层黏粒的下移和淀积现象比较明显，质地以重壤土为主，剖面层次发育完整，土壤呈酸性反应，有机质含量高，全量N、P、K及速效养分均丰富，是保护区内肥力较高的土壤类型。以保护区内实地剖面考察的黄棕壤为例（见保护区土壤图4）。黄棕壤化学性质见表2-12。

①O层：0~3cm，枯枝落叶层。

②A层：3~17cm，黑棕色，壤土，小团块状结构，团粒较少，较疏松，润，根系多量，含玄武岩砾石和少量灰烬。

③B层：17~58cm，淡棕色，黏壤土，中块状至小块状结构，土体较紧实，润，根系中量至少量，含少量砾石。

④C层：58~110cm，淡棕色，黏壤土，含砾石，中块状至小块状结构，土体紧实，润，根系少量至无。

表2-12　永善五莲峰市级自然保护区黄棕壤化学性质

发生层	深度（cm）	pH	有机质含量（g/kg）	氨氮含量（g/kg）	硝氮含量（g/kg）	总氮含量（g/kg）	母岩
A	3～17	5.3	126.1796	23.4042	5.1744	28.5786	砂岩
B	17～58	5.1	62.1674	18.6418	3.0377	21.6795	砂岩
C	58～110	4.8	33.9456	16.8313	2.1042	18.9355	砂岩

5. 紫色土

只有酸性紫色土1个亚类。多与红壤呈复区分布，面积较小，现有植被为常绿阔叶林等。成土母质为二叠系紫色、紫红色砂岩、粉砂岩、页岩的风化残积物。因发育程度低，土壤性状特征尚保持幼年阶段。土体浅薄疏松，无明显的腐殖质层和淀积层，剖面呈紫色、紫棕色、暗紫色等。地表多裸岩，土壤多砾石、粗砂，粗骨性强，结构差，蓄水保肥能力弱，抗冲性能差，植被稀疏地段或被破坏后，极易发生土壤侵蚀。紫色土富铝化特征不明显，有机质含量较赤红壤和红壤都较少，同时，氨氮、硝氮、总氮含量也不高。发育于植被稀疏的陡坡及山脊部位，土壤易遭受侵蚀。表2-13描述了紫色土各层pH、有机质含量、氨氮含量、硝氮含量、总氮含量等。以保护区内实地剖面考察的紫色土为例（见保护区土壤图5）。

①O层：0~3cm，枯枝落叶层。

②A层：3~30cm，黑棕色，壤土，小团块状结构，团粒较少，较疏松，润，根系多量，含玄武岩砾石和少量灰烬。

③B层：30~60cm，淡棕色，黏壤土，中块状至小块状结构，土体较紧实，润，根系中量至少

量，含少量砾石。

④C层：60~120cm以下，淡棕色，黏壤土，含砾石，中块状至小块状结构，土体紧实，润，根系少量至无。

表2-13　永善五莲峰市级自然保护区紫色土化学性质

发生层	深度（cm）	pH	有机质含量（g/kg）	氨氮含量（g/kg）	硝氮含量（g/kg）	总氮含量（g/kg）	母岩
A	3～30	5.2	117.5423	22.2685	7.0001	29.4685	紫色砂岩
B	30～60	5.3	39.8934	22.2094	2.9845	25.1939	
C	60～120	5.1	39.1865	27.9504	3.7784	31.7289	

四、土壤资源的利用与保护

1. 保护区土壤资源利用现状

保护区从海拔939m到2979m的山顶，发育分布有赤红壤、红壤、黄壤、黄棕壤地带性土壤，以及紫色土非地带性土壤。其上生长发育的典型植被有大面积的季风常绿阔叶林、中山湿性常绿阔叶林等原生林，以及小面积的农田等。保护区内植物种类丰富，在人迹稀少的深山和坡度较陡地段，植被覆盖较好，土层结构、透水、透气等物理性质良好，有机质含量高，N、P、K含量丰富，自然肥力较高，反过来具有较高自然肥力的这些土壤又极大地支持着这些天然植物的生长，构成了一个良性循环的森林生态系统，保持了水土，涵养了水源，丰富了保护区的生物多样性。可见，保护区复杂多样的土壤资源为各类生物物种、群落、生态系统的形成和演化提供了多样而有利的土壤生态条件，并成为这些生态系统的重要组成部分。

各类土壤与各类植被共同构成的土壤—植被系统，在保持水土、涵养水源、调节区域水文和区域气候、维系自然景观、维持土壤生物（微生物和动物）的多样性及区域景观生态过程、改善区域生态环境、保障区域生态安全等方面发挥了重要作用。

2. 土壤资源的保护对策及措施

土壤是生态系统的重要组成部分，是生态系统中物质与能量交换的主要场所，它本身又是生物群落与无机环境相互作用的产物，为生物尤其是植物提供了最直接的物质基础。因此，保护好保护区及其附近的土壤资源对生物多样性的保护具有重要意义。

（1）加强保护区管理，保护好现有森林植被

植被是影响土壤发育和演化的最活跃的因素，也是确保土壤生态系统平衡、稳定的最重要的条件，大的发展变化必然导致土壤的变化，管护好现有各类森林植被就能保护好土壤。措施是：加大执法力度，严禁毁林开荒、砍伐薪材、放牧等不良行为的出现，防止灌草层及枯枝落叶层被破坏，

确保保护区各类森林植被不受人为干扰，受到干扰而退化的森林植被能逐步得到恢复更新。

（2）采取人工造林措施，促进疏林与灌木林的恢复

采取人工造林措施，加快保护区及边缘地区疏林、灌木林地、撂荒地或退耕还林林地森林的恢复和发展。造林过程中要参照保护区内的原始森林，选择应用其组成树种，营造与天然林相似的稳定的半人工植物群落，以促进植被与土壤之间的物质能量的循环转化，促进土壤—植被系统的恢复和发展。

（3）因地制宜，强化局地土壤流失的防治

土壤是母质、气候、生物和地形长期综合作用的产物，其形成是一个漫长的自然历史过程，而土壤侵蚀在短期内就会造成土壤的退化。因此，要因地制宜，搞好保护区土壤流失的防治。措施：①对轻度和中度流失区，特别是稀疏草坡地段，应采取封禁、人工造林等有效措施，提高植被覆盖率，促进植被恢复，以逐渐减轻土壤片状侵蚀。②对于保护区及边缘土壤严重流失地区，要辅之以工程措施，以减缓、遏制现有的沟谷侵蚀，改善土壤生态环境，促进土壤—植被系统的恢复。

（4）发展社区经济，提高公众保护意识

发展周边社区经济，增加当地居民的经济收入和提高保护意识是保护好保护区森林土壤的根本措施。保护区附近少数民族较多，生活水平较低，政府必须加大投入，发展社区经济，并实施生态补偿，增加当地群众的经济收入，满足其生活需要，提高其生活水平。同时，调整土地利用方式，发展山区特色经济，帮助周边社区加快脱贫致富进程，让社区居民从中得到实惠，使社区与自然保护区之间建立一种非过度消耗保护区资源的和谐的依赖关系。加强森林法和自然保护区管理条例等法规的宣传教育工作，提高周边社区居民的森林保护意识。

第三章　植　被

依据《云南植被》的植被区域系统，保护区内植被为亚热带常绿阔叶林区域（Ⅱ），西部（半湿润）常绿阔叶林亚区域（ⅡA），高原亚热带北部常绿阔叶林地带（ⅡAii），滇中、滇东高原半湿润常绿阔叶林、云南松林区（ⅡAii-1），滇东北高原高、中山云南松林羊草草甸亚区（ⅡAii-1d），与东部（湿润）常绿阔叶林亚区域（ⅡB），东部（中亚热带）常绿阔叶林地带（ⅡBi），滇东北边沿中山河谷峨眉栲林、包石栎林区（ⅡBi-1）的过渡区域。根据《中国植被》《云南植被》类型编目系统，保护区的植被可划分为5个植被型，5个植被亚型，6个群系，8个群落。其主要的群系类型有峨眉栲林、水青冈林、杉木林、柳杉林、日本落叶松林、羊茅草甸等。保护区位于乌蒙山脉西北面的金沙江南岸，蕴藏着多样的植被类型。从植被整体来看仍表现较多的亚热带特征，区内植被具有云南山地典型的水平地带性植被的特征，人为干扰小且原生性高，具有极重要的保护价值。

第一节　调查方法

调查采用植物群落学调查的传统方法，野外调查和内业资料整理相结合、线路调查和样方调查相结合。在线路调查的基础上，根据不同植物群落的生态结构和主要组成成分的特点，采取典型选样的方式选择样地，根据法瑞学派的调查方法调查样地群落结构、物种组成和环境因子等。

一、线路调查

在保护区内，根据生态环境和地形条件，规划出具备野外可操作性的调查线路，然后沿规划路线，逐一进行线路现场踏勘调查，所选规划线路覆盖自然保护区的各类生境和各植被类型。线路调查时，采用GPS确定地理位置并记录和采集相关植物种类，列出调查区各植被类型的分布情况。

二、样地调查

在线路调查基础上，选择典型植物群落布设样地调查植被群落结构和植物资源种类，所布设样地具有代表性和典型性的特点。

三、样方布点原则

根据线路调查成果，在典型植被分布区域布设样地，并考虑整个自然保护区布点的代表性和均匀性。特别重要的植被根据群落内的植物变化情况进行增设样地；尽量避免取样误差；两人以上进行观察记录，消除主观因素。

四、群落调查

1. 法瑞学派样地记录法

采用法瑞学派样地记录法进行群落调查，乔木群落样地面积为20m × 20m，灌草样地为10m × 10m，利用GPS确定样地位置，记录样地中所有高等植物，并按Braun–Blanquet多优度—群集度记分。

2. 样方调查及数据统计方法

即在野外考察中用分散典型取样原则，按植物群落的种类组成、结构和外貌的一致程度，初步确定群丛（Association），并在各个群丛个体（Association individual）的植物群落地段上选取面积为400m^2 的样地进行群落调查。每一样地植物群落学调查结果所记录的调查表称为一个样地直观记录（Relevé）。选取一个样地后，就开始做好一个完整的样地记录。首先记好样地记录总表，记下野外编号、群落名称（常野外暂定）、样地面积、取样地点、取样日期、海拔高度、坡向、坡度、群落高度、总盖度、群落分层及各层高度与层盖度、突出生态现象、人为影响状况等。在此样地记录中，除记录调查项目如群落生境、群落结构、生态表现、季相动态等外，专备样地记录分表，着重记录样地面积内每一个植物种类（只限维管植物种类）的种名和“多优度—群集度（Abundantdomfinance–sociability）”指标，即Braun–Blanquet的“盖度多度—群集度（Coverageabundance–sociahility）”指标，分“+”至“5”共六级。多优度—群集度的评测标准如下：

（1）在多优度方面

5：样地内某种植物的盖度在75%以上者；4：样地内某种植物的盖度在50% ~ 75%者；3：样地内某种植物的盖度在25% ~ 50%者；2：样地内某种植物的盖度在5% ~ 25%者；1：样地内某种植物

的盖度在5%以下，或个体数量尚多者；＋：样地内某种植物的盖度很小，数量也少，或小单株者。

（2）在群集度方面

5：集成大片而背景化者；4：小群或大块者；3：小片或小块者；2：小丛或小簇者；1：散生或单生者。

群集度必须跟着多优度联用，其间以小点分开，即构成所测样地内每一个植物种的“多优度—群集度”，如“5.5”“3.3”“＋”“1.1”“＋.2”等，某种植物达“3.3”以上者就可构成“群丛相（Phase）”的重要种。

将调查区域内的所有已取得的样地记录，按暂定的“群丛”进行归类，建立各正式群丛的初表，即群落样地综合表。在每一张群落样地综合表中，列出各样地记录中所记的生境和群落结构特征，如样地号、分布地、地形、海拔、坡向、坡度、群落总盖度、分层数、各结构层的高度和层盖度、样地面积、样地种数等。表上列出各样地出现的所有植物种或变种等学名（包括中文名和拉丁学名），按生长型（Growth form）组合分3组列出，即乔木层、灌木层、草本层和藤本植物。然后，在植物名称横行与样地记录号纵列的交汇处，记录植物种在该样地记录上的“多优度—群集度”指数，如“3.3”“2.2”“1.1”“＋”等，该列样地中该种植物不存在的以空格表示，一直到各样地记录所有植物种类的该指数在已定的初表上登记完为止。以确保数据快速而样地物种不被重复或漏记的情况出现。

群落样地综合表上还要统计出每一个种的存在度（Presence）等级，以Ⅰ～Ⅴ分5级表示。

Ⅰ级：存在度值为1%～20%者；Ⅱ级：21%～40%者；Ⅲ级：41%～60%者；Ⅳ级：61%～80%者；Ⅴ级：81%～100%者（存在度值包括上限不包含下限）。

同时，要统计出该植物种的盖度系数（Coverage coefficient），其计算公式为：

$C=100\Sigma(T_i\times T_j)/S$

C为盖度系数，T_i为该种植物某一盖度级出现次数，T_j为该盖度级的平均数，S为统计的样地总数。

多优度指标转换成盖度级平均数为：5（75～100）=87.5；4（50～75）=62.5；3（25～50）=37.5；2（5～25）=15；1（0～5）=2.5；＋=0.1；并将存在度和盖度系数计算填入群落样地综合表中。

盖度系数表示各种植物在该群丛中的重要性，凡盖度系数大的种，其地位与作用则大，反之则小。盖度系数与群丛的生活型谱（Life form spectrum）相结合则可说明某一类生活型植物在群丛中的优势度。盖度系数值的大小与Braun–Blanquet的盖度多度级的划分标准有关，故数值常相差悬殊，但对反映植物种在群落中的地位和作用起很大作用，但数值大小仅有相对比较意义。根据已形成的这一张植物群落分类单位综合表，作为植被研究的基础资料，既可用于植物群落特征多样性的分析，也是各个群丛描述的主要依据。

第二节　植被类型及系统

一、植被分类原则与依据

依据《云南植被》中采用的分类系统，并参考《中国植被》和《云南森林》等重要植被专著，遵循群落学—生态学的分类原则。在植被分类过程中主要依据群落的种类组成，群落的生态外貌和结构，群落的动态和生态地理分布等方面特征。

根据上述原则，在植被分类过程中采用3个主级分类单位，即植被型（高级分类单位）、群系（中级分类单位）和群丛（低级分类单位），各级再根据实际增设亚级或辅助单位。

1. 植被型——植被高级分类单位

以群落生态外貌特征为依据，群落外貌和结构主要决定于优势种或标志种以及与之伴生的相关植物的生活型。生活型的划分首先从演化形态学的角度分作木本、半木本、草本、叶状体植物等；以下按主轴木质化程度及寿命长短分出乔木、灌木、半灌木、多年生草本、一年生草本等类群；又按体态分针叶、阔叶、簇生叶、退化叶等；再下以发育节律分为常绿、落叶等。一般群落主要结构单元中的优势种生活型相同或相似，水热条件要求一致的植物群落联合为植被型。植被型一般与气候带和垂直带相吻合，但由于地形地貌及土壤等因子作用，常常会形成“隐域”植被。

2. 群系——植被中级分类单位

在群落结构和外貌特征相同的前提下，以主要层优势种（建群种）或共建种为依据。群落的基本特征取决于群落主要层次的优势种或标志种，采用优势种或标志种为植被类型分类的基本原则，能够简明快速地判定植被类型。对于热带或亚热带的植物群落来说，主要层优势种往往不明显，根据前人经验，采用生态幅狭窄、对特定植被类型有指示作用的标志种作为划分标准。因此群系的命名以优势种、建群种和标志种来命名。

3. 群丛——植被基本分类单位

群丛是植被分类中最基本的分类单位。凡属于同一植物群丛的各个具体植物群落应具有共同正常的植物种类组成和标志群丛的共同植物种类，群落的结构特征、生态特征、层片配置、季相变化和群落生态外貌相同；以及处于相似的生境，在群落动态方面则是处于相同的演替阶段。另外，群从应该具有一定的分布区。

二、植被分类系统

根据《云南植被》区划的原则和单位，保护区区域在植被区划上为亚热带常绿阔叶林区域（Ⅱ），西部（半湿润）常绿阔叶林亚区域（ⅡA），高原亚热带北部常绿阔叶林地带（ⅡAii），滇中、滇东高原半湿润常绿阔叶林、云南松林区（ⅡAii-1），滇东北高原高、中山云南松林羊草草甸亚区（ⅡAii-1d），与东部（湿润）常绿阔叶林亚区域（ⅡB），东部（中亚热带）常绿阔叶林地带（ⅡBi），滇东北边沿中山河谷峨眉栲林、包石栎林区（ⅡBi-1）的过渡区域。滇东北高原高、中山云南松林羊草草甸亚区（ⅡAii-1d）处于云南高原东北部分，与川西南山地隔金沙江相望，地貌以山地为主，本亚区植被原生的常绿阔叶林已较少，主要树种包括滇青冈、栲类、栎类等。在海拔3000m以上区域，常有亚高山草甸，或亚高山灌丛。而滇东北边沿中山河谷峨眉栲林、包石栎林区（ⅡBi-1）的地带性植被主要是栲类-木荷林，森林上层树种以栲属和木荷属占优势，其次是石栎属和青冈属。这种特征与云南高原的半湿润常绿阔叶林不同。保护区处于两种区域植被地带过渡区域，区域植被类型在云南省内的面积不大，但是其自然环境条件和植被地理特点具有一定特殊性。

保护区区内海拔300～1200m范围，原生植被为湿性常绿阔叶林，目前破坏相对较多，土地多为农业生产所利用，残存物种包括伊桐（*Itoa orientalis*）、柏那参（*Brassaiopsis glomerulata*）、银鹊树（*Tapiscia sinensis*）、野鸭椿 （*Euscaphis japonica*）红皮树 （*Styrax suberifolia*） 等。在低海拔河谷、低丘和台地，原生植被的破坏也较为严重，由于气温较高，表土冲刷严重，生境比较干燥，目前常见一些耐旱的成分，如楝（*Melia azedarach*）、木棉 （*Bombax malabaricum*）、小漆树 （*Toxicodendron delavayi*）等。海拔1200～2000m，多为山地湿性常绿阔叶林，物种以仍以常绿树种为主，但混交有落叶种类。常绿树种主要为栲属、石栎属、木兰属、樟属、木荷属、杜鹃花属等，落叶树种主要为山毛榉属、栎属、五加属和桦木属等。区域内常见以峨眉栲（扁刺锥）、包石栎、五裂槭、木荷、水青冈、米心水青冈为乔木层树种，以筇竹、刺竹子为绝对优势的灌木层的植被特点。

保护区植被分类的原则、单位和系统按《中国植被》（中国植被编辑委员会，1980）和《云南植被》（吴征镒、朱彦丞主编，1987）植被分类的原则和系统划分。部分植被及群落的划分还参考《四川植被》（四川植被协作组，1980）。保护区内有大面积的筇竹、方竹林，在《云南植被》和《四川植被》中，均未将其单独处理，根据《中国植被》将其归入对应植被类型进行处理。同时，保护区内部分地域为历史上进行过农业生产或森林砍伐的地带，原生植被破坏较为严重，为次生状态，尚处于恢复演替过程中，没有明显的建群物种或优势物种，这类植被通常划入邻近地段保存相对较好的植被类型中。通过对考察所得的样地资料分析整理，将保护区自然植被划分为5个植被型，5个植被亚型，6个群系，8个群落，各主要植被类型分布图见永善五莲峰市级自然保护区植被图，具体植被类型划分见表3-1。

表3-1　永善五莲峰市级自然保护区内植被类型分类系统

植被类型	分布情况说明
Ⅰ 常绿阔叶林	
（Ⅰ）中山湿性常绿阔叶林	
一、石栎、栲类林	
（一）峨眉栲林（Form. *Castanopsis platyacantha*）	
1. 峨眉栲–华木荷群落（*Castanopsis platyacantha, Schima sinensis* Comm.）	团结乡双河村、水竹乡纸厂坪、溪洛渡街道富庆村向阳三组、水竹乡蒿枝坝
2. 峨眉栲–筇竹群落（*Castanopsis platyacantha, Qiongzhuea tumidinoda* Comm.）	团结乡双河村、溪洛渡街道富庆村向阳三组、水竹乡蒿枝坝
3. 峨眉栲–珙桐群落（*Castanopsis platyacantha, Davidia involucrata* Comm.）	团结乡双河村、溪洛渡街道富庆村向阳三组、水竹乡蒿枝坝
Ⅱ 常绿落叶阔叶混交林	
（Ⅰ）山地常绿落叶阔叶混交林*	
一、水青冈常绿阔叶混交林#	
（一）水青冈林（Form. *Fagus longipetiolata*）	
1. 水青冈–峨眉栲群落（*Fagus longipetiolata, Castanopsis platyacantha* Comm.）	永兴街道顺河村椿尖坪村组
Ⅲ 暖性针叶林	
（Ⅰ）暖温性针叶林	
（一）杉木林（Form. *Cunninghamia lanceolata*）	
1. 杉木群落（*Cunninghamia lanceolata* Comm.）	团结乡新田村朱家坪社
（二）柳杉林（Form. *Cryptomeria fortunei*）	
1. 柳杉群落（*Cryptomeria fortunei* Comm.）	水竹乡蒿枝坝
Ⅳ 温性针叶林	
（Ⅰ）寒温性针叶林	
一、落叶松林	
（一）日本落叶松林（Form. *Larix kaempferi*）	
1. 日本落叶松群落（*Larix kaempferi* Comm.）	老马楠、云荞水库周围

续表3-1

植被类型	分布情况说明
Ⅴ 草甸	
（Ⅰ）寒温草甸	
一、禾草草甸	
（一）羊茅草甸（Form. *Festuca ovina*）	
1. 羊茅–毛秆野古草群落（*Festuca ovina, Arundinella hirta* Comm.）	马楠乡、水竹乡纸厂坪

注：用“Ⅰ、Ⅱ、Ⅲ……”表示植被型；用“（Ⅰ）、（Ⅱ）、（Ⅲ）……”表示植被亚型；用“一、二、三……”表示群系组；用“（一）、（二）、（三）……”表示群系；用“1、2、3……”表示群丛，数字后加“.”；用“*”表示引自《四川植被》；用“#”表示引自《中国植被》。

第三节 植被类型分述

一、中山湿性常绿阔叶林

常绿阔叶林在云南省亚热带中山山地均有分布，植被分布区一般海拔不超过2900m。在滇东北山地是处于和四川盆地邻接区域，海拔一般在1500～2000m的中山地带。该类常绿阔叶林总体来看，其群落外貌、层片结构和生境特点具有一定的相似性。具体特征：①群落常以石栎类或栲类等温凉喜湿种类组成乔木上层优势。②由于本类植被经常处于山地云雾带之中，故林内普遍出现苔藓地衣等附生植物，也有蕨类或种子植物附生。③群落的灌木层中一般都有一个比较明显的竹子层片。竹子的种类常见的包括筇竹、箭竹、方竹。在滇东北主要为石栎、栲类林。

按《云南植被》的划分，保护区的主要植被应为中山湿性常绿阔叶林，主要以石栎、栲类林群系组为代表，本群系组主要分布于滇东北一隅的1500~2600m的中山山地，这一类山地森林由于受四川盆地气候的影响，与四川省峨眉、峨边、雷波一带的山地植被，无论在区系组成特征上，还是在群落的生态结构上都基本相似。它属于我国东部亚热带常绿阔叶林的类型，其种类组成与广大的云南高原山地植被有着较大区别。保护区类以峨眉栲林（Form. *Castanopsis platyacantha*）群系为代表。

峨眉栲林（Form. *Castanopsis platyacantha*）：本群系的群落均以峨眉栲为乔木上层优势或标志，分布于云南省永善、大关、彝良、镇雄以北的中山山地，海拔1500～2300m，与四川盆地中亚热带常绿阔叶林的山地植被类型相同。种类组成上具有东部常绿阔叶林的特点，乔灌层以栲属（*Castanopsis*）、木荷属（*Schima*）、柃属（*Eurya*）、山矾属（*Symplocos*）、木姜子属（*Lindera*）为常见。草本中蕨类较为常见。肉质耐阴的秋海棠（*Begonia*）、凤仙花（*Impatitiens*）、冷水花（*Pilea*）较为常见，筇竹为林下常见竹子。结合调查情况，永善五莲峰市级自然保护区包括峨眉栲-华木荷群落（*Castanopsis platyacantha*，*Schima sinensis* Comm.）、峨眉栲-珙桐群落（*Castanopsis platyacantha*，*Davidia involucrata* Comm.）、峨眉栲-筇竹群落（*Castanopsis platyacantha*，*Qiongzhuea tumidinoda* Comm.）三个群落。

1. 峨眉栲-华木荷群落（*Castanopsis platyacantha*， *Schima sinensis* Comm.）

本群落在保护区内广泛分布，是滇东北有区域代表性的植被类型，也是保护区内典型植被，生境特点除温暖且湿润外，一般坡度较陡。在山坡沟谷地形下，本群落可演变为沟谷类型，其特征为：上层除峨眉栲占优势外，还有其他落叶树种，如珙桐、水青树等。水青树数量相对较少，与珙桐生长环境相似，不单独形成优势。珙桐在保护区内沟谷地带常形成优势种，将峨眉栲-珙桐群落作为不同的群落加以分析。

本群落乔木层上层高约20m，层盖度因地而不同，一般60%左右，各乔木树冠常不相连续，透光性大。这一层优势种类为峨眉栲（*Castanopsis platyacantha*），调查样地内有中华木荷（*Schima sinensis*）、茅栗（*Castanea seguinii*）、五裂槭（*Acer oliverianum*）。散生有珙桐（*Davidia involucrata*）、天师栗（*Aesculus wilsonii*）等。乔木层下层高约10m，层盖度20%～50%，五裂槭、茅栗、峨眉栲、木荷幼树等。

灌木层优势物种不明显，调查样地以刺竹子为主，其他部分区域以筇竹为主，种类较少，层盖度在植被人为干扰较小的地段，如山体中上部、远离村社的区域，盖度较大，而人为干扰较大的区域，盖度较小，一般为30%～60%，高2～3m，包括刺竹子（*Chimonobambusa pachystachys*）、茅栗、天师栗、小果珍珠花（*Lyonia ovalifolia* var. *elliptica*）、三花冬青（*Ilex triflora*）、蜡莲绣球（*Hydrangea strigosa*）、峨眉蔷薇（*Rosa omeiensis*）、楤木（*Aralia chinensis*）等。层间植物包括中华猕猴桃（*Actinidia chinensis*）、川莓（*Rubus setchuenensis*）、薯蓣（*Dioscorea oppositifolia*）、八月瓜（*Holboellia latifolia*）和悬钩子（*Rubus* sp.）等。

草本层盖度较低，不同地段及林窗的有无对草本层植物种类影响较大，约5%～15%，植物种类包括林泽兰（*Eupatorium lindleyanum*）、总状凤仙花（*Impatiens racemosa*）、虾脊兰一种（*Calanthe* sp.）、荚果蕨（*Matteuccia struthiopteris*）、川莓（*Rubus setchuenensis*）、楼梯草（*Elatostema involucratum*）、薯蓣（*Dioscorea oppositifolia*）等种类。部分地段群落内可见粗齿冷水花（*Pilea sinofasciata*）、峨眉附地菜（*Trigonotis omeiensis*）、黑鳞耳蕨（*Polystichum makinoi*）、黄金凤（*Impatiens siculifer*）、冷水花（*Pilea notata*）等。群落特征见表3–2。

表3–2 峨眉栲–华木荷群落样地表

样地号：01	群落名称：峨眉栲–华木荷群落	样地面积：400m²	地点：永善县溪洛渡街道富庆村向阳三组	
调查人员：张永洪、汤明华、钱少娟、何烈芬		地理坐标：东经103° 38′ 08″，北纬28° 07′ 46″		海拔：1959m
坡向：东南	坡度：陡坡	坡位：中上位	总盖度：90%	群落高：15m
主要层优势种：峨眉栲、华木荷、茅栗			调查日期：2019年8月2日	

乔木层：7种，19株，盖度：70%，层高：15m

中文名	拉丁学名	株数	均高（m）	平均胸径（cm）	冠幅直径（m）	盖度（%）	物候期	生活力
峨眉栲	*Castanopsis platyacantha*	6	15	20	6	20	果期	强
华木荷	*Schima sinensis*	3	15	15	5	20	花、果期	强
茅栗	*Castanea seguinii*	5	10	15	6	25	果期	一般
五裂槭	*Acer oliverianum*	1	10	20	8	5	营养期	一般
天师栗	*Aesculus wilsonii*	2	10	16	4	5	营养期	一般
珙桐	*Davidia involucrata*	1	8	10	5	5	营养期	一般
野核桃	*Juglans cathayensis*	1	7	15	5	4	果期	一般

灌木层、草本层、层间植物层：15种，盖度：30%，层高：2.8m

中文名	拉丁学名	生活型	花序或叶层高（m）	冠径（m）	盖度（%）	多度	株（丛）数	物候期	生活力
刺竹子	*Chimonobambusa pachystachys*	灌木	2.5	0.5	15	常见	100	营养期	强
茅栗	*Castanea seguinii*	灌木	2.5	2	10	常见	30	营养期	较强
天师栗	*Aesculus wilsonii*	灌木	2	2	5	散生	10	营养期	较强
小果珍珠花	*Lyonia ovalifolia* var. *elliptica*	灌木	2	2	1	散生	4	花期	较强
三花冬青	*Ilex triflora*	灌木	2.8	1	1	散生	5	果期	较强
蜡莲绣球	*Hydrangea strigosa*	灌木	1.2	0.5		散生	4	花期	强
峨眉蔷薇	*Rosa omeiensis*	灌木	1.5	0.5		散生	6	营养期	强
楤木	*Aralia chinensis*	灌木	1.5	0.6		散生	1	营养期	强
林泽兰	*Eupatorium lindleyanum*	草本	1	0.5		散生	4	花期	强
总状凤仙花	*Impatiens racemosa*	草本	0.3	0.3		散生	20	花期	强
虾脊兰一种	*Calanthe* sp.	草本	0.3	0.2		偶见	1	营养期	强
楼梯草	*Elatostema involucratum*	草本	0.3	0.2	1	常见	100	花期	较强
荚果蕨	*Matteuccia struthiopteris*	草本	0.3	0.2		散生	20	营养期	一般

续表3-2

中文名	拉丁学名	生活型	花序或叶层高（m）	冠径（m）	盖度（%）	多度	株（丛）数	物候期	生活力
川莓	*Rubus setchuenensis*	木质藤本	1.2	1		散生	2	营养期	一般
薯蓣	*Dioscorea oppositifolia*	草质藤本	1.5	0.2		散生	2	营养期	一般

2. 峨眉栲-筇竹群落（*Castanopsis platyacantha*，*Qiongzhuea tumidinoda* Comm.）

峨眉栲-筇竹群落是保护区内较为常见的群落类型，本群落主要分布于山体中上部，群落上层以峨眉栲为建群种构成乔木一层，其他乔木层物种组成在不同地段有所不同，由山体中部到上部，物种组成越来越单调。部分地段，由于人类干扰，峨眉栲的优势并不明显。乔木层组成树种包括五裂槭（*Acer oliverianum*）、楤木、华木荷、天师栗、水青冈以及少量珙桐等。在部分植被存在破坏的空旷地带及路边，有时分布有野桐（*Mallotus japonicus* var. *floccosus*）、栓皮木姜子（*Litsea suberosa*）、鹅掌柴（*Schefflera octophylla*）等种类。

灌木层发达，在山顶部分地段筇竹优势明显，生长较好，由于筇竹与灌木层物种形成一定的竞争关系，当筇竹盖度较小时，灌木层其他物种生长较好，盖度可达50%～80%。除筇竹以外，其他物种数量较少。灌木层物种包括筇竹（*Qiongzhuea tumidinoda*）、野茉莉（*Styrax japonicus*）、灯台树（*Bothrocaryum controversum*）、牛奶子（*Elaeagnus umbellate*）、臭檀吴萸（*Evodia daniellii*）、峨眉蔷薇（*Rosa omeiensis*）、绣球蔷薇（*Rosa glomerata*），部分地段包括一些常见植物种类，如西南绣球（*Hydrangea davidii*）、细齿叶柃（*Eurya nitida*）、卫矛等。层间植物种包括木莓（*Rubus swinhoei*）、地不容（*Stephania epigaea*）。在部分地段，偶见西域旌节花（*Stachyurus himalaicus*）、勾儿茶（*Berchemia sinica*）、中华猕猴桃（*Actinidia chinensis*）、八月瓜（*Holboellia latifolia*）等。

本群落草本层盖度与灌木层的筇竹盖度有一定关系，在筇竹盖度较大的地段，通常草本层盖度较小，植物种类较少。而在一些筇竹优势不明的群落中，随着灌木层盖度变小，地表光照条件的改善，草本层盖度则随之增大。该群落类型总体上草本层物种种类较少，盖度较小。但在不同样地区域则受灌木层盖度影响较大。草本层以喜阴湿植物为主，有的地段可构成30%以上的盖度。主要包括楼梯草（*Elatostema involucratum*）、管花鹿药（*Smilacina henryi*）、金星蕨（*Parathelypteris glanduligera*）、华蟹甲（*Sinacalia tangutica*）、血满草（*Sambucus adnata*）、竹叶草（*Oplismenus compositus*）、粗茎鳞毛蕨（*Dryopteris crassirhizoma*）、锦香草（*Phyllagathis cavaleriei*）、楮头红（*Sarcopyramis napalensis*）、庭菖蒲（*Sisyrinchium rosulatum*）、蕨（*Pteridium aquilinum* var. *latiusculum*）、木莓（*Rubus swinhoei*）、地不容（*Stephania epigaea*）等。群落特征见表3-3。

表3-3 峨眉栲-筇竹群落样地表

样地号：02	群落名称：峨眉栲-筇竹群落	样地面积：400m²	地点：永善县团结乡双河村	
调查人员：张永洪、汤明华、钱少娟、何烈芬		地理坐标：东经103° 48′ 54″，北纬28° 11′ 30″		海拔：1945m
坡向：南	坡度：缓坡	坡位：上部	总盖度：85%	群落高：18m
主要层优势种：峨眉栲、筇竹			调查日期：2019 年 8 月 2日	

乔木层：2种，7株，盖度：55%，层高：20m

中文名	拉丁学名	株数	均高（m）	平均胸径（cm）	冠幅直径（m）	盖度（%）	物候期	生活力
峨眉栲	*Castanopsis platyacantha*	5	18	30	8	50	果期	强
华木荷	*Schima sinensis*	2	16	20	8	5	果期	强

灌木层、草本层、层间植物层：20种，盖度：50%，层高：2.5m

中文名	拉丁学名	生活型	花序或叶层高（m）	冠径（m）	盖度（%）	多度	株（丛）数	物候期	生活力
筇竹	*Qiongzhuea tumidinoda*	灌木	2.5	1	45	丛生	400	营养期	较强
野茉莉	*Styrax japonicus*	灌木	2.5	1.5		散生	2	果期	一般
灯台树	*Bothrocaryum controversum*	灌木	2.5	2		散生	1	营养期	一般
牛奶子	*Elaeagnus umbellate*	灌木	1.5	0.5		散生	2	果期	一般
臭檀吴萸	*Evodia daniellii*	灌木	2.5	2		散生	1	果期	一般
峨眉蔷薇	*Rosa omeiensis*	灌木	1.2	1		散生	2	果期	一般
绣球蔷薇	*Rose. glomerata*	灌木	1.3	1		散生	2	花期	一般
楼梯草	*Elatostema involucratum*	草本	0.4	0.5	10	丛生	200	花期	一般
管花鹿药	*Smilacina henryi*	草本	0.2	0.3		散生	20	花期	较强
金星蕨	*Parathelypteris glanduligera*	草本	0.3	0.3		丛生	5	营养期	一般
华蟹甲	*Sinacalia tangutica*	草本	0.1	0.1		散生	15	花期	一般
血满草	*Sambucus adnata*	草本	1.5	1		散生	2	花期	一般
竹叶草	*Oplismenus compositus*	草本	0.2	0.3		散生	20	花期	较强
粗茎鳞毛蕨	*Dryopteris crassirhizoma*	草本	0.5	0.5		丛生	5	营养期	一般
锦香草	*Phyllagathis cavaleriei*	草本	0.2	0.3		散生	20	花期	较强
楮头红	*Sarcopyramis napalensis*	草本	0.3	0.3		散生	15	花期	一般
庭菖蒲	*Sisyrinchium rosulatum*	草本	0.1	0.05		偶见	3	花期	一般
蕨	*Pteridium aquilinum* var. *latiusculum*	草本	0.1	0.3		丛生	10	果期	一般
木莓	*Rubus swinhoei*	藤本	1.5	1		丛生	2	果期	一般
地不容	*Stephania epigaea*	藤本	1.5	0.5		散生	1	营养期	一般

3. 峨眉栲-珙桐群落（*Castanopsis platyacantha*， *Davidia involucrata* Comm.）

群落分布地位溪洛渡街道富庆村向阳三组及团结乡双河村等地一带山体中上部沟谷边及两侧中坡地，土层深厚，土壤水分条件较好，表层富含腐殖质。群落参差不齐，乔木层、灌木层分层不明显，树干上有少量苔藓。群落较为稳定。

乔木层以珙桐、峨眉栲为优势，盖度约60%，乔木层的平均胸径为40cm。乔木层除峨眉栲（*Castanopsis platyacantha*）、珙桐（*Davidia involucrata*）外，零星分布有少量水青树（*Tetracentron sinense*）、五裂槭（*Acer oliverianum*）、天师栗（*Aesculus wilsonii*）、四照花（*Dendrobenthamia japonica* var. *chinensis*）。林下灌木层以筇竹为主，还有山茶科、山矾科、蔷薇科植物。

调查样地灌木层层盖度70%左右，高矮不一，高的2～3m，矮的0.4～1m，占优势的是筇竹，还包括峨眉栲（*Castanopsis platyacantha*）、刺竹子（*Chimonobambusa pachystachys*）、水青树（*Tetracentron sinense*）、天师栗（*Aesculus wilsonii*）、西南红山茶（*Camellia pitardii*）、刺通草（*Trevesia palmata*）、黄毛楤木（*Aralia chinensis*）、猫儿屎（*Decaisnea insignis*）、金丝梅（*Hypericum patulum*）、粉花绣线菊（*Spiraea japonica*）、西域旌节花（*Stachyurus himalaicus*）等。

草本层的种类以一些喜湿、耐阴种类为主，包括楼梯草（*Elatostema involucratum*）、粗齿冷水花（*Pilea sinofasciata*）、冷水花（*Pilea notata*）、宽叶荨麻（*Urtica laetevirens*）、蕨（*Pteridium aquilinum* var. *latiusculum*）、龙头草（*Meehania henryi*）、皱叶狗尾草（*Setaria plicata* var. *plicata*）、绒毛假糙苏（*Paraphlomis albotomentosa*）、少毛牛膝（*Achyranthes bidentata* var. *japonica*）、香茶菜（*Rabdosia amethystoides*）、柔毛路边青（*Geum japonicum* var. *chinense*）等。盖度约20%，林缘及部分开阔地带还零星分布虾脊兰（*Calanthe discolor*）、一年蓬、尼泊尔酸模等。群落特征见表3-4。

表3-4　峨眉栲-珙桐群落样地表

样地号：03	群落名称：峨眉栲-珙桐群落	样地面积：400m²	地点：永善县溪洛渡街道富庆村向阳三组	
调查人员：张永洪、汤明华、钱少娟、何烈芬		地理坐标：东经103° 38′ 53″，北纬28° 08″ 02″		海拔：2045m
坡向：南	坡度：缓坡	坡位：中部	总盖度：85%	群落高：20m
主要层优势种：峨眉栲、筇竹			调查日期：2019 年 8 月 9日	

乔木层：6种，16株，盖度：55%，层高：20m

中文名	拉丁学名	株数	均高（m）	平均胸径（cm）	冠幅直径（m）	盖度（%）	物候期	生活力
峨眉栲	*Castanopsis platyacantha*	2	20	28	9	15	果期	强
珙桐	*Davidia involucrata*	10	17	25	9	50	果期	强
水青树	*Tetracentron sinense*	1	15	20	6	6	果期	一般
五裂槭	*Acer oliverianum*	1	12	10	6	4	营养期	一般
天师栗	*Aesculus wilsonii*	1	10	15	6	1	营养期	一般
四照花	*Dendrobenthamia japonica* var. *chinensis*	1	8	8	6	1	营养期	一般

续表3-4

中文名	拉丁学名	生活型	花序或叶层高（m）	冠径（m）	盖度（%）	多度	株（丛）数	物候期	生活力
灌木层、草本层、层间植物层：23种，盖度：70%，层高：2.5m									
筇竹	*Qiongzhuea tumidinoda*	灌木	2.5	1	50	丛生	500	营养期	较强
峨眉栲	*Castanopsis platyacantha*	灌木	2	2	5	散生	9	营养期	较强
刺竹子	*Chimonobambusa pachystachys*	灌木	2.5	1	5	丛生	50	营养期	较强
水青树	*Tetracentron sinense*	灌木	2	1		散生	2	营养期	较强
天师栗	*Aesculus wilsonii*	灌木	2	1		散生	2	营养期	较强
西南红山茶	*Camellia Pitardii*	灌木	1.8	1		散生	5	营养期	较强
刺通草	*Trevesia palmata*	灌木	2	2	2	散生	5	花期	较强
黄毛楤木	*Aralia chinensis*	灌木	2.8	2		散生	3	营养期	较强
猫儿屎	*Decaisnea insignis*	灌木	2.5	1		散生	2	营养期	较强
金丝梅	*Hypericum patulum*	灌木	1.5	0.5		散生	10	营养期	较强
粉花绣线菊	*Spiraea japonica*	灌木	1.2	0.5		散生	10	营养期	较强
西域旌节花	*Stachyurus himalaicus*	灌木	2	2	5	丛生	5	果期	强
楼梯草	*Elatostema involucratum*	草本	0.2	0.3	10	丛生	500	花期	强
粗齿冷水花	*Pilea sinofasciata*	草本	0.2	0.2	2	丛生	100	花期	强
冷水花	*Pilea notata*	草本	0.2	0.2	5	丛生	300	花期	强
宽叶荨麻	*Urtica laetevirens*	草本	0.2	0.2		丛生	200	花期	强
蕨	*Pteridium aquilinum* var. *latiusculum*	草本	0.5	0.3		丛生	20	营养期	强
龙头草	*Meehania henryi*	草本	0.1	0.2		丛生	50	花期	一般
皱叶狗尾草	*Setaria plicata* var. *plicata*	草本	0.2	0.5		丛生	20	花果期	一般
绒毛假糙苏	*Paraphlomis albotomentosa*	草本	0.2	0.2		丛生	4	花期	一般
少毛牛膝	*Achyranthes bidentata* var. *japonica*	草本	1	0.3		散生	10	花期	一般
香茶菜	*Rabdosia amethystoides*	草本	0.3	0.2		丛生	5	果期	一般
柔毛路边青	*Geum japonicum* var. *chinense*	草本	1	0.3		散生	10	花期	一般

二、常绿落叶阔叶混交林

该类型混交林是中亚热带山地典型的常绿落叶阔叶混交林类型。主要分布于海拔1000～2000m的中山地带。该类植被由水青冈属（*Fagus* spp.）植物，包括米心水青冈（*Fagus engleriana*）、水青冈（*Fagus longipetiolata*）及峨眉栲（*Castanopsis platyacantha*）为主共建形成群落，林内间有水青树（*Tetracentron sinense*）、武当木兰（*Magnolia sprengeri*）、中华木荷（*Schima sinensis*），部分湿润地段分布有珙桐（*Davidia involucrata*）、天师栗（*Aesculus wilsonii*）、中华槭（*Acer sinense*）等物种，此外，林中还可见到樟科、山茶科、冬青科和山茶科的部分常绿植物种类。分布区的土壤多为山地黄壤和棕壤，群落外貌黄绿色，林冠整齐，林下枯枝落叶覆盖可达80%，厚4～6cm。群落结构较为稳定。群落的灌木层中竹子层片明显，其中方竹（*Chimonobambusa quadrangularis*）是灌木层的优势，其他种类有多种筇竹、箭竹（*Fargesia spathacea*）、露珠杜鹃（*Rhododendron irroratum*）、刺叶冬青（*Ilex bioritsensis*）等。在保护区内该植被类型为水青冈林（Form. *Fagus longipetiolata*）。

水青冈林（Form. *Fagus longipetiolata*）的群落以水青冈、峨眉栲为乔木上层优势或标志，群落林冠绿色与白色斑块交错，林内阴暗，灌木层较稀疏，群落分为乔、灌、草三个层次。乔木层以壳斗科属植物为主，灌木层以木荷属（*Schima*）、柃属（*Eurya*）、山矾属（*Symplocos*）、木姜子属（*Litsea*）为常见。草本中蕨类、楼梯草等较为常见，筇竹、方竹为林下常见竹种。结合调查情况，五莲峰自然保护区内有水青冈–峨眉栲群落（*Fagus longipetiolata*、*Castanopsis platyacantha* Comm.）分布。

水青冈–峨眉栲群落（*Fagus longipetiolata*、*Castanopsis platyacantha* Comm.）：该群落在保护区内分布于中北部，群落盖度85%左右，乔木层盖度约50%，树种包括水青冈（*Fagus longipetiolata*）、峨眉栲（*Castanopsis platyacantha*）、华木荷（*Schima sinensis*）、露珠杜鹃（*Rhododendron irroratum*）、云贵鹅耳枥（*Carpinus pubescens*）、水青树（*Tetracentron sinense*）。其中水青冈和峨眉栲占优势。在接近山顶的地段、植被破坏较少的区域，水青冈、峨眉栲多形成直径30cm以上大树。灌木草本层盖度约50%，植物组成以方竹（*Chimonobambusa quadrangularis*）为优势，灌木种类还包括云贵鹅耳枥（*Carpinus pubescens*）、刺叶冬青（*Ilex bioritsensis*）、水青冈（*Fagus longipetiolata*）、细齿叶柃（*Eurya nitida*）、露珠杜鹃（*Rhododendron irroratum*）、多花山矾（*Symplocos ramosissim*）等。草本层植物包括楼梯草（*Elatostema involucratum*）、吉祥草（*Reineckea carnea*）、扁竹兰（*Iris confusa*）、金星蕨（*Parathelypteris glanduligera*）、黑足鳞毛蕨（*Dryopteris fuscipes*）等种类。层间植物有狗枣猕猴桃（*Actinidia kolomikta*）等。群落特征见表3–5。

表3-5　水青冈–峨眉栲群落样地表

样地号：04	群落名称：水青冈–峨眉栲群落	样地面积：400m²	地点：永善县永兴街道顺河村椿尖坪村组
调查人员：张永洪、汤明华、钱少娟、何烈芬		地理坐标：东经103° 40′ 49″，北纬28° 07′ 53″	海拔：1850m
坡向：东北	坡度：缓坡	坡位：中上部	总盖度：85% 群落高：20m
主要层优势种：水青冈、峨眉栲、方竹			调查日期：2019 年 8 月 12日

乔木层：6种，22株，盖度：55%，层高：16m

中文名	拉丁学名	株数	均高（m）	平均胸径（cm）	冠幅直径（m）	盖度（%）	物候期	生活力
水青冈	*Fagus longipetiolata*	5	16	25	8	20	果期	强
峨眉栲	*Castanopsis platyacantha*	8	13	15	6	25	果期	强
华木荷	*Schima sinensis*	2	8	10	6	5	果期	强
露珠杜鹃	*Rhododendron irroratum*	3	7	15	4	5	营养期	一般
云贵鹅耳枥	*Carpinus pubescens*	3	6	8	3	2	营养期	一般
水青树	*Tetracentron sinense*	1	12	18	6	1	营养期	强

灌木层、草本层、层间植物层：13种，盖度：55%，层高：2.5m

中文名	拉丁学名	生活型	花序或叶层高（m）	冠径（m）	盖度（%）	多度	株(丛)数	物候期	生活力
方竹	*Chimonobambusa quadrangularis*	灌木	2.5	1	50	散生	600	果期	较强
云贵鹅耳枥	*Carpinus pubescens*	灌木	2.5	1.5	5	散生	1	营养期	强
刺叶冬青	*Ilex bioritsensis*	灌木	1.8	1		散生	2	花期	较强
水青冈	*Fagus longipetiolata*	灌木	2.8	2.5		常见	20	营养期	一般
细齿叶柃	*Eurya nitida*	灌木	1.8	1		散生	2	花期	较强
露珠杜鹃	*Rhododendron irroratum*	灌木	1.8	0.8		散生	8	花期	较强
多花山矾	*Symplocos ramosissim*	灌木	2.5	1.5		散生	2	果期	一般
楼梯草	*Elatostema involucratum*	草本	0.3	0.2	3	常见	50	花期	较强
吉祥草	*Reineckea carnea*	草本	0.1	0.3		偶见	5	花期	较强
扁竹兰	*Iris confusa*	草本	1	0.3		常见	100	果期	较强
金星蕨	*Parathelypteris glanduligera*	草本	0.8	0.4		常见	20	营养期	一般
黑足鳞毛蕨	*Dryopteris fuscipes*	草本	0.3	0.5		常见	20	营养期	一般
狗枣猕猴桃	*Stachyurus himalaicus*	藤本	3	2		偶见	2	果期	一般

三、暖性针叶林

云南有20多种暖性针叶树种，其中大面积成林的主要有云南松（*Pinus yunnanensis*）、思茅松（*Pinus kesiya* var. *langbianensis*）两种，小面积成林的有滇油杉（*Keteleeria evelyniana*）、干香柏（*Cupressus duclouxiana*）、杉木（*Cuninghamia lanceolata*）、翠柏（*Calocedrus macorlepis*）、黄杉（*Pseudotsuga sinensis*）等。暖性针叶林分布很广，除亚热带的干热河谷底部和亚高山中部以上的山地外，全省各地都有分布。根据建群种的生态特点，结合群落的结构、种类组成和生境，在保护区范围内，有杉木林和柳杉林两种群系。

1. 杉木林（群系）（Form. *Cunninghamia lanceolata*）

杉木群系广泛分布于我国东部亚热带地区，目前大多是人工林，少量为次生自然林。人工栽种的多系纯林，天然的树种常和马尾松、毛竹和多种阔叶树形成混交林。垂直海拔跨度较大，在我国东部为800～1000m，在西部可达2000m。杉木林结构整齐，层次分明。群落植被与所在地区的常绿阔叶林下灌草层相似。在西部山地多与野桐、多种蔷薇、悬钩子、山矾等混生。草本层植物多蕨类和禾草，常见有狗脊（*Woodwardia japonica*）、铁芒萁、乌毛蕨（*Blechnum orientale*）、多种卷柏（*Selaginella* spp.）、鳞毛蕨（*Dryopteris* spp.）及白茅、莠竹等；藤本植物有菝葜、三叶木通、蛇葡萄、海金沙等。杉木林是我国南方重要用材林之一，生长迅速、常栽培于中亚热山麓缓坡。保护区内仅有杉木群落一种植被类型。

杉木群落（*Cunninghamia lanceolata* Comm.）：在滇东北永善、绥江、大关、彝良等地，有相当普遍的杉木群落。主要分布于海拔1000～1500m的范围，部分可达1800m，此海拔高度为该地区山地地形雨最多的地段。杉木林的前期植被通常是峨眉栲、栲树为主的湿性常绿阔叶林。

群落总盖度为70%～90%，高约18～20m，大树胸径为30cm左右。林内常混生多种阔叶树种，在相对干扰较少的区域，残存有少量原生植被，如峨眉栲、硬斗石栎、细叶青冈等，部分地段间有木荷（*Schima sinense*）、灯台树（*Cornus controversa*）等种类。在部分地方，杉木林形成单优群落，林内以杉木为主，其他乔木树种相对较少。在朱家坪一带，杉木林多分布于山体中下部，临近村社及道路两侧，受人为活动干扰，林内混生厚朴（*Magnolia officinalis*）、穗序鹅掌柴（*Schefflera delavayi*）、棕榈（*Trachycarpus fortunei*）等物种。由于群落内杉木树龄不同，不同地点林内树种组成差异较大。在朱家坪调查地点内，乔木树种主要是杉木和厚朴。

灌木层不同地段物种组成差别较大，在杉木林郁闭度高的地方，林下灌木层、草本层盖度较小，植物种类较少，在乔木层盖度较小的地方，林下灌草层发达，物种种类较多。通常灌木层盖度为25%～50%，层次高低不齐，0.5～3.0m均有，主要种类包括杉木（*Cunninghamia lanceolata*）、桂竹（*Phyllostachys bambusoides*）、棕榈（*Trachycarpus fortunei*）、厚皮香（*Ternstroemia gymnanthera*）、穗序鹅掌柴（*Schefflera delavayi*）、细齿叶柃（*Eurya nitida*）、野鸦椿（*Euscaphis japonica*）、木姜子（*Litsea pungens*）、槲栎（*Quercus aliena*）、异叶榕（*Ficus heteromorpha*）、羊耳菊（*Inula cappa*）、紫珠（*Callicarpa bodinieri*），部分地带还有荚蒾（*Viburnum* spp.）、野牡丹（*Melastoma* sp.）、粉花绣线菊（*Spiraea japonica*）、蔷薇（*Rosa* spp.）、多种菝葜（*Smilax* spp.）。朱家坪调查地点的灌木层物种主要包括杉木（*Cunninghamia lanceolata*）、鸡桑（*Morus australis*）、绣球蔷薇（*Rosa glomerata*）。

在杉木群落内，在乔木层盖度较小，地面林窗明显，或者是村社附近人类活动干扰较强的情况下，草本层相对发达，常见有扁竹兰（*Iris confusa*）、浆果薹草（*Carex baccans*）、蕨（*Pteridium aquilinum* var. *latiusculum*）、里白（*Hicriopteris glauca*）等，调查地草本层蕨类植物盖度较大，常见植物包括毛穗香薷（*Elsholtzia eriostachya*）、圆柱柳叶菜（*Epilobium cylindricum*）、龙头草（*Meehania henryi*）、毛裂蜂斗菜（*Petasites tricholobus*）、异叶黄鹌菜（*Youngia heterophylla*）、绢毛蓼（*Polygonum molle*）、簇生卷耳（*Cerastium caespitosum*）、黄金凤（*Impatiens siculifer*）、巴东过路黄（*Lysimachia patungensis*）、蕨（*Pteridiumaquilinum* var. *latiusculum*）、普通凤丫蕨（*Coniogramme intermedia*）、指叶凤尾蕨（*Pteris dactyina*）、尖羽贯众（*Cyrtomium hookerianum*）、云南铁线莲（*Clematis yunnanensis*）等。群落特征见表3-6。

表3-6　杉木群落样地表

样地号：05	群落名称：杉木群落	样地面积：400m²	地点：永善县团结乡新田村朱家坪社
调查人员：张永洪、汤明华、钱少娟、何烈芬	地理坐标：东经103° 46′ 46″，北纬28° 06′ 48″	海拔：2100m	
坡向：东	坡度：缓坡	坡位：中下部	总盖度：75%　群落高：10m
主要层优势种：杉木、厚朴		调查日期：2019 年 8 月10日	

乔木层：2种，55株，盖度：50%，层高：10m

中文名	拉丁学名	株数	均高（m）	平均胸径（cm）	冠幅直径（m）	盖度（%）	物候期	生活力
杉木	*Cunninghamia lanceolata*	30	10	13	4	30	营养期	强
厚朴	*Magnolia officinalis*	25	8	12	5	20	果期	较强

灌木层、草本层、层间植物层：17种，盖度：40%，层高：2.5m

中文名	拉丁学名	生活型	花序或叶层高（m）	冠径（m）	盖度（%）	多度	株（丛）数	物候期	生活力
杉木	*Cunninghamia lanceolata*	灌木	2.5	1.5	5	常见	6	营养期	强
鸡桑	*Morus australis*	灌木	2.5	2		偶见	1	营养期	较强
绣球蔷薇	*Rosa glomerata*	灌木	2.5	1		偶见	1	果期	较强

续表3-6

中文名	拉丁学名	生活型	花序或叶层高（m）	冠径（m）	盖度（%）	多度	株（丛）数	物候期	生活力
毛穗香薷	*Elsholtzia eriostachya*	灌木	1.2	0.8	1	常见	30	花果期	较强
圆柱柳叶菜	*Epilobium cylindricum*	草本	1.2	0.5	1	常见	50	花果期	较强
龙头草	*Meehania henryi*	草本	0.3	0.5		散生	10	花果期	强
毛裂蜂斗菜	*Petasites tricholobus*	草本	0.3	0.5		散生	15	花果期	强
异叶黄鹌菜	*Youngia heterophylla*	草本	0.3	0.5		丛生	15	花期	强
绢毛蓼	*Polygonum molle*	草本	0.5	0.5		丛生	15	花期	较强
簇生卷耳	*Cerastium caespitosum*	草本	0.2	0.2		丛生	3	营养期	一般
黄金凤	*Impatiens siculifer*	草本	0.2	0.2		散生	3	花期	一般
巴东过路黄	*Lysimachia patungensis*	草本	0.2	0.2		散生	3	营养期	一般
蕨	*Pteridium aquilinum* var. *latiusculum*	草本	1	0.5	25	丛生	300	营养期	较强
普通凤丫蕨	*Coniogramme intermedia*	草本	1	1.5	10	丛生	200	营养期	较强
指叶凤尾蕨	*Pteris dactyina*	草本	0.5	0.7		丛生	10	营养期	一般
尖羽贯众	*Cyrtomium hookerianum*	草本	0.5	0.7		丛生	3	营养期	一般
云南铁线莲	*Clematis yunnanensis*	藤本	0.5	0.6		偶见	2	营养期	一般

2. 柳杉林（Form. *Cryptomeria fortunei*）

柳杉林在我国主要分布于东部地区，在中部、西部地区分布较少，多系人工栽培，天然的柳杉林已极罕见。通常生长于空气潮湿的生境。五莲峰保护区内的柳杉林分布于蒿枝坝等地。

柳杉群落（*Cryptomeria fortunei* Comm.）：柳杉群落常分布于山体下部，生长环境通常相对湿润。区域的前期植被通常是峨眉栲、栲树为主的湿性常绿阔叶林或一些栒子、杜鹃等为主形成的灌丛。目前，保护区内的柳杉群落通常为单优群落，群落高度14～18m，群落总盖度为60%～85%，胸径10～20cm，少量可达25cm。群落内乔木层占优势，以柳杉为主。

灌木层不同地段物种组成差别较大，在柳杉林郁闭度高的地方，林下灌木层、草本层盖度较小，植物种类较少；在乔木层盖度较小的地方，林下灌草层发达，物种种类较多。通常灌木层盖度为25%～50%，层次高低不齐，1.0～2.5m均有，主要种类包括中国绣球（*Hydrangea chinensis*）、峨眉蔷薇（*Rosa omeiensis*）、牛奶子（*Elaeagnus umbellate*）、密腺小连翘（*Hypericum seniavinii*）等。

在蒿枝坝分布的柳杉群落中，由于群落附近人类活动干扰较强的情况下，地面林窗明显，草本层相对发达，常见有黄毛草莓（*Fragaria nilgerrensis*）、紫红獐牙菜（*Swertia punicea*）、夏枯草（*Prunella vulgaris*）、尼泊尔蓼（*Polygonum nepalense*）、柔毛路边青（*Geum japonicum* var. *chinense*）、蓟（*Cirsium japonicum*）、长籽柳叶菜（*Epilobium pyrricholophum*）、黄金凤（*Impatiens siculifer*）、匍匐风轮菜（*Clinopodium repens*）、烟管头草（*Carpesium cernuum*）、四川沟酸浆（*Mimulus szechuanensis*）、紫雀花（*Parochetus communis*）、尼泊尔老鹳草（*Geranium nepalense*）、华蟹甲（*Sinacalia tangutica*）、粗茎鳞毛蕨（*Dryopteris crassirhizoma*）、中华蹄盖蕨（*Athyrium sinense*）等。群落特征见表3-7。

表3-7 柳杉群落样地表

样地号：06	群落名称：柳杉群落	样地面积：400m²	地点：永善县水竹乡蒿枝坝
调查人员：张永洪、汤明华、钱少娟、何烈芬	地理坐标：东经103° 40′ 25″，北纬27° 58′ 14″	海拔：2150m	
坡向：北	坡度：缓坡	坡位：中下部	总盖度：70%　群落高：13m
主要层优势种：柳杉		调查日期：2019 年 8 月7日	

乔木层：1种，32株，盖度：50%，层高：16m

中文名	拉丁学名	株数	均高（m）	平均胸径（cm）	冠幅直径（m）	盖度（%）	物候期	生活力
柳杉	*Cryptomeria fortunei*	32	16	16	7	50	果期	强

灌木层、草本层、层间植物层：20种，盖度：20%，层高：1.5m

中文名	拉丁学名	生活型	花序或叶层高（m）	冠径（m）	盖度（%）	多度	株(丛)数	物候期	生活力
中国绣球	*Hydrangea chinensis*	灌木	1.2	1.3	5	常见	30	花果期	较强
峨眉蔷薇	*Rosa omeiensis*	灌木	1.5	1.2	5	常见	35	果期	较强
牛奶子	*Elaeagnus umbellate*	灌木	2.5	1		散生	4	果期	较强
密腺小连翘	*Hypericum seniavinii*	灌木	1	0.3		常见	30	花果期	较强
黄毛草莓	*Fragaria nilgerrensis*	草本	0.1	0.2		丛生	3	花期	一般
紫红獐牙菜	*Swertia punicea*	草本	0.5	0.5		丛生	10	营养期	一般
夏枯草	*Prunella vulgaris*	草本	0.4	0.3		丛生	10	营养期	一般
尼泊尔蓼	*Polygonum nepalense*	草本	0.3	0.3		丛生	10	花期	一般
柔毛路边青	*Geum japonicum* var. *chinense*	草本	0.5	0.3		散生	10	果期	一般
蓟	*Cirsium japonicum*	草本	1.2	0.5		散生	2	花果期	一般
长籽柳叶菜	*Epilobium pyrricholophum*	草本	0.5	0.2		丛生	10	花期	一般
黄金凤	*Impatiens siculifer*	草本	0.2	0.2		丛生	3	花期	一般
匍匐风轮菜	*Clinopodium repens*	草本	0.4	0.3		丛生	10	花期	一般

续表3-7

中文名	拉丁学名	生活型	花序或叶层高（m）	冠径（m）	盖度（%）	多度	株（丛）数	物候期	生活力
烟管头草	*Carpesium cernuum*	草本	0.4	0.2		散生	10	花期	一般
四川沟酸浆	*Mimulus szechuanensis*	草本	0.1	0.2		散生	3	花期	一般
紫雀花	*Parochetus communis*	草本	0.1	0.2		散生	3	花期	一般
尼泊尔老鹳草	*Geranium nepalense*	草本	0.3	0.2		丛生	3	花果期	一般
华蟹甲	*Sinacalia tangutica*	草本	1	1.5		散生	5	营养期	较强
粗茎鳞毛蕨	Dryopteris crassirhizoma	草本	0.4	0.3	10	丛生	200	营养期	一般
中华蹄盖蕨	*Athyrium sinense*	草本	0.5	0.7		丛生	10	营养期	一般

四、温性针叶林

温性针叶林均以温性针叶树种为主组成。由于分布地气候的特点，和群落建群种的生态生物学特性的不同，温性针叶林可分为温凉性针叶林和寒温性针叶林。

寒温性针叶林分布于云南亚热带高山中上部，主要是云杉林、冷杉林和落叶松林。主要分布于滇西和滇东北乌蒙山系。根据建群种的生态特点，结合群落的结构、种类组成和生境，在保护区范围内，仅落叶松林一种群系。

落叶松林（群系）（Form. *Larix kaempferi*）：落叶松林亦称明亮松林，是我国北方及山地寒温带干燥寒冷气候条件下具有代表性的一种森林植被。落叶松林分布较广，在华北、西北、华中、西南等地区有足够山体高度的地方都可以找到分布。落叶松林通常具有稀疏的林冠，林下能透过较强的光照。在保护区内，落叶松林均是原生植被破坏后，人工种植日本落叶松形成的群落。

日本落叶松群落（*Larix kaempferi* Comm.）：日本落叶松是一类喜光树种，对气候的适应性强，具有一定耐寒性，在气候凉爽、空气湿度大、降水量多的地方，生长速度变快。在滇东北永善、大关、彝良等地，日本落叶松是一类常见栽培树种。由于其对环境适应能力较强，有一定的栽培面积。主要分布于海拔200～2500m的范围。日本落叶松林的前期植被通常是峨眉栲、栲树为主的湿性常绿阔叶林或一些栒子、杜鹃等为主形成的灌丛。目前，保护区内的日本落叶松群落种植年限不长，日本落叶松在群落中的优势地位不明显，群落高度5～8m，群落总盖度常为60%～85%，胸径10～15cm，少量可达20cm。群落内灌乔木层不发达，灌草层相对发达。

灌木层不同地段物种组成差别较大，在落叶松林郁闭度高的地方，林下灌木层、草本层盖度较小，植物种类较少，在乔木层盖度较小的地方，林下灌草层发达，物种种类较多。通常灌木层盖度为25%～50%，层次高低不齐，0.5~3.0m均有。云荞水库附近日本落叶松群落灌草层的灌木种类主要包括木帚栒子（*Cotoneaster dielsianus*）、川钓樟（*Lindera pulcherrima* var. *hemsleyana*）、红椋子（*Swida hemsleyi*）、柳叶斑鸠菊（*Vernonia saligna*）、牛奶子（*Elaeagnus umbellate*）、峨眉蔷薇（*Rosa omeiensis*）、杨叶木姜子（*Litsea populifolia*）、西域旌节花（*Stachyurus himalaicus*）、大叶醉鱼草（*Buddleja davidii*）、显脉荚蒾（*Viburnum nervosum*）、西南山梅花（*Philadelphus delavayi*）、山矾（*Symplocos sumuntia*）、女贞叶忍冬（*Lonicera ligustrina*）、野扇花（*Sarcococca ruscifolia*）等。群落内草本层物种数量较少，常见有绢毛蓼（*Polygonum molle*）、林生千里光（*Senecio nemorensis*）、穗状香薷（*Elsholtzia stachyodes*）、小舌紫菀（*Aster albescens*）、土牛膝（*Achyranthes aspera*）、牛尾蒿（*Artemisia dubia*）、大叶贯众（*Cyrtomium macrophyllum*）等。层间植物包括直立悬钩子（*Rubus stans*）、灰白毛莓（*Rubus tephrodes*）等。群落特征见表3-8。

表3-8　日本落叶松群落样地表

样地号：07	群落名称：日本松群落	样地面积：400m²	地点：永善县溪洛渡街道云荞村	
调查人员：张永洪、汤明华、钱少娟，何烈芬		地理坐标：东经103° 34′ 58″，北纬28° 04′ 40″		海拔：2240m
坡向：西北	坡度：缓坡	坡位：中下部	总盖度：75%	群落高：9m
主要层优势种：日本松				调查日期：2019 年8 月8日

乔木层：1种，55株，盖度：65%，层高：9m

中文名	拉丁学名	株数	均高（m）	平均胸径（cm）	冠幅直径（m）	盖度（%）	物候期	生活力
日本落叶松	*Larix kaempferi*	55	9	10	6	65	果期	强

灌木层、草本层、层间植物层：23种，盖度：25%，层高：2.5m

中文名	拉丁学名	生活型	花序或叶层高（m）	冠径（m）	盖度（%）	多度	株（丛）数	物候期	生活力
木帚栒子	*Cotoneaster dielsianus*	灌木	1.5	1	8	常见	25	果期	较强
川钓樟	*Lindera pulcherrima* var. *hemsleyana*	灌木	2.2	1.2	1	散生	1	营养期	较强
红椋子	*Swida hemsleyi*	灌木	2.5	1	1	散生	5	果期	较强
柳叶斑鸠菊	*Vernonia saligna*	灌木	1.2	0.8	1	常见	40	花果期	较强
牛奶子	*Elaeagnus umbellate*	灌木	1.5	1	2	散生	10	果期	较强
峨眉蔷薇	*Rosa omeiensis*	灌木	1.5	1	1	常见	10	果期	较强
杨叶木姜子	*Litsea populifolia*	灌木	2.5	1		散生	5	营养期	较强
西域旌节花	*Stachyurus himalaicus*	灌木	2.5	1		散生	5	果期	较强
大叶醉鱼草	*Buddleja davidii*	灌木	1.5	0.6		散生	5	花期	一般
显脉荚蒾	*Viburnum nervosum*	灌木	2.5	2		偶见	1	花果期	较强

续表3–8

中文名	拉丁学名	生活型	花序或叶层高（m）	冠径（m）	盖度（%）	多度	株（丛）数	物候期	生活力
西南山梅花	*Philadelphus delavayi*	灌木	1.5	0.6		散生	3	花果期	一般
山矾	*Symplocos sumuntia*	灌木	1.5	1		常见	3	果期	较强
女贞叶忍冬	*Lonicera ligustrina*	灌木	1.5	1		常见	3	果期	较强
野扇花	*Sarcococca ruscifolia*	灌木	1.5	1		常见	10	果期	较强
绢毛蓼	*Polygonum molle*	草本	0.5	0.7		丛生	4	花期	一般
林生千里光	*Senecio nemorensis*	草本	0.8	0.7		丛生	4	花期	一般
穗状香薷	*Elsholtzia stachyodes*	草本	1	0.5		丛生	5	果期	较强
小舌紫菀	*Aster albescens*	草本	0.3	0.2		丛生	3	营养期	一般
土牛膝	*Achyranthes aspera*	草本	0.3	0.2		丛生	3	营养期	一般
牛尾蒿	*Artemisia dubia*	草本	0.8	0.5		丛生	10	营养期	一般
大叶贯众	*Cyrtomium macrophyllum*	草本	0.5	0.7		丛生	4	营养期	一般
直立悬钩子	*Rubus stans*	藤本	1.2	1		丛生	4	营养期	一般
灰白毛莓	*Rubus tephrodes*	藤本	1	1		丛生	3	营养期	一般

五、草 甸

草甸是指以多年生的地面芽和地下芽植物为主形成的草本植被类型。在云南，较为稳定的草甸类型分布在一般都为温性或寒温性山地气候，冬季严寒，土壤为各种类型的草甸土。在云南的植被中，草甸植被所占的比重较小。在滇西北和滇东北的亚高山上，分布有各种类型的草甸植被，尤其是寒温性针叶林植被破坏后长期放牧利用所形成的亚高山草甸。在滇东北的乌蒙山，草甸植被一般分布海拔在2500m左右。草甸植被的群落结构因类型而异。以禾草为主而经常放牧的草甸，草层比较低矮，高约15~20cm，常常只有一个结构层；但又不像青藏高原那样是天然的低矮型。滇东北常见的草甸是放牧中牲畜啃食践踏所形成的较为低矮的结构，一旦放牧强度减轻，草层就能长高。与我国川西和青藏高原的草甸相比，云南草甸植被的植物种类和组成比较丰富，植物区系成分也比较特殊。保护区内主要分布的是禾草草甸。

禾草草甸：禾草草甸群系的群落以禾本科草类占优势，是目前寒温草甸中分布面积较广的类型，主要分布于滇东北乌蒙山系的各个亚高山山地，其次是滇西北。在群落中，优势种类包括羊茅（*Festuca ovina*）、野古草（*Arandinella* spp.）、画眉草（*Eragostis* spp.）等，多为密丛禾草。由于长期放牧，群落生境偏旱，群落高度一般仅10cm左右。仅包含一个群落，即羊茅草甸群系。

羊茅草甸（群系）（Form. *Festuca ovina*）以羊茅在数量上占优势，群系包含多种群落类型，保护区内的群落主要为羊茅–毛秆野古草群落。

羊茅–毛秆野古草群落（*Festuca ovina*，*Arundinella hirta* Comm.）：本群落较广泛地分布于滇东北，群落内除了以羊茅为主外，还包括各种丛生性禾草。所在地多数为森林破坏后长期放牧利用的山地，土层较薄，排水良好。群落外貌以灰绿色的丛生性羊茅为背景，草丛之间多分布有多种双子叶植物。组成群落的物种较多，这些物种中绝大部分为本区草甸常见植物，也会有一些本区森林灌丛植物种类。群落高10～40cm，少数可达1.5m，盖度65%～80%。群落中的植物种类包括羊茅（*Festuca ovina*）、毛秆野古草（*Arundinella hirta*）、白草（*Pennisetum centrasiaticum*）、拂子草（*Calamagrostis epigejos*）、棒头草（*Polypogon fugax*）、草地早熟禾（*Poa pratensis*）、寸金草（*Clinopodium megalanthum*）、白车轴草（*Trifolium repens*）、火炭母（*Polygonum chinense*）、六叶葎（*Galium hoffmeisteri*）、尼泊尔老鹳草（*Geranium nepalense*）、牛口蓟（*Cirsium shansiense*）、牛尾蒿（*Artemisia dubia*）、牛膝菊（*Galinsoga parviflora*）、牛至（*Origanum vulgare*）、婆婆纳（*Veronica didyma*）、荠（*Capsella bursa-pastoris*）、秋拟鼠麹草（*Gnaphalium hypoleucum*）、绶草（*Spiranthes sinensis*）、四川沟酸浆（*Mimulus szechuanensis*）、穗花马先蒿（*Pedicularis spicata*）、头花蓼（*Polygonum capitatum*）、西南风铃草（*Campanula colorata*）、小苜蓿（*Medicago minima*）、烟管头草（*Carpesium cernuum*）、野草莓（*Fragaria vesca*）、银叶委陵菜（*Potentilla leuconota*）、长籽柳叶菜（*Epilobium pyrricholophum*）、珠光香青（*Anaphalis margaritacea*）、紫红獐牙菜（*Swertia punicea*）、紫雀花（*Parochetus communis*）、中华蹄盖蕨（*Athyrium sinense*）、蕨（*Pteridium aquilinum* var. *latiusculum*）等。群落特征见表3–9。

表3–9 羊茅–毛秆野古草群落样地表

样地号：08	群落名称：羊茅、毛秆野古草群落		样地面积：100m²		地点：永善县水竹乡纸厂坪				
调查人员：张永洪、汤明华、钱少娟、何烈芬			地理坐标：东经103° 34′ 58″，北纬28° 04′ 40″				海拔：2490m		
坡向：西北	坡度：斜坡		坡位：上部		总盖度：80%		群落高：0.5m		
主要层优势种：羊茅、毛秆野古草							调查日期：2019 年8 月8日		
草本层：33种，盖度：80%，层高：0.5m									
中文名	**拉丁学名**	**生活型**	**花序或叶层高（m）**	**冠径（m）**	**盖度（%）**	**多度**	**株（丛）数**	**物候期**	**生活力**
羊茅	*Festuca ovina*	草本	0.4	0.2	35	丛生	1000	花期	一般
毛秆野古草	*Arundinella hirta*	草本	0.4	0.2	25	丛生	800	花期	一般
白草	*Pennisetum centrasiaticum*	草本	0.3	0.2	2	丛生	100	花期	一般
拂子草	*Calamagrostis epigejos*	草本	0.2	0.2	5	丛生	200	花期	一般
棒头草	*Polypogon fugax*	草本	0.2	0.1	2	丛生	100	花期	一般

续表3–9

中文名	拉丁学名	生活型	花序或叶层高（m）	冠径（m）	盖度（%）	多度	株（丛）数	物候期	生活力
草地早熟禾	*Poa pratensis*	草本	0.3	0.1	5	丛生	500	花期	一般
寸金草	*Clinopodium megalanthum*	草本	0.2	0.1		丛生	20	花期	一般
白车轴草	*Trifolium repens*	草本	0.2	0.2		丛生	20	花期	一般
火炭母	*Polygonum chinense*	草本	0.5	0.5		丛生	4	花期	一般
六叶葎	*Galium hoffmeisteri*	草本	0.1	0.2		丛生	30	花期	一般
尼泊尔老鹳草	*Geranium nepalense*	草本	0.3	0.3		丛生	20	花期	一般
牛口蓟	*Cirsium shansiense*	草本	1.0	0.4		散生	3	花期	一般
牛尾蒿	*Artemisia dubia*	草本	0.5	0.3	1	散生	10	花期	一般
牛膝菊	*Galinsoga parviflora*	草本	0.2	0.2		丛生	10	花期	一般
牛至	*Origanum vulgare*	草本	0.2	0.2		丛生	20	花期	一般
婆婆纳	*Veronica didyma*	草本	0.1	0.1		丛生	5	花期	一般
荠	*Capsella bursa-pastoris*	草本	0.1	0.1		丛生	50	花期	一般
秋拟鼠麹草	*Gnaphalium hypoleucum*	草本	0.2	0.1	2	丛生	50	花期	一般
绶草	*Spiranthes sinensis*	草本	0.2	0.1		散生	15	花期	一般
四川沟酸浆	*Mimulus szechuanensis*	草本	0.1	0.1		丛生	15	花期	一般
穗花马先蒿	*Pedicularis spicata*	草本	0.2	0.1		丛生	20	花期	一般
头花蓼	*Polygonum capitatum*	草本	0.1	0.1		丛生	30	花期	一般
西南风铃草	*Campanula colorata*	草本	0.1	0.1		散生	5	花期	一般
小苜蓿	*Medicago minima*	草本	0.1	0.1		丛生	20	花期	一般
烟管头草	*Carpesium cernuum*	草本	0.2	0.1		丛生	4	花期	一般
野草莓	*Fragaria vesca*	草本	0.2	0.1		丛生	5	花期	一般
银叶委陵菜	*Potentilla leuconota*	草本	0.1	0.1		丛生	5	花期	一般
长籽柳叶菜	*Epilobium pyrricholophum*	草本	0.2	0.1		丛生	10	花期	一般
珠光香青	*Anaphalis margaritacea*	草本	0.3	0.1		丛生	20	花期	一般
紫红獐牙菜	*Swertia punicea*	草本	0.3	0.2		散生	20	花期	一般
紫雀花	*Parochetus communis*	草本	0.1	0.1		丛生	5	花期	一般
中华蹄盖蕨	*Athyrium sinense*	草本	0.1	0.4	2	丛生	50	营养期	一般
蕨	*Pteridium aquilinum* var. *latiusculum*	草本	0.4	0.5	2	丛生	30	营养期	一般

第四节　植被分布规律

1. 植被类型多样

保护区自然植被有常绿阔叶林、常绿落叶阔叶混交林、暖性针叶林、温性针叶林和草甸5个植被型；中山湿性常绿阔叶林、山地常绿–落叶阔叶混交林、暖温性针叶林、寒温性针叶林和寒温草甸5个植被亚型；峨眉栲林、水青冈林、杉木林、柳杉林、日本落叶松林和羊茅草甸6个群系；峨眉栲–华木荷群落、峨眉栲–筇竹群落、峨眉栲–珙桐群落、水青冈–峨眉栲群落、杉木群落、柳杉群落、日本落叶松群落和羊茅–毛秆野古草8个群落。

2. 植被交错分布

根据《云南植被》中的植被区划系统，在区划上属于亚热带常绿阔叶林区域（Ⅱ），西部（半湿润）常绿阔叶林亚区域（ⅡA），高原亚热带北部常绿阔叶林地带（ⅡAii），滇中、滇东高原半湿润常绿阔叶林、云南松林区（ⅡAii–1），滇东北高原高、中山云南松林羊草草甸亚区（ⅡAii–1d），与东部（湿润）常绿阔叶林亚区域（ⅡB），东部（中亚热带）常绿阔叶林地带（ⅡBi），滇东北边沿中山河谷峨眉栲林、包石栎林区（ⅡBi–1）的过渡区域，呈现出植被交错分布的特点。

3. 植被具有水平地带性

中山湿性常绿阔叶林分布于保护区海拔1500 ~ 2000m的中山地带，以峨眉栲林为乔木为上层优势，并与四川盆地中亚热带常绿阔叶林的山地植被类型相同。常绿落叶阔叶混交林分布于保护区海拔1000 ~ 2000m的中山地带，水青冈属（*Fagus* spp.）植物为主要的物种构成。暖性针叶林分布于保护区海拔1000 ~ 1500m的范围，杉木、柳杉为主要的物种构成。温性针叶林分布于保护区海拔2000 ~ 2500m的范围，日本落叶松为主要的物种构成。草甸主要分布于海拔2500m以上区域，主要以羊茅、毛秆野古草、白草、拂子草、棒头草、草地早熟禾等构成草甸群落。在整个保护区植被分布上，呈现明显的水平地带性。

第五节　植被特点总结和评价

（1）保护区位于乌蒙山脉西北面的金沙江南岸，地处西南植物地理的过渡区域，地理位置独特，植被保护和研究对金沙江流域的水土涵养和其他生态功能发挥具有直接影响。

（2）保护区最高海拔2979m，最低海拔939m，相对高差2040m，区内地形地貌复杂多样，保存了较为丰富的植被类型。根据调查，保护区共有5个植被型、5个植被亚型、6个群系和8个群落。

（3）保护区气候为亚热带湿润季风气候区类型，气候温和湿润，四季不明显，雨量相对集中，雨季雨量充沛，形成了典型中山湿性常绿阔叶林森林生态系统。在保护区内发育和保存了非常完好的中山湿性常绿阔叶林和常绿落叶阔叶混交林，且人为干扰小、原生性高，具有较高的保护价值。

第四章　植　物

保护区位于乌蒙山脉西北面的金沙江东岸，属五莲峰山系，是四川盆地向云贵高原的过渡地带，是以保护中山湿性常绿阔叶林、山地常绿落叶阔叶混交林及分布其间的珍稀保护动植物物种为主要保护对象的自然保护区。历史上，对于保护区的植物调查采集很少，相关研究也不够深入，使得保护区内的植物种类一直没能弄清。2019年，云南师范大学和云南省林业调查规划院生态分院为弄清保护区内的植物区系，对保护区全范围的野生植物资源进行了详细、系统的调查。同时，对凭证标本及数码照片进行系统鉴定，根据调查及鉴定结果，编制"永善五莲峰市级自然保护区维管束植物名录"，并进行植物多样性和区系成分分析。

保护区内的维管植物种类较为丰富。据调查，记录到保护区共有维管植物814种（含种下等级），隶属于138科435属。其中：蕨类植物15科27属43种，裸子植物3科4属4种，被子植物120科404属767种。

保护区现有种子植物123科，其中，50个物种以上有2个科，30～50个物种仅有1个科，10～30个物种有18个科，6～9个物种有19个科，2～5个物种有50个科，1个物种有33个科。据统计结果分析，可知这2～5个物种的科是该地区种子植物区系的主体，对当地植物区系的形成和发展具有重要意义。

保护区共记录种子植物408属，其中出现种数1种的单种属有256属，出现2～5种的少型属有132属，出现6～10种的中等属有18属，出现10种以上的属仅有2属。保护区出现1～5种的单种属和少型属构成了本地区植物区系多样性的主体成分。属内的物种数量含7种及以上的属（表4-3）中，北温带分布及其变型的属分布数量最多，反映了在当地植物区系中，北温带成分起着重要的作用。

保护区内植物种类丰富，具有用材植物、观赏植物、药用植物、食用植物4大类植物资源，以及珍稀、濒危及特有植物。其中，国家保护植物5种；中国特有属11属，占调查总属数的2.70%，拥有大量古老、特有、孑遗植物类群。保护区植物区系具有明显的温带性质，表现出与云南热带植物区系的过渡性，同时大量华中常见植物区系成分的出现表明其在区系起源上与云南其他地区的不同，与华中植物区系间具有较为紧密的联系，具有一定的特殊性。

第一节 研究方法

一、野外考察

野外考察于2019年8月和2019年10月两次开展，由项目组与管护局工作人员共同组成调查队，对保护区全范围的野生植物资源进行了系统调查。

二、调查范围与内容

保护区范围各海拔梯度，以野生的维管植物和自然植被为调查对象，重点关注珍稀、濒危、特有和资源植物。

三、调查方法

采用植物区系传统调查研究方法。野外实地调查采取路线调查与重点调查相结合的方法，根据自然保护区地形地貌及植被分布规律，野外调查设计了多条考察线路，同时根据植被情况布设样方进行重点调查。考察线路覆盖保护区全部区域，样方设置具有代表性，包括保护区内所有的植被类型。对易于识别的广布种，调查过程中主要采用野外记录及数码拍照的方法；其余植物则采集标本及拍摄照片，带回室内研究鉴定。对资源植物和珍稀濒危植物调查采取野外调查、民间访问和市场调查相结合的方法进行。

四、标本鉴定

依据国内外公开出版的植物志和树木志等专著，参考相关文献对凭证标本及数码照片进行鉴定。部分鉴定结果与馆藏标本及在线数据库资源进行比对核实；难以鉴定的种类，请相关专科专属专家进行鉴定和核实。

五、标本馆查找

在云南大学植物标本馆内和中国科学院植物研究所（https://www.iplant.cn/）查找过去在保护区范

围及其附近地区采集过的标本。

六、内业分析

根据调查结果，编制维管束植物名录，并进行植物多样性和区系成分分析。

第二节　植物多样性

一、植物物种多样性

调查发现，保护区内有野生维管植物138科435属814种（表4–1）。其中：蕨类植物15科27属43种；种子植物123科408属771种。种子植物中，裸子植物3科4属4种；被子植物120科404属767种。被子植物中，双子叶植物104科344属684种；单子叶植物16科60属83种。详见表4–1和附录4–1。随着调查的深入，该地区记录的种类还会有新发现和增加。基于现有的种类及对其种子植物区系所做的统计分析，基本可以揭示该地区种子植物区系的组成、特点、性质和地位。

表4–1　永善五莲峰市级自然保护区维管植物科、属、种的数量统计表

<table>
<tr><th colspan="4">植物类群</th><th>科数</th><th>属数</th><th>种数</th></tr>
<tr><td rowspan="7">维管植物</td><td colspan="3">蕨类植物</td><td>15</td><td>27</td><td>43</td></tr>
<tr><td rowspan="5">种子植物</td><td colspan="2">裸子植物</td><td>3</td><td>4</td><td>4</td></tr>
<tr><td rowspan="2">被子植物</td><td>双子叶植物</td><td>104</td><td>344</td><td>684</td></tr>
<tr><td>单子叶植物</td><td>16</td><td>60</td><td>83</td></tr>
<tr><td colspan="2">被子植物小计</td><td>120</td><td>404</td><td>767</td></tr>
<tr><td colspan="3">种子植物小计</td><td>123</td><td>408</td><td>771</td></tr>
<tr><td colspan="4">维管植物合计</td><td>138</td><td>435</td><td>814</td></tr>
</table>

二、科的组成

保护区的123科种子植物中，含10种及以上的科共计有21科（表4–2），占保护区种子植物总科数的17.1%，包含222属和454种，分别占保护区总属数的54.4%，总种数的58.9%。它们是保护区种子植物区系的主体。科的分布型以世界广布型科为主，其中含50种以上的科有蔷薇科（Rosaceae）21属66种、菊科（Asteraceae）37属62种，含有30～50种的科有禾本科（Poaceae）27属35种，含10～30种的科有18科，含6～9种的科有19科，含2～5种的有50科，含1种的有33科。

表4-2　永善五莲峰市级自然保护区种子植物区系中含10 种及以上的大科

科号	科中文名	科名	科内物种数	科内属数	科分布区类型
53	石竹科	Caryophyllaceae	10	5	1
240	报春花科	Primulaceae	10	1	1
136	大戟科	Euphorbiaceae	11	8	2
293	百合科	Liliaceae	11	10	8
108	山茶科	Theaceae	12	4	2
213	伞形科	Umbelliferae	13	8	1
163	壳斗科	Fagaceae	14	6	8-4
215	杜鹃花科	Ericaceae	14	4	6d
232	茜草科	Rubiaceae	14	7	1
233	忍冬科	Caprifoliaceae	14	3	8
252	玄参科	Scrophulariaceae	14	5	1
57	蓼科	Polygonaceae	17	3	1
169	荨麻科	Urticaceae	19	9	2
11	樟科	Lauraceae	20	8	2
15	毛茛科	Ranunculaceae	22	11	1
47	虎耳草科	Saxifragaceae	23	10	1
148	蝶形花科	Papilionaceae	26	20	1
264	唇形科	Labiatae	27	15	1
332	禾本科	Poaceae	35	27	1
238	菊科	Asteraceae	62	37	1
143	蔷薇科	Rosaceae	66	21	1

三、属的数量分析

保护区共有种子植物408属。其数量结构分析如表4-3。在本地区仅出现一种的单种属有256属，占保护区内全部属数的62.75%，其所包含的物种数占本地全部种子植物数量的33.20%。出现2～5种的少型属有132属，占全部属数的32.35%，所含种数为350种，占保护区内的种子植物总物种数的45.40%。出现6～10种的中等属有18属，占全部属数的4.41%，所含种数为133种，占保护区内的种子植物总物种数的17.25%。10种以上的属仅有2属。本地区出现1～5种的单种属和少型属构成了本地区植物区系多样性的主体成分。属内的物种数量含7种及以上的属（表4-3）中，北温带分布及其变型的属分布数量最多，反映了在当地植物区系中，北温带成分起着重要的作用。

表4–3　永善五莲峰市级自然保护区属内物种数含7种及以上的属

属中文名	属拉丁名	属内种数	属分布区类型
悬钩子属	*Rubus*	14	8–4
蓼属	*Polygonum*	12	1
珍珠菜属	*Lysimachia*	10	1
杜鹃属	*Rhododendron*	10	8
绣球属	*Hydrangea*	10	9
冬青属	*Ilex*	8	2
木姜子属	*Litsea*	8	7
荚蒾属	*Viburnum*	8	8
铁线莲属	*Clematis*	7	1
凤仙花属	*Impatiens*	7	2
卫矛属	*Euonymus*	7	2
山矾属	*Symplocos*	7	2
楼梯草属	*Elatostema*	7	4
栒子属	*Cotoneaster*	7	8
花楸属	*Sorbus*	7	8

第三节　维管植物区系成分分析

一、种子植物科的区系成分分析

根据吴征镒等对世界种子植物科分布区类型划分，保护区种子植物123科可分为11种类型（表4–4）。

世界分布：指普遍分布于世界各大洲，没有明显分布中心。本保护区世界广布的科有39个，占该区总科数的31.7%。其中，种类比较多的有蔷薇科（Rosaceae）21属66种、菊科（Asteraceae）37属62种、禾本科（Poaceae ）27属35种。

泛热带分布科及其变型：包括普遍分布于东、西两半球热带和在全世界热带范围内有一个或者几个分布中心，但在其他地区也有一些种类分布的热带科。有不少科不但广布于热带，也延伸到亚热带甚至温带。本区此类型科共有33科，占总科数的26.8%，是保护区内除世界广布科外最多的类型。这些泛热带科在本区出现的属种都不多，多为分布延伸到温带的成分，如樟科（Lauraceae）、大戟科（Euphorbiaceae）、荨麻科（Urticaceae）。

本分布型在本区包括3个变型：（2-1）热带亚洲、大洋洲及南美洲间断分布，本区属于该变型的仅有山矾科（Symplocaceae）1科；（2-2）热带亚洲、非洲和南美洲间断分布，本区属于该变型的有3科，即苏木科（Caesalpiniaceae）、醉鱼草科（Buddlejaceae）、鸢尾科（Iridaceae）；（2S）以南半球为主的泛热带分布，本区属于该变型的有1科，即桑寄生科（Loranthaceae）。

东亚（热带、亚热带）及热带南美间断分布：指热带（亚热带）亚洲和热带（亚热带）美洲（中、南美）环太平洋洲际分布。本区东亚（热带、亚热带）及热带南美间断分布类型有12个科，占总科数的9.8%。

旧世界热带分布：指分布于热带亚洲、非洲及大洋洲地区。本区仅有天门冬科（Asparagaceae）、八角枫科（Alangiaceae），占总科数的1.6%。这些科在该地出现的种类不多，这主要是由于它们大多是热带性较强的科，但在标志本区区系与区热带系的历史联系方面仍然具有一定的意义。

热带亚洲至热带非洲分布：本区出现的该分布型有杜鹃花科（Ericaceae）和芭蕉科（Musaceae）两科。

热带亚洲（热带东南亚至印度—马来，太平洋诸岛）分布：热带亚洲分布范围为广义的，包括热带东南亚、印度—马来和西南太平洋诸岛。本区没有热带亚洲分布正型出现，仅有1个变型：（7d）分布于热带亚洲全区并可达新几内亚的科，本区仅有清风藤科（Sabiaceae）属于此变型。

北温带分布：指分布于北半球温带地区的科，部分科沿山脉南迁至热带山地或南半球温带，但其分布中心仍在北温带。本区属于此类型科有21科，占总科数的17.1%。典型北温带分布型中，在植物区系及植被上都有重要意义的科有松科1属1种、忍冬科（Caprifoliaceae）3属14种、百合科（Liliaceae）10属11种等。

北温带分布型在本区出现4个变型：（8-2）北极—高山分布，属于此变型的为岩梅科（Diapensiaceae）；（8-4）北温带和南温带间断分布，属于此变型的如红豆杉科（Taxaceae）、金缕梅科（Hamamelidaceae）、杨柳科（Salicaceae）、桦木科（Betulaceae）、壳斗科（Fagaceae）等，其中壳斗科的许多种类是本区硬叶常绿阔叶林及针阔混交林的建群种或重要伴生种；（8-5）欧亚和南美温带间断分布，本区仅小檗科（Berberidaceae）属此变型；（8-6）地中海、东亚、新西兰和墨西哥—智利间断分布，本区仅马桑科（Coriariaceae）属于此变型（全世界也仅该科属于此变型）。

北温带分布及其变型的科是世界分布科和继泛热带分布之后，对保护区种子植物区系组成和群落构建有着重要意义的又一分布类型。

东亚及北美间断分布：指间断分布于东亚和北美温带及亚热带地区的科。本区属此分布的有3科，三白草科（Saururaceae）、木兰科（Magnoliacea）、五味子科（Schisandraceae），占该地总科数的2.4%。

旧世界温带分布及其变型：旧世界温带分布是指欧、亚温带广布而不见于北美和南半球的温带科。本区无此分布型的正型出现，但有1个变型，即（10–3）欧亚和南部非洲（有时也在澳大利亚）间断分布，仅川续断科（Dipsacaceae）属此变型（全世界也仅该科属于此变型）。

东亚分布及其变型：指从东喜马拉雅分布至日本或不到日本的科。本区属于此变型的科有8科，包括领春木科（Eupteleaceae）、旌节花科（Stachyuraceae）、青荚叶科（Helwingiaceae）、海桐花科（Pittosporaceae）、桃叶珊瑚科（Aucubaceae）、猕猴桃科（Actinidiaceae）、鞘柄木科（Toricelliaceae）、水青树科（Tetracentraceae），占总数的6.5%。尽管它们在本区种子植物科中的比重不大，但对其种子植物区系性质的界定起着至关重要的作用。

中国特有科仅珙桐科（Davidiaceae）。

旌节花科（Stachyuraceae）是一个严格东亚特有的单型科，其分布西起尼泊尔、喜马拉雅经印度东北部、缅甸北部和我国西南以东、长江以南、台湾，东达日本，南达中南半岛北部，此范围正是东亚的主体。该科5～6（13～16）种，大约围绕中国—喜马拉雅分布（14SH型）的西域旌节花（*Stachyurus himalaicus*）和中国—日本分布（14SJ型）的（*S. praecox*）分化。本区有中华旌节花和西域旌节花2种，分布于海拔1500～2900m的常绿阔叶林林缘和山谷，沟边灌丛中。

青荚叶科（Helwingiaceae）为单属科，含3～5种，从喜马拉雅东部向东经印度东北部、缅甸北部、中国大陆南部、越南北部，并经我国台湾至琉球群岛，为典型的东亚特有科。青荚叶属（*Heluingia*）有3个种，本区1种分布，生于海拔1400~3200m的常绿阔叶林中或林缘。

水青树科（Tetracentraceae）为单科单属单种，水青树科落叶乔木，第三纪古老孑遗珍稀植物，分布于陕西南部、甘肃东南部、四川中南部和北部等地，以及印度的北部、缅甸北部、尼泊尔和不丹，生于海拔1100～3500m处的常绿落叶阔叶林中或林缘。水青树的木材无导管，对研究中国古代植物区系的演化、被子植物系统和起源具有重要科学价值。

珙桐科（Davidiaceae）为中国特有科，为距今6000万年前新生代第三纪古热带植物的孑遗树种，本科植物只有一个属和两个种即珙桐和光叶珙桐。本区分布1种珙桐，生于海拔1500～2200m的润湿的常绿落叶阔叶混交林中。

综上所述，在科一级水平上，虽然部分科在本区出现的属、种不多，但其在该地出现的种类往往是当地不同类型植被的建群种或优势种，如壳斗科、松科、杉科等。本区现有种子植物123科，可划分为11个类型和9个变型，显示出该区种子植物区系在科级水平上的地理成分比较复杂，联系较为广泛。其中，热带性质的科（分布型2–7及其变型）有50科，占全部科数的40.7%，温带性质的科（分布型8–15及其变型）有34科，占全部科数的27.6%。热带性质的科所占比例高于温带性质的科，这表明本区植物区系在历史上曾与热带植物区系有着较为密切的联系。但是，本区植物群落的特征科主要是温带性质的科，且本区拥有较多东亚特有科，同时，水青树属、领春木属、猫儿屎属、旌节花属、青荚叶属、猕猴桃属、八月瓜属（*Holboellia*），刚竹属的物种在华中地区很多都是当地植被的重要建群物种或常见物种，这反映了保护区植物区系与华中植物区系间具有较为紧密的联系。

科的分布区类型统计情况见表4–4。

表4–4　永善五莲峰市级自然保护区种子植物科的分布类型统计

类型	种子植物科（属数/种数）
1. 广布	景天科 Crassulaceae（1/1） 酢浆草科 Oxalidaceae（1/1） 千屈菜科 Lythraceae（1/1） 杨梅科 Myricaceae（1/1） 车前科 Plantaginaceae（1/1） 泽泻科 Alismataceae（1/1） 浮萍科 Lemnaceae（1/1） 堇菜科 Violaceae（1/2） 藜科 Chenopodiaceae（2/2） 榆科 Ulmaceae（2/2） 省沽油科 Staphyleaceae（2/2） 败酱科 Valerianaceae（2/2） 旋花科 Convolvulaceae（2/2） 半边莲科 Lobeliaceae（2/3） 柳叶菜科 Onagraceae（1/4） 茄科 Solanaceae（3/4） 苋科 Amaranthaceae（4/5） 鼠李科 Rhamnaceae（2/5） 桔梗科 Campanulaceae（5/5） 十字花科 Cruciferae（2/6） 桑科 Moraceae（4/6） 莎草科 Cyperaceae（2/6） 紫草科 Boraginaceae（3/7） 木樨科 Oleaceae（3/8） 龙胆科 Gentianaceae（5/8） 兰科 Orchidaceae（7/9） 石竹科 Caryophyllaceae（5/10） 报春花科 Primulaceae（1/10） 伞形科 Umbelliferae（8/13） 茜草科 Rubiaceae（7/14） 玄参科 Scrophulariaceae（5/14） 蓼科Polygonaceae（3/17） 毛茛科Ranunculaceae（11/22） 虎耳草科 Saxifragaceae（10/23） 蝶形花科Papilionaceae（20/26）唇形科Labiatae（15/27） 禾本科 Poaceae（27/35） 菊科 Asteraceae（37/62） 蔷薇科 Rosaceae（21/66）
2. 泛热带	马兜铃科 Aristolochiaceae（1/1）蛇菰科 Balanophoraceae（1/1）柿树科 Ebenaceae（1/1） 梧桐科 Sterculiaceae（1/1） 无患子科 Sapindaceae（1/1） 美人蕉科 Cannaceae（1/1） 天南星科 Araceae（1/1） 棕榈科 Arecaceae（1/1）防己科 Menispermaceae（2/2） 爵床科 Acanthaceae（2/2） 鸭跖草科 Commelinaceae（1/2） 葫芦科Cucurbitaceae（3/3） 锦葵科 Malvaceae（2/3） 楝科Meliaceae（2/3）紫金牛科 Myrsinaceae（2/3） 夹竹桃科 Apocynaceae（2/3） 野牡丹科 Melastomataceae（4/4）菝葜科Smilacaceae（1/4） 薯蓣科 Dioscoreaceae（1/4） 芸香科 Rutaceae（4/5） 葡萄科 Vitaceae（3/6） 凤仙花科 Balsaminaceae（1/7）卫矛科 Celastraceae（1/7） 漆树科Anacardiaceae（3/7） 大戟科 Euphorbiaceae（8/11）山茶科 Theaceae（4/12）荨麻科 Urticaceae（9/19） 樟科 Lauraceae（8/20） 山矾科 Symplocaceae（1/7）苏木科 Caesalpiniaceae（1/2） 鸢尾科 Iridaceae（2/2） 醉鱼草科 Buddlejaceae（1/5） 桑寄生科 Loranthaceae（1/1）
3. 东亚及热带南美间断	紫茉莉科 Nyctaginaceae（1/1）七叶树科 Hippocastanaceae（1/1）苦苣苔科 Gesneriaceae（1/1） 杜英科 Elaeocarpaceae（2/2）天胡荽科 Hydrocotylaceae（1/2） 安息香科 Styracaceae（2/3）木通科 Lardizabalaceae（3/4）槭树科 Aceraceae（1/4） 萝藦科 Asclepiadaceae（3/6）马鞭草科 Verbenaceae（4/7）冬青科 Aquifoliaceae（1/8） 五加科 Araliaceae（8/9）
4. 旧世界热带	天门冬科 Asparagaceae（2/2）八角枫科Alangiaceae（1/1）
6. 热带亚洲至热带非洲	芭蕉科 Musaceae（1/1）杜鹃花科 Ericaceae（4/14）
7. 热带亚洲（即热带东南亚至印度—马来，太平洋诸岛）	清风藤科 Sabiaceae（2/5）

续表4–4

类型	种子植物科（属数/种数）
8. 北温带	松科 Pinaceae（1/1） 越橘科Vacciniaceae（1/2） 金丝桃科 Hypericaceae（1/5） 百合科 Liliaceae（10/11） 忍冬科Caprifoliaceae（3/14） 岩梅科 Diapensiaceae（1/1） 红豆杉科 Taxaceae（1/1）金缕梅科 Hamamelidaceae（1/1）杉科 Taxodiaceae（2/2） 牻牛儿苗科 Geraniaceae（1/2） 黄杨科 Buxaceae（2/2）胡桃科 Juglandaceae（2/2） 灯芯草科 Juncaceae（1/2） 罂粟科 Papaveraceae（2/3）胡颓子科 Elaeagnaceae（2/4） 杨柳科 Salicaceae（2/5）桦木科 Betulaceae（3/7） 山茱萸科 Cornaceae（4/8） 壳斗科 Fagaceae（6/14） 小檗科 Berberidaceae（2/2） 马桑科 Coriariaceae（1/1）
9. 东亚及北美间断	三白草科 Saururaceae（1/1） 木兰科 Magnoliaceae（1/2） 五味子科 Schisandraceae（1/2）
10. 旧世界温带	川续断科 Dipsacaceae（1/1）领春木科 Eupteleaceae（1/1）青荚叶科 Helwingiaceae（1/1） 海桐花科 Pittosporaceae（1/2）旌节花科 Stachyuraceae（1/2） 桃叶珊瑚科 Aucubaceae（1/3）
14. 东亚	猕猴桃科 Actinidiaceae（1/6） 鞘柄木科 Toricelliaceae（1/1）
15. 中国特有	水青树科 Tetracentraceae（1/1） 珙桐科 Davidiaceae（1/1）

二、种子植物属的区系成分分析

按照吴征镒对中国种子植物属的分布类型的划分标准，保护区的408属种子植物可分为15个分布类型及18个变型（表4–5）。其中，世界广布属36属，热带性质分布共159属，温带性质分布213属，中国特有11属，分别占总属数的8.82%、38.97%、52.21%和2.70%。

世界分布属：指遍布世界各大洲而没有特殊分布中心的属，或虽有一个或数个分布中心而包含世界分布种的属。本区属于此分布型的有36属，占全部属的8.8%。包括藜属（*Chenopodium*）、酢浆草属（*Oxalis*）、槐属（*Sophora*）、糯米团属（*Gonostegia*）、茴芹属（*Pimpinella*）、鬼针草属（*Bidens*）、车前属（*Plantago*）、香科科属（*Teucrium*）、浮萍属（*Lemna*）、砖子苗属（*Mariscus*）、甜茅属（*Glyceria*）、早熟禾属（*Poa*）、老鹳草属（*Geranium*）、紫云英属（*Astragalus*）、鼠李属（*Rhamnus*）、鼠麹草属（*Gnaphalium*）、龙胆属（*Gentiana*）、半边莲属（*Lobelia*）、茄属（*Solanum*）、灯芯草属（*Juncus*）、银莲花属（*Anemone*）、酸模属（*Rumex*）、勾儿茶属（*Berchemia*）、变豆菜属（*Sanicula*）、沟酸浆属（*Mimulus*）、鼠尾草属（*Salvia*）、繁缕属（*Stellaria*）、飞蓬属（*Erigeron*）、千里光属（*Senecio*）、碎米荠属（*Cardamine*）、金丝桃属（*Hypericum*）、拉拉藤属（*Galium*）、薹草属（*Carex*）、铁线莲属（*Clematis*）、珍珠菜属（*Lysimachia*）、蓼属（*Polygonum*）。该分布类型的植物以草本为主，少有灌木或乔木，其中很多常见于路边、荒坡、草丛。同时，其中一些属，如银莲花属、龙胆属、老鹳草属的物种是林下灌木层、草本层的重要组成物种。

泛热带分布及其变型：泛热带分布是指普遍分布于东、西两半球热带，在全世界热带范围内有一个或数个分布中心，但在其他地区也有一些种类分布的热带属，有不少属广布于热带、亚热带，甚至到温带。本区属于此类型分布及其变型分布较多，有72属，占全部属数的17.6%。常见的有冬青属（*Ilex*）、素馨属（*Jasminum*）、山矾属（*Symplocos*）等。此分布型中，有分布到亚热带的乔木、灌木如厚皮香属（*Ternstroemia*）、鹅掌柴属（*Schefflera*）等；分布到温带的多为草本属，如牛膝属（*Achyranthes*）、婆婆纳属（*Veronica*）等，灌木属有花椒属（*Zanthoxylum*）、醉鱼草属（*Buddleja*）等；藤本植物则有菝葜属（*Smilax*）、薯蓣属（*Dioscorea*）等。

此外，本区还出现了泛热带分布型的2个变型：（2–1）热带亚洲、大洋洲和中、南美间断3个属；（2–2）热带亚洲、非洲和南美洲间断分布，属此变型的有绣球防风属（*Leucas*）、桂樱属（*Laurocerasus*）等4个属。

热带亚洲和热带美洲间断分布：指间断分布于美洲和亚洲温暖地区的热带属，在东半球从亚洲可能延伸到澳大利亚东北部或西南太平洋岛屿。本区属于此分布型的有7属，占全部属数的1.7%。常见的乔木或灌木属有木姜子属（*Litsea*）、柃属（*Eurya*）、泡花树属（*Meliosma*）等，这些通常是当地常绿阔叶林乔、灌层的主要组成成分。此外，猴欢喜属（*Sloanea*）是当地低海拔河谷植被中的常见乔木成分。

旧世界热带分布及其变型：指分布于亚洲、非洲和大洋洲热带地区及其邻近岛屿的属。本区属于此类型及其变型的有18属，占该区总属数的4.4%。多为延伸到温带的属如八角枫属（*Alangium*）、天门冬属（*Asparagus*）等。

热带亚洲至热带大洋洲分布：指旧世界热带分布区的东翼，其西端有时可达马达加斯加，但一般不到非洲大陆。本区属于此分布型的有10属，占该区总属数的2.5%。

热带亚洲至热带非洲分布及其变型：指旧世界热带分布区的西翼，即从热带非洲至印度—马来西亚（特别是其西部），有的属也分布到斐济等南太平洋岛屿，但不见于澳大利亚大陆。本区出现该分布型及其变型属15属。占该地总属数的3.7%。该区出现的此类型属也多为主要分布到温带地区的属如杠柳属（*Periploca*）、芒属（*Miscanthus*）等；分布到亚热带的属如常春藤属（*Hedera*）、铁仔属（*Myrsine*）、莠竹属（*Microstegium*）等。

热带亚洲（印度—马来西亚）分布及其变型：热带亚洲是旧世界热带的中心部分，热带亚洲分布的范围包括印度、斯里兰卡、中南半岛、印度尼西亚、加里曼丹、菲律宾及新几内亚等，东可达斐济等南太平洋岛屿，但不到澳大利亚大陆，其分布区的北部边缘到达我国西南、华南及台湾，甚至更北地区。自从第三纪或更早时期以来，这一地区的生物气候条件未经巨大的动荡，而处于相对稳定的湿热状态，地区内部的生境变化又多样复杂，有利于植物种的发生和分化。而且这一地区处于南、北古陆接触地带，即南、北两古陆植物区系相互渗透交汇的地区。因此，这一地区是世界上植物区系最丰富的地区之一，并且保存了较多第三纪古热带植物区系的后裔或残遗，此类型的植物区系主要起源于古南大陆和古北大陆的南部。本区出现的次分布型及其变型属有25属，占该区总属数的6.1%。其中热带亚洲广布的山茶属（*Camellia*）、黄肉楠属（*Actinodaphne*）、栲属（*Castanopsis*）、润楠属（*Machilus*）等为当地常绿阔叶林乔木和灌木；清风藤属（*Sabia*）的4个种则为阔叶林下常见藤本。

本区还出现了此分布型的4个变型：（7–1）爪哇（或苏门答腊）、喜马拉雅间断或星散分布到华南、西南，属此变型的有木荷属（*Schima*）、石椒草属（*Boenninghausenia*）、冠唇花属（*Microtoena*）等6属。（7–2）热带印度至华南（尤其云南南部）分布，属此变型的属有独蒜兰属（*Pleione*）、肉穗草属（*Sarcopyramis*）、平当树属（*Paradombeya*）等3属。（7–3）缅甸、泰国至华西南分布，该地属此变型的属仅木瓜红属（*Rehderodendron*）1属。（7–4）越南（或中南半岛）至华南（或西南）分布，属此变型的有竹根七属（*Disporopsis*）和异药花属（*Fordiophyton*）2属。

部分木本植物属是保护区植被的重要群落组成物种，如厚皮香属、鹅掌柴属、赛楠属（*Nothaphoebe*）、楠属（*Phoebe*）、山矾属、木姜子属、润楠属、慈竹属（*Neosinocalamus*）、山茶属、木荷属、寒竹属（*Chimonobambusa*）、樟属（*Cinnamomum*）、柃属（*Eurya*）。其中，寒竹属植物是当地植被灌木层植被的优势物种。在群落草本植物组成中，豨莶属（*Siegesbeckia*）、凤仙花属（*Impatiens*）、楼梯草属、石椒草属、肉穗草属（*Sarcopyramis*）、冷水花属（*Piles*）、求米草属（*Oplismenus*）的物种是草本层的重要组成部分。崖爬藤属、常春藤属、绞股蓝属（*Gynostemma*）是保护区内藤本植物物种的重要组成部分。

北温带分布及其变型：是指广泛分布于欧洲、亚洲和北美洲地区的属，绝大部分无疑是古北大陆的长期居民，但有不少属由于历史和地理的原因经过热带高山，而跨入南温带甚至两极。本区属此类型及其变型共有97属，包括北温带和南温带（全温带）间断有24属、欧亚和南美温带间断分布和地中海区、东亚、新西兰和墨西哥间断各1属。北温带分布各属在该地区的植被组成中起着最为重要的作用。被子植物中的乔木种类包括水青冈属（*Fagus*）、落叶松属（*Larix*）、桦木属（*Betula*）、红豆杉属（*Taxus*）、槭属（*Acer*）、栎属（*Quercus*）、栗属（*Castanea*）、七叶树属（*Aesculus*）、核桃属（*Juglans*）、杨属（*Populus*）、榛属（*Corylus*）、花楸属（*Sorbus*）、梣属（*Fraxinus*）、梾木属（*Swida*）、稠李属（*Padus*）、樱桃属（*Cerasus*）、桑属（*Morus*）等，其中水青冈属、桦木属、栎属、槭属、核桃属、七叶树属是本区域的森林植被的建群种或重要伴生树种，也分布于我国西南至东北的整个森林地区，是构成阔叶林的主要树种。

分布区的灌木层植物除建群种的小苗外，还包括小檗属（*Berberis*）、蔷薇属（*Rosa*）、千金榆属（*Carpinus*）、忍冬属（*Lonicera*）、柳属（*Salix*）、山梅花属（*Philadelphus*）、茶藨子属（*Ribes*）、绣线菊属（*Spiraea*）、胡颓子属（*Elaeagnus*）、马桑属（*Coriaria*）、悬钩子属（*Rubus*）、

栒子属（*Cotoneaster*）、杨梅属（*Myrica*）、荚蒾属（*Viburnum*）、杜鹃属（*Rhododendron*）、盐肤木属（*Rhus*）、山茱萸属（*Cornus*）等属的物种。

本地区的草本植物中北温带成分包括乌头属（*Aconitum*）、类叶升麻属（*Actaea*）、升麻属（*Cimicifuga*）、黄连属（*Coptis*）、芍药属（*Paeonia*）、细心属（*Asarum*）、紫堇属（*Corydalis*）、荠属（*Capsella*）、虎耳草属（*Saxifraga*）、锦葵属（*Malva*）、假升麻属（*Aruncus*）、三叶草属（*Trifolium*）、须弥菊属（*Himalaiella*）、风毛菊属（*Saussurea*）、风铃草属（*Campanula*）、泽泻属（*Alisma*）、百合属（*Lilium*）、南星属（*Arisaema*）、鸢尾属（*Iris*）、绶草属（*Spiranthes*）、绿绒蒿属（*Meconopsis*）、漆姑草属（*Sagina*）、龙牙草属（*Agrimonia*）、草莓属（*Fragaria*）、夏枯草属（*Prunella*）、蓟属（*Cirsium*）、蜂斗菜属（*Petasites*）、黄精属（*Polygonatum*）、翠雀属（*Delphinium*）、香青属（*Anaphalis*）、琉璃草属（*Cynoglossum*）、马先蒿属（*Pedicularis*）、风轮菜属（*Clinopodium*）、委陵菜属（*Potentilla*）、驴蹄草属（*Caltha*）、金腰属（*Chrysosplenium*）、卷耳属（*Cerastium*）、地肤属（*Kochia*）、路边青属（*Geum*）、当归属（*Angelica*）、和尚菜属（*Adenocaulon*）、花锚属（*Halenia*）、臭草属（*Melica*）、堇菜属（*Viola*）、野豌豆属（*Vicia*）、鸭茅属（*Dactylis*）等，保护区内的森林草本层或草地植物组成中包括画眉草属（*Eragrostis*）、羊茅属（*Festuca*）、野古草属（*Arundinella*）、蒿属（*Artemisia*）、獐牙菜属（*Swertia*）、茜草属（*Rubia*）、火绒草属（*Leontopodium*）、蝇子草属（*Silene*）、拂子草属（*Calamagrostis*）等属的植物种类，它们是保护区内的森林草本层的重要组成物种。

本区还出现了该分布型的3个变型：（8-4）北温带和南温带（全温带）间断分布，属于该变型的有唐松草属（*Thalictrum*）、景天属（*Sedum*）、柳叶菜属（*Epilobium*）、荨麻属（*Urtica*）、越橘属（*Vaccinium*）、接骨木属（*Sambucus*）、缬草属（*Valeriana*）等24个属，以草本居多。（8-5）欧亚和南美温带间断分布，该地区仅分布火绒草属（*Leontopodium*）。（8-6）地中海、东亚、新西兰和墨西哥—智利间断分布，仅马桑属（*Coriaria*）属此变型。

东亚和北美洲间断分布及其变型：是指间断分布于东亚和北美洲温带及亚热带地区的属。其中有些属虽然在亚洲和北美洲分布到热带，个别属甚至出现于非洲南部、澳大利亚或中亚，但其现代分布中心仍在东亚和北美洲。本区属于此类型的共有21属，占该地区总属数的5.15%。常见木本类型有栲属（*Castanopsis*）、柯属（*Lithocarpus*）。其中，栲属植物峨眉栲（*Castanopsis platyacantha*）是保护区内常绿阔叶林的重要组成树种；灯台树属（*Bothrocaryum*）、木兰属（*Magnolia*）、十大功劳属（*Mahonia*）、绣球属（*Hydrangea*）、楤木属（*Aralia*）、石楠属（*Photinia*）、漆属（*Toxicodendron*）等是常见的乔木二层及灌木层常见种类。灌草层及层间植物种类包括落新妇属（*Astilbe*）、黄水枝属（*Tiarella*）、山蚂蝗属（*Dsemodium*）、人参属（*Panax*）、珍珠花属（*Lyonia*）、万寿竹属

（*Disporum*）、鹿药属（*Smilacina*）、龙头草属（*Meehania*）、珍珠梅属（*Sorbaria*）、胡枝子属（*Lespedeza*）、五味子属（*Schisandra*）等属物种。这反映出本地区植物区系与北美植物区系之间存在着一定的联系。

旧世界温带分布及其变型是指广泛分布于欧洲亚洲中高纬度的温带和寒温带属。它基本以草本为多。本区属此分布型及其变型有共计23属，占本区非世界广布属的5.64%。包括鹅肠菜属（*Myosoton*）、梨属（*Pyrus*）、草木樨属（*Melilotus*）、沙棘属（*Hippophae*）、水芹属（*Oenanthe*）、川续断属（*Dipsacus*）、牛蒡属（*Arctium*）、野菊属（*Chrysanthemum*）、羊耳菊属（*Inula*）、毛连菜属（*Picris*）、重楼属（*Paris*）、荞麦属（*Fagopyrum*）、马醉木属（*Pieris*）、天名精属（*Carpesium*）、橐吾属（*Ligularia*）、香薷属（*Elsholtzia*）、窃衣属（*Torillis*）等。主要是当植被中灌木、草层层的组成物种。

本分布型包括3个变型：（10–1）地中海区、西亚和东亚间断分布，本区有火棘属（*Pyracantha*）、女贞属（*Ligustrum*）、牛至属（*Origanum*）3属属于此分布变型；（10–2）地中海区和喜马拉雅间断分布，本区仅有蜜蜂花属（*Melissa*）为此分布变型；（10–3）欧亚和南部非洲间断，本区有苜蓿属（*Medicago*）、栓果菊属（*Launaea*）、百脉根属（*Lotus*）3属属于此分布变型。

本变型的形成，主要是由于南非从古地中海南岸区系，由于非洲中部旱化而南移所形成，其趋势则和南北温带的形成也有些相似，只不过后者是北温带，而非欧亚和整个南温带的两相对应。

温带亚洲分布是指分布区局限于亚洲温带地区的属。其分布范围一般包括从南俄罗斯至东西伯利亚和东北亚，南部边界至喜马拉雅山区，中国西南、华北至东北，朝鲜和日本北部。本区属此分布型及其变型的共有4属，包括杭子梢属（*Campylotropis*）、马兰属（*Kalimeris*）、蔓龙胆属（*Crawfurdia*）、附地菜属（*Trigonotis*），其中附地菜属在云南省西北部及青藏高原等地高山草甸是常见的草地群落组成物种，但在保护区内仅偶见分布于林缘空地。杭子梢属、马兰属是当地林缘及向阳地段常见植物。

地中海、西亚至中亚分布及其变型：是指分布于现代地中海周围，经过西亚和西南亚至中亚和我国新疆、青藏高原至蒙古高原一带的属。本类型在中国的分布最东都不到华东、华中，大多数只到新疆和青藏高原，止于横断山区。本区没有属于此分布正型的属，但出现了该类型的一个变型，（12–3）地中海至温带—热带亚洲、大洋洲和南美洲间断分布，本区仅有漆树科的黄连木属（*Pistacia*）属此变型。该属植物在中国分布很广，北自黄河流域，南至两广及西南各省均有；本区此属仅有清香木（*Pistacia weinmannifolia*）一种，清香木在云南中部至西北部广泛分布，是一类石灰岩山地常见灌木。

中亚分布是指中亚特有分布的属，位于古地中海的东半部。可以到达西亚，但绝不见于地中海。本区没有属于此分布正型的属，但出现了该类型的一个变型，（13–2）中亚至喜马拉雅和我国西南分布，本区此类型仅记录了角蒿属（*Incarvillea*）1种。由此可以看出，保护区植物区系和地中海区及中亚的植物区系联系十分微弱。

东亚分布及其变型是指从东喜马拉雅一直分布到日本的属。即东亚的东北部，包括俄罗斯的远东和日本、韩国和朝鲜，北以中国的内蒙古的阴山和狼山为界，向西南达陕西北部至甘肃东北部的森林草原区，然后西以甘肃东南部、青海的大通海流域（唐古特区）达横断山区北段，西以横断山区与青藏高原为界，更南至藏东南、上缅和滇西北的三大峡谷区，南界包括泰国东北部、老挝、越南北部，以中国南岭以北，南以滇东南至闽南一线，再向东回到台湾（包括邻近岛屿）的东海岸，向东北到琉球和小笠原群岛。在这一广大区域内，基本上是由东北到西南，由温带针阔混交林到亚热带常绿阔叶林的各类森林为主体的森林植物区系。它含有世界上最广阔的亚热带常绿阔叶林，是白垩—老第三纪以来变动最少的木本植物领地，所以它包含世界上温带至亚热带地区的常绿阔叶和落叶阔叶的众多属、种，特别是许多孑遗类型。包括东亚（东喜马拉雅—日本）32属，中国—东喜马拉雅（SH）16属及中国—日本（SJ）7属，其总属数（55属），共占总属数的13.48%，略少于北温带分布及其变型及泛热带分布及其变型。该分布类型含有青冈属（*Cyclobanopsis*）、水青树属（*Tetracentron*）、棕榈属（*Trachycarpus*）、四照花属（*Dendrobenthamia*）、枫杨属（*Pterocarya*）等乔木层常见植物；乔木及灌木层植物包括旌节花属（*Stachyurus*）、青荚叶属（*Helwingia*）、吊钟花属（*Enkianthus*）等；草本层包括兔耳风属（*Ainsliaea*）、狗娃花属（*Heteropappus*）、吉祥草属（*Reineckia*）、蕺菜属（*Houttuynia*）、沿阶草属（*Ophiopogon*）、蒲儿根属（*Sinosenecio*）、白及属（*Bletilla*）、鬼灯檠属（*Rodgersia*）等属物种；一些层间植物如猕猴桃属（*Actinidia*）的物种，是藤本植物，同时也是优良的果品资源。在本分布类型的一些代表属，如水青树属、领春木属、棣棠花属、旌节花属、青荚叶属、猕猴桃属、八月瓜属、刚竹属（*Phyllostachys*）的物种在华中地区很多都是当地植被的重要组成物种或常见物种，这反映了保护区植物区系与华中植物区系间具有较为紧密的联系。

除典型分布于东亚全区的类型外，本区还出现了东亚分布型的两个变型：

（14–1）中国—喜马拉雅分布变型，是指分布区从喜马拉雅，最西可达西喜马拉雅，甚至阿富汗，东则可达中国华北、东北、华东和台湾，但绝不到日本和朝鲜半岛，属此变型的有16属，占总分布属的3.92%。其中，包括猫儿屎属（*Decaisnea*）、八月瓜属、黄花木属（*Piptanthus*）、吊石苣苔属（*Lysionotus*）、开口剑属（*Tupistra*）等比较古老的木本属。此外，在区系上具有一定的代表性的属还有鞭打绣球属（*Hemiphragma*）。这些中国—喜马拉雅分布属的例子，可以很好地证明本区与中国—喜马拉雅植物区系的密切联系。此外，本区还出现了一些随喜马拉雅山脉隆升而产生的年轻成分，如囊瓣芹属（*Pternopetalum*）、双蝴蝶属（*Tripterosprmum*）等。

（14–2）中国—日本分布变型，指分布于滇、川金沙江河谷以东地区直至日本或琉球，但不见于喜马拉雅的属。本区属此变型的有柳杉属（*Cryptomeria*）、野鸦椿属（*Euscaphis*）、野木瓜属（*Stauntonia*）等7属。本变型的属如此少，从某种意义上可以表明本区与日本植物区系的联系非常微弱。

中国特有分布是指分布范围一般在中国国界以内，但有少数越出国界，达到邻国边界，这是自然植物区与不同国家内行政区不吻合的结果，是不可避免的。关于中国特有属的概念，此处采用吴征镒（1991）的观点，即以中国境内的自然植物区（Floristic Region）为中心而分布界限不越出国境很远者，均列入中国特有的范畴。根据这一概念，本区属于此类型的属有11属，占全部属数的2.7%，占中国特有属239属的4.6%，占比较高。该类型包括了珙桐属（*Davidia*）、杉木属（*Cunninghamia*）、箭竹属（*Fargesia*）、茶条木属（*Delavaya*）、瘿椒树属（*Tapiscia*）、岩匙属（*Berneuxia*）、紫菊属（*Notoseris*）、华蟹甲属（*Sinacalia*）、异野芝麻属（*Heterolamium*）、丫蕊花属（*Ypsilandra*）。杉木、珙桐均是当地森林植被的建群物种或重要组成部分。本分布类型多数属是单型属或少型属，如珙桐属、杉木属、茶条木属、异野芝麻属。杉木属仅有杉木一种，是我国中部及南部分布的常见种。

综上所述，从属的统计和分析可知：①保护区408属可划分为14个类型和18个变型，即除了中亚分布及其变型外，其他中国植物区系的属分布区类型皆在本区出现，显示了本区种子植物区系在属级水平上的地理成分的复杂性，以及同世界其他地区植物区系的广泛联系。②该地区计有热带性质的属（分布型2–7及其变型，不包括世界广布属，下同）159属，占全部属数的38.97%；计有温带性质的属（分布型8–15及其变型）213属，占全部属数的52.21%。与科的分布区类型相比较，热带成分所占比例有所下降（热带科的比例为40.65%），而温带成分所占比例则明显升高（温带科的比例为26.83%）。这一结果表明，由于保护区所处的纬度较高，其区系总体上是属于温带性质的，但是又因其靠近金沙江河谷，使得一些热带成分得以在此繁衍、发展，并成为该地种子植物区系的重要组成部分。③在本区所有属的分布类型中，居于前三位的分别是北温带分布型及其变型（97属，23.77%）、泛热带分布型及其变型（72属，17.64%）、东亚分布型及其变型（55属，13.48%），仍以温带性质属占绝对优势，这表明其种子植物区系与温带植物区具有极其密切的联系，并带有鲜明的东亚植物区系的烙印，同时也与热带植物区系有着千丝万缕的联系。④本区与地中海、西亚、中亚等地共有的属仅有5属，说明其与广大地中海、西亚和中亚地区植物区系的联系较为微弱，这显然与喜马拉雅山脉的隆起及青藏高原的旱化、寒化有关。⑤本区东亚分布及其变型共55属，其中东亚（东喜马拉雅—日本）分布类型共32属，中国—东喜马拉雅（SH）分布有16属，中国—日本（SJ）分布有7属，共占保护区所有属的13.48%，这反映了保护区植物区系与华中植物区系间具有较为紧密的联系。

表4–5　永善五莲峰市级自然保护区种子植物属的分布类型

分布类型		属数	百分比%
1 世界分布	1. 世界分布	36	8.82
2 泛热带分布及其变型	2. 泛热带	65	15.93
	2–1. 热带亚洲、大洋洲和中、南美间断	3	0.74
	2–2. 热带亚洲、非洲和南美洲间断	4	0.98
3 热带亚洲和热带美洲间断分布	3. 热带亚洲和热带美洲间断分布	7	1.72
4 旧世界热带分布及其变型	4. 旧世界热带	16	3.92
	4–1. 热带亚洲、非洲和大洋洲间断	2	0.49
5 热带亚洲至热带大洋洲分布及其变型	5. 热带亚洲和热带大洋洲分布	8	1.96
	5–1. 中国（西南）亚热带和新西兰间断	2	0.49
6 热带亚洲至热带非洲分布及其变型	6. 热带亚洲和热带非洲	15	3.68
7 热带亚洲分布及其变型	7. 热带亚洲（印度—马来西亚）	25	6.13
	7–1. 爪哇、喜马拉雅和华南、西南星散	6	1.47
	7–2. 热带印度至华南	3	0.74
	7–3. 缅甸、泰国至华西南分布	1	0.25
	7–4. 越南至华南	2	0.49
热带分布属合计（2~7）		159	38.97
8 北温带分布及其变型	8. 北温带	71	17.40
	8–4. 北温带和南温带（全温带）间断	24	5.88
	8–5. 欧亚和南美温带间断分布	1	0.25
	8–6. 地中海、东亚、新西兰和墨西哥—智利间断	1	0.25
9 东亚和北美洲间断分布及其变型	9. 东亚和北美洲间断	21	5.15
10 旧世界温带分布及其变型	10. 旧世界温带	16	3.92
	10–1. 地中海区、西亚和东亚间断	3	0.74
	10–2. 地中海区和喜马拉雅间断	1	0.25
	10–3. 欧亚和南部非洲间断	3	0.74
11 温带亚洲分布	11. 温带亚洲分布	4	0.98
12 地中海、西亚至中亚分布及其变型	12–3. 地中海区至温带、热带亚洲、大洋洲和南美洲间断	1	0.25
13 中亚分布	13–2. 中亚至喜马拉雅和我国西南分布	1	0.25
14 东亚分布及其变型	14. 东亚（东喜马拉雅—日本）	32	7.84
	14–1. 中国—东喜马拉雅（SH）	16	3.92
	14–2. 中国—日本（SJ）	7	1.72
15 中国特有分布	15. 中国特有	11	2.70
温带分布属合计（8~15）		213	52.21
总 计		408	

三、区系特点

（1）植物种类较丰富。五莲峰自然保护区内共有种子植物123科408属771种。

（2）地理成分复杂多样，具有广泛的联系性。根据吴征镒（1991），我国种子植物属一级区系的地理成分共有15种类型和31种变型，保护区种子植物属共包括了15个分布类型及18个变型。

（3）具有较强的温带性质。在保护区种子植物的408属中，北温带分布及其变型共有97属，是各类属的分布类型中属数量最多的，分布类型占总属数的23.77%。其中，水青冈属（*Fagus*）的水青冈、米心水青冈是保护区内森林植被重要建群物种。其他的如桦木属（*Betula*）、栎属（*Quercus*）、槭属（*Acer*）、桤木属（*Alnus*）、核桃属（*Juglans*）、七叶树属（*Aesculus*）不仅是本区域的森林植被的重要组成树种，也分布于我国西南至东北的整个森林地区，是构成阔叶林的主要树种。

（4）与华中植物区系联系紧密。保护区内，在属的分布特点上，东亚分布及其变型共55属，其中东亚（东喜马拉雅—日本）分布类型共32属，中国—东喜马拉雅（SH）分布有16属，中国—日本（SJ）分布有7属，共占保护区所有属的13.48%，其总属数（55属）仅次于北温带分布及其变型（97属）与泛热带分布及其变型（72属）。在保护区内广泛分布的领春木属（*Euptelea*）、柳杉属（*Cryptomeria*）、水青树属（*Tetracentron*）、棕榈属（*Trachycarpus*）、四照花属（*Dendrobenthamia*）等属的物种常为乔木层常见植物。在本分布类型的一些代表属，如水青树属、领春木属、猫儿屎属、旌节花属、青荚叶属、猕猴桃属、八月瓜属、刚竹属的物种在华中地区很多都是当地植被的重要建群物种或常见物种，这反映了保护区植物区系与华中植物区系间具有较为紧密的联系。

（5）具有丰富的特有性。保护区内分布有筇竹属（*Qiongzhuea*）、珙桐属、杉木属等中国特有属共11属，占本地区总属数的2.70%，占比较高，反映了保护区在植物区系上的特有性。筇竹是保护区内灌木层优势植物之一，杉木、珙桐均是当地森林植被的建群物种或重要组成部分。本分布类型多数属都是单型属或少型属，如珙桐属、杉木属、茶条木属、异野芝麻属。

（6）植物区系具有明显的过渡性质。保护区地处云南高原的北部，北邻四川盆地，东临华中植物区系，气候类型总体上或大部分处于亚热带的北缘，植物区系性质由亚热带逐渐过渡到温带。据分析本地区有热带性质的属159属，占保护区总属数（不包括世界分布属）的42.74%，有温带性质的属202属，占保护区属数（不包括世界分布属）的54.30%。植物区系具有明显的温带性质，也表现出与云南热带植物区系的过渡性。同时，大量华中常见植物区系成分的出现表明其在区系起源上与云南其他地区的不同，与华中植物区系间具有较为紧密的联系，具有一定的特殊性。

综上所述，保护区所在区域的植物区系分区属“东亚植物区（East Asiatic Kingdom）”“中国—日本森林植物亚区（Sino-Himalayan Forest Subkingdom）的华中区系”“滇东北小区”。本小区的植物区系有以下特点：①峨眉栲（*Castanopsis platyacantha*）、包石栎（*Lithocarpus cleistocarpus*）、小叶青冈（*Cyclobalanopsis myrsinaefolia*）等华中、华西一带分布普遍的植物种类在山地常绿阔叶林中成为优势成分，其次还有曼青冈（*C. oxyodon*）、中华木荷（*Schima sinensis*）等种类。②木本落叶成分常在一定生境下的森林中占有重要的地位，常常出现在我国东部地区所特有的常绿阔叶-落叶阔叶混交林。主要的落叶树种类有水青冈（*Fagus longipetiolata*）、米心水青冈（*F. engleriana*）、五裂槭（*Acer olivirianum*）、槲栎（*Quercus aliena*）、麻栎（*Q. acutissima*）等，植物组成和植被类型与广大的滇中高原山地植物组成和植被类型有着较大的差别，却与四川盆地边缘山地的湿性常绿阔叶十分接近，是川、滇交界的原生阔叶植被过渡类型。③针叶树种为华中、华东一带常见的种类，中国特有的杉木（*Cunninghamia lanceolata*）在小区内有分布。华中地区分布的我国特有的珙桐（*Davidia involucrata*）、水青树（*Tetracentron sinense*）、领春木（*Euptelea pleiosperma*）等均在本区域内有分布。珙桐在山地湿润沟谷地带常形成优势。

第四节　珍稀濒危及特有植物

一、珍稀保护植物多样性

根据《国家重点保护野生植物名录》（2021年）、《中国植物红皮书——稀有濒危植物（第一册）》（1992年）、《珍稀濒危保护植物名录》（1984年）、《云南省第一批省级重点保护野生植物名录》（1989年）等资料，在自然保护区实地考察过程中发现了在评价区内有国家珍稀濒危植物和保护植物7种，其中珙桐（*Davidia involucrata*）、红豆杉（*Taxus chinensis*）为国家Ⅰ级保护植物，水青树（*Tetracentron sinense*）、红椿（*Toona ciliata*）和中华猕猴桃（*Actinidia chinensis*）为国家Ⅱ级保护植物，领春木（*Euptelea pleiospermum*）、筇竹（*Qiongzhuea tumidinoda*）为国家Ⅲ级保护植物。

二、主要濒危保护植物

1. 珙桐（*Davidia involucrata*）

珙桐（*Davidia involucrata*）是蓝果树科（Nyssaceae）的落叶乔木，高15～20m，稀达25m；胸高直径约1m；树皮深灰色或深褐色，常裂成不规则的薄片而脱落。幼枝圆柱形，当年生枝紫绿色，无毛，多年生枝深褐色或深灰色；冬芽锥形，具4～5对卵形鳞片，常呈覆瓦状排列。叶纸质，互生，无托叶，常密集于幼枝顶端，阔卵形或近圆形，常长9～15cm，宽7～12cm，顶端急尖或短急尖，具微弯曲的尖头，基部心脏形或深心脏形，边缘有三角形而尖端锐尖的粗锯齿，上面亮绿色，初被很稀疏的长柔毛，渐老时无毛，下面密被淡黄色或淡白色丝状粗毛，中脉和8～9对侧脉均在上面显著，在下面凸起；叶柄圆柱形，长4～5cm，稀达7cm，幼时被稀疏的短柔毛。两性花与雄花同株，由多数的雄花与1个雌花或两性花呈近球形的头状花序，直径约2cm，着生于幼枝的顶端，两性花位于花序的顶端，雄花环绕于其周围，基部具纸质、矩圆状卵形或矩圆状倒卵形花瓣状的苞片2～3枚，长7～15cm，稀达20cm，宽3～5cm，稀达10cm，初淡绿色，继变为乳白色，后变为棕黄色而脱落。雄花无花萼及花瓣，有雄蕊1～7枚，长6～8mm，花丝纤细，无毛，花药椭圆形，紫色；雌花或两性花具下位子房，6～10室，与花托合生，子房的顶端具退化的花被及短小的雄蕊，花柱粗壮，分成6～10枝，柱头向外平展，每室有1枚胚珠，常下垂。果实为长卵圆形核果，长3～4cm，直径15～20mm，紫绿色具黄色斑点，外果皮很薄，中果皮肉质，内果皮骨质具沟纹，种子3～5枚；果梗粗壮，圆柱形。花期4月，果期10月。

珙桐特产中国，分布于湖北西部，湖南西部，四川西部、北部、东南部以及贵州和云南两省的北部。在云南昭通地区及滇西维西县等地较为常见；生于海拔1500~2200m的润湿的常绿阔叶落叶阔叶混交林中。

珙桐是距今6000万年前新生代第三纪古热带植物区系的孑遗种，也是全世界著名的观赏植物。珙桐有“植物活化石”之称，是国家Ⅰ级保护植物，因其花形酷似展翅飞翔的白鸽而被西方植物学家命名为“中国鸽子树”。虽然珙桐在分布范围上较广，同时，在保护区内也具有大量的个体，但其总体数量仍然较少，分布范围也在日益缩小，若不采取保护措施，有被其他阔叶树种更替的危险。

珙桐在保护区内多沿沟谷湿润地带分布，在溪洛渡街道富庆村向阳三组（东经103° 38′ 12″，北纬28° 07′ 49″，1877m，约500株），团结乡双河村（东经103° 48′55″，北纬28°11′ 30″，1938m，约100株），顺河椿尖坪（东经103° 40′ 51″，北纬28° 07′ 41″，1900m，2株），蒿枝坝（东经103° 41′ 15″，北纬27° 58′ 40″，2091m，约800株）等地均有分布。调查过程中见到的多为成年植株，幼树极少见。同时，虽然在区域内，珙桐分布数量尚多，但在全省、全国乃至世界范围，珙桐的种群数量都较少，且其物种系统分类学地位特殊，具有重要的保护价值。建议保护区内进行适量挂牌，并对普通民众开展科普宣传。

2. 红豆杉（*Taxus chinensis*）

红豆杉（*Taxus chinensis*）是红豆杉科（Taxaceae）乔木，高达30m，胸径达60~100cm；树皮灰褐色、红褐色或暗褐色，裂成条片脱落；大枝开展，一年生枝绿色或淡黄绿色，秋季变成绿黄色或淡红褐色，二三年生枝黄褐色、淡红褐色或灰褐色；冬芽黄褐色、淡褐色或红褐色，有光泽，芽鳞三角状卵形，背部无脊或有纵脊，脱落或少数宿存于小枝的基部。叶排列成两列，条形，微弯或较直，长1～3（多为1.5～2.2）cm，宽2～4（多为3）mm，上部微渐窄，先端常微急尖、稀急尖或渐尖，上面深绿色，有光泽，下面淡黄绿色，有两条气孔带，中脉带上有密生均匀而微小的圆形角质乳头状突起点，常与气孔带同色，稀色较浅。雄球花淡黄色，雄蕊8～14枚，花药4～8（多为5～6）个。种子生于杯状红色肉质的假种皮中，间或生于近膜质盘状的种托（未发育成肉质假种皮的珠托）之上，常呈卵圆形，上部渐窄，稀倒卵状，长5～7mm，径3.5～5mm，微扁或圆，上部常具二钝棱脊，稀上部三角状具三条钝脊，先端有突起的短钝尖头，种脐近圆形或宽椭圆形，稀三角状圆形。

红豆杉的心材橘红色，边材淡黄褐色，纹理直，结构细，比重0.55～0.76，坚实耐用，干后少开裂。可供建筑、车辆、家具、器具、农具及文具等用材。

红豆杉为我国特有树种，产于甘肃南部，陕西南部，四川、云南东北部及东南部，贵州西部及东南部，湖北西部，湖南东北部，广西北部和安徽南部（黄山），常生于海拔1000～1200m以上的高山上部。江西庐山有栽培。模式标本采自四川巫山。产于安徽南部、浙江、台湾、福建、江西、广东北部、广西北部及东北部、湖南、湖北西部、河南西部、陕西南部、甘肃南部、四川、贵州及云南东北部。垂直分布一般较红豆杉低，在多数省区常生于海拔1000～1200m以下的地方。

红豆杉属于浅根植物，其主根不明显、侧根发达，是世界上公认濒临灭绝的天然珍稀抗癌植物，是经过了第四纪冰川遗留下来的古老孑遗树种，在地球上已有250万年的历史。由于在自然条件下红豆杉生长速度缓慢，再生能力差，所以很长时间以来，世界范围内还没有形成大规模的红豆杉原料林基地。红豆杉被列为国家Ⅰ级保护植物。

保护区内考察过程中未见到分布，保护区邻近村社分布有两株，分别位于团结乡双河村大堡顶社（东经103° 50′ 32″，北纬28° 08′ 51″，海拔1320m，1株）和团结乡双河村坳田社（东经103° 51′ 11″，北纬28° 09′ 02″，海拔862m，1株）。同时，在永善县水竹乡、伍寨乡、青胜乡等地均报道有分布，但各地数量都较少。红豆杉从地理分布上来看，分布区域较广，但其在各地野生植株分布零星，植株数量较少，需要加强保护。

3. 水青树（*Tetracentron sinense*）

水青树（*Tetracentron sinense*）是水青树科（Tetracentraceae）的乔木，高可达30m，胸径达1.5m，全株无毛；树皮灰褐色或灰棕色而略带红色，片状脱落；长枝顶生，细长，幼时暗红褐色，短枝侧生，距状，基部有叠生环状的叶痕及芽鳞痕。叶片卵状心形，长7～15cm，宽4～11cm，顶端渐尖，基部心形，边缘具细锯齿，齿端具腺点，两面无毛，背面略被白霜，掌状脉5～7条，近缘边形成不明显的网络；叶柄长2～3.5cm。花小，呈穗状花序，花序下垂，着生于短枝顶端，多花；花直径1～2mm，花被淡绿色或黄绿色；雄蕊与花被片对生，长为花被2.5倍，花药卵珠形，纵裂；心皮沿腹缝线合生。果长圆形，长3～5mm，棕色，沿背缝线开裂；种子4～6粒，条形，长2～3mm。花期6—7月，果期9—10月。

水青树喜温暖气候，但不耐湿热，气候过热生长不良；云南主要分布在海拔1200～2400米的地带，耐寒性不强，仅能耐短暂时间的-7℃左右的低温，如果在-5℃下经2～3d就会产生不同程度的冻害，轻者小枝枯死，重者会全株枯死。水青树性喜光，稍有遮阴即可影响生长速度。喜肥沃湿润的酸性土。在良好环境下，1年苗可达1.5～2m高，3年生高达9m，10年生高约20m，20年生高约30m，以后生长渐慢，6年生即可开花结实，15年后进入盛果期。

水青树仅分布于亚洲，主要分布于我国，邻近尼泊尔、缅甸、越南有少量分布。我国主要分布于甘肃、陕西、湖北、湖南、四川、贵州等省。云南省内产滇东北、滇西北，生于海拔1700~3500m的沟谷林及溪边杂木林中；分布区宽阔，产地气候温凉，多雨，雾期长，湿度大，年平均温7.2～17.5℃，年降水量1000～1800mm，相对湿度85%左右。土壤为酸性，山地黄壤或黄棕壤，pH4.5～5.5。水青树为深根性、喜光的阳性树种，幼龄期稍耐荫蔽。喜生于土层深厚、疏松、潮湿、腐殖质丰富、排水良好的山谷与山腹地带，在陡坡、深谷的悬崖上也能生长。零星散生于常绿落叶阔叶林内或林缘。当常绿落叶林被破坏后，往往长成块状纯林。

水青树是植物系第四纪以来留下的活化石，是中国特有的稀有珍贵树种，为单种属植物。原资源较多，由于采伐破坏，仅残留于深山、峡谷、溪边或陡坡悬岩处，多呈零星散生。现已被列为国家Ⅱ级保护植物。

水青树在保护区内多沿沟谷湿润地带分布，常与珙桐伴生，在蒿枝坝（东经103° 41′ 54″，北纬27° 58′ 58″，2100m，约100株），顺河椿尖坪（东经103° 40′ 35″，北纬28° 07′ 50″，1900m，4株），团结乡纸厂方向（东经103° 54′ 37″，北纬28° 07′ 41″，1500m，7株）等地调查均有发现。保护区内与调查发现地点相似的生境较多，保护区内未实地调查地段仍有分布，需要展开保护。调查过程中见到的多为成年植株，仅在团结乡纸厂方向沟谷内见1株约2米高小树。

4. 红椿（*Toona ciliata*）

红椿（*Toona ciliata*），别名红楝子、赤昨工、埋用、赤蛇公、南亚红椿、香铃子，为楝科（Meliaceaer）落叶或半落叶乔木。

红椿为大乔木，高可达20m以上；小枝初时被柔毛，渐变无毛，有稀疏的苍白色皮孔。叶为偶数或奇数羽状复叶，长25～40cm，通常有小叶7～8对；叶柄长约为叶长的1/4，圆柱形；小叶对生或近对生，纸质，长圆状卵形或披针形，长8～15cm，宽2.5～6cm，先端尾状渐尖，基部一侧圆形，另一侧楔形，不等边，边全缘，两面均无毛或仅于背面脉腋内有毛，侧脉每边12～18条，背面凸起；小叶柄长5～13mm。花为圆锥花序顶生，约与叶等长或稍短，被短硬毛或近无毛；花长约

5mm，具短花梗，长1～2mm；花萼短，5裂，裂片钝，被微柔毛及睫毛；花瓣5片，白色，长圆形，长4～5mm，先端钝或具短尖，无毛或被微柔毛，边缘具睫毛；雄蕊5枚，约与花瓣等长，花丝被疏柔毛，花药椭圆形；花盘与子房等长，被粗毛；子房密被长硬毛，每室有胚珠8～10颗，花柱无毛，柱头盘状，有5条细纹。果为蒴果长椭圆形，木质，干后紫褐色，有苍白色皮孔，长2～3.5cm；种子两端具翅，翅扁平，膜质。

红椿属阳性深根性树种，性喜温暖，不耐庇荫，适应幅度较大，既耐热又能忍受短期的霜冻，虽耐寒性不如香椿，但也有一定的适应幅度，垂直分布在海拔300~2600m，分布区的年平均气温在15~22℃，极端最低气温-15~-3℃。对土壤要求不严，在干旱贫瘠的山坡能正常生长，喜深厚、肥沃、湿润、排水良好的酸性土或钙质土，尤其在土壤比较湿润而肥沃的黄壤或黄棕壤山地或溪涧旁的水湿地生长良好；多生于低山缓坡谷地阔叶林中，或在平坝“四旁”散生。萌芽更新能力较强，在疏林或旷地下萌芽更新良好，天然下种更新效果亦佳，但在密林下或庇荫地更新困难。产于福建、湖南、广东、广西、四川和云南等省区；分布于印度、中南半岛、马来西亚、印度尼西亚等。

红椿木心材深红褐色，边材色较淡，纹理通直，结构细致，花纹美观，质地坚韧，持久微香，防虫耐腐，干燥快，变形小，加工容易，承重性强，油漆及胶粘性能良好，是建筑、家具、船车、胶合板、室内装饰良材。红椿树干挺拔，通直光滑，枝繁叶茂，树姿优美，是优良的园林绿化树种，适合作行道树和四旁绿化树种，也适合广场、公园作孤植或丛植观赏树种。同时，红椿有一定的药用价值。另其树干通直，树冠庞大，枝叶繁茂，可片植或丛植于山坡、沟谷、林中、河边、村旁，也可植于城市道路两侧做行道树或庭荫树。

红椿树高可达35m，胸径可达1m；树皮灰褐色，有中国桃花心木之称。为国家Ⅱ级保护植物。由于森林次生化，生境破碎，适宜红椿生长的环境逐渐缩减，限制了红椿种群生存的发展。现已成为濒危植物。红椿在永善县分布零星，多位于山体中下部林缘、路边，在保护区内椿尖坪（东经103° 41′ 03″，北纬28° 07′ 58″，海拔1750m，1株）。

5. 中华猕猴桃（*Actinidia chinensis*）

中华猕猴桃（*Actinidia chinensis*）别名阳桃、羊桃、羊桃藤、藤梨和猕猴桃，是猕猴桃科（Actinidiaceae）的大型落叶藤本；幼枝或厚或薄地被有灰白色茸毛或褐色长硬毛或铁锈色硬毛状刺毛，老时秃净或留有断损残毛；花枝短的4～5cm，长的15～20cm，直径4～6mm；隔年枝完全秃净无毛，直径5～8mm，皮孔长圆形，比较显著或不甚显著；髓白色至淡褐色，片层状。叶纸质，倒阔卵形至倒卵形或阔卵形至近圆形，长6～17cm，宽7～15cm，顶端截平形并中间凹入或具突尖、急尖至短渐尖，基部钝圆形、截平形至浅心形，边缘具脉出的直伸的睫状小齿，腹面深绿色，无毛或中脉和侧脉上有少量软毛或散被短糙毛，背面苍绿色，密被灰白色或淡褐色星状茸毛，侧脉5～8对，常在中部以上分歧成叉状，横脉比较发达，易见，网状小脉不易见；叶柄长3～6（～10）cm，被灰白色茸毛或黄褐色长硬毛或铁锈色硬毛状刺毛。聚伞花序1～3花，花序柄长7～15mm，花柄长9～15mm；苞片小，卵形或钻形，长约1mm，均被灰白色丝状茸毛或黄褐色茸毛；花初放时白色，放后变淡黄色，有香气，直径1.8～3.5cm；萼片3～7片，通常5片，阔卵形至卵状长圆形，长6～10mm，两面密被压紧的黄褐色茸毛；花瓣5片，有时少至3～4片或多至6～7片，阔倒卵形，有短距，长10～20mm，宽6～17mm；雄蕊极多，花丝狭条形，长5～10mm，花药黄色，长圆形，长1.5～2mm，基部叉开或不叉开；子房球形，径约5mm，密被金黄色的压紧交织茸毛或不压紧不交织的刷毛状糙毛，花柱狭条形。果黄褐色，近球形、圆柱形、倒卵形或椭圆形，长4～6cm，被茸毛、长硬毛或刺毛状长硬毛，成熟时秃净或不秃净，具小而多的淡褐色斑点；宿存萼片反折；种子纵径2.5mm。

中华猕猴桃是中国特有的藤本果种，因其浑身布满细小茸毛，而猕猴喜食，故有其名。中华猕猴桃最喜土层深厚、肥沃、疏松的腐殖质土和冲积土，最忌黏性重、易渍水及瘠薄的土壤，对土壤的酸碱度要求不严，在酸性及微酸性土壤上生长较好（pH5.5~6.5），在中性偏碱性土壤中生长不良。中华猕猴桃喜光，但怕暴晒。中华猕猴桃对光照条件的要求随树龄而异，成年树虽喜阴湿，但又要攀缘于树干高处，接受阳光方能生长强壮、开花结果；若强光暴晒，则会使叶缘焦枯，果实患日灼病。中华猕猴桃为国家Ⅱ级保护植物。

广泛分布于长江流域，大约在北纬23°~24°的亚热带山区，如河南、陕西、湖南、江西、四川、福建、广东、广西、台湾等地区。在保护区内见于溪洛渡街道富庆村向阳三组大火地（东经103°38′15″，北纬28°07′52″，1780m）。

6. 领春木（*Euptelea pleiospermum*）

领春木（*Euptelea pleiospermum*）是领春木科（Eupteleaceae）落叶灌木或小乔木，高2～15mm；树皮紫黑色或棕灰色；小枝无毛，紫黑色或灰色；芽卵形，鳞片深褐色，光亮。叶纸质，卵形或近圆形，少数椭圆卵形或椭圆披针形，长5～14cm，宽3～9cm，先端渐尖，有1突生尾尖，长1～1.5cm，基部楔形或宽楔形，边缘疏生顶端加厚的锯齿，下部或近基部全缘，上面无毛或散生柔毛后脱落，仅在脉上残存，下面无毛或脉上有伏毛，脉腋具丛毛，侧脉6～11对；叶柄长2～5cm，有柔毛后脱落。花丛生；花梗长3～5mm；苞片椭圆形，早落；雄蕊6～14枚，长8～15mm，花药红色，比花丝长，药隔附属物长0.7～2mm；心皮6～12，子房歪形，长2～4mm，柱头面在腹面或远轴，斧形，具微小黏质突起，有1～3（～4）个胚珠。翅果长5～10毫米，宽3～5mm，棕色，子房柄长7～10mm，果梗长8～10mm；种子1～3粒，卵形，长1.5～2.5mm，黑色。花期4—5月，果期7—8月。

领春木分布于我国和印度，我国从河北（武安）、山西（阳城）、河南（伏牛山）向南经陕西

（秦岭）、甘肃，分布到东南浙江（天目山）、湖北及西南部四川、贵州、云南和西部西藏。生在海拔900～3600m的溪边杂木林中。

领春木纹理美观，可做高档家具或仪器表盒等；树形优美，树干通直，也是优美的庭院树种。领春木为典型的东亚植物区系成分的特征种，又是古老的残遗植物。为典型的东亚植物区系成分的特征种，第三纪孑遗植物和稀有珍贵的古老树种，对于研究古植物区系和古代地理气候有重要的学术价值。

领春木分布范围虽广，但因森林砍伐，自然植被破坏，领春木的生长发育和天然更新受到一定的限制，分布范围正日益缩小，植株数量减少。领春木是我国的稀有植物物种。中国国务院环境保护委员会将其列为国家Ⅲ级保护植物。

领春木在保护区内见于团结乡纸厂沟方向（东经103° 54′ 25″，北纬28° 08′ 60″，1000m，约50株）和团结乡双河村上厂（东经103° 48′ 42″，北纬28° 11′ 08″，1600m，1株）纸厂沟方向沟谷内调查发现领春木结实情况正常，路边发现少量幼苗，更新情况相对较好。

7. 筇竹（*Qiongzhuea tumidinoda*）

筇竹（*Qiongzhuea tumidinoda*）是禾本科（Gramineae）筇竹属中小型竹类植物。秆高2.5～6m，直径1～3cm，基部通常有5节位于地表以下，各具环列之根12条；节间圆筒形，长15～25cm（基部数节间长10～15cm），秆下部不分枝的节间常具1极狭沟槽，且各节间的沟槽均位于秆之同一侧面，具分枝的各节间则在有分枝一侧变扁平，绿色，光滑无毛，无蜡粉，秆壁甚厚，秆基部数节间几为实心，往上的节间则逐渐中空；秆环极为隆起而呈一显著的圆脊，状如二圆盘上下相扣合，中有环形缝线似的浅沟，易自该处受外力影响而逐节脆断，断口极平整；箨环因有箨鞘基部之残留物而略呈木质环状，幼时被棕褐色刺毛，嗣后变为无毛；同一节的节内本身宽窄不一，通常宽的那边均位于秆的同一侧面，该处秆环格外隆起，秆芽呈三角状桃形，先出叶为革质，解箨后当芽抽长时并不贴秆而是斜展的主芽3个，彼此并列，其下方可各具1或2次生芽；秆每节通常具3枝，有时除主枝外还具1～4条次生枝。秆箨紫红色或紫色带绿，早落性；箨鞘黄绿色，厚纸质，长约为其节间的长度之半，长椭圆形，近基部微收缩而又向两侧呈耳状延伸，背面纵脉纹密而显著，小横脉有时可见，纵脉间生有棕色疣基刺毛，后者在鞘基部则较稀疏，在鞘上部则较密，鞘的上部边缘密生淡棕色长纤毛；无箨耳，鞘口具长为2～3mm棕色繸毛；箨舌高1～1.3mm，拱形，边缘密生灰白色小纤毛；箨片较短小，长5～17mm，易脱落，钻形或锥状披针形，直立，质地较坚韧，纵脉明显。小枝具2～4叶；叶鞘圆筒形，长2～2.5cm，背部上端具1纵脊，纵肋明显，边缘生纤毛；无叶耳，鞘口繸毛数条，直立而粗糙，灰白色，易脱落；叶舌极矮，截形或圆拱形，先端全缘；叶柄长1～2mm，平滑无毛；叶片狭披针形，长5～14cm，宽6～12mm，两侧边缘因具斜止之小锯齿而粗糙，上表面绿色，下表面灰绿色，两面均无毛，次脉2～4对，小横脉清晰。花枝可反复分枝，无叶或部分分枝，顶端具叶，分枝常与假小穗混生于同一节上；末级花枝纤细，基部托以向上逐渐增大的苞片3～5片；假小穗绿色或暗绿色，干后紫色，长3～4.5cm，粗2.5～4mm；苞片4或5片，上部2或3片腋内有芽或具次生假小穗，后者仅有先出叶而无苞片；小穗含3～8朵小花；小穗轴节间长4～6mm，粗约0.2～0.3mm，扁平，无毛，基部微被白粉而糙涩；颖2（3）片，薄纸质，无毛，第一颖卵形，先端锐尖，长3～4mm，第二颖长卵形，具数条纵脉，长8～10mm；外稃长卵形，长10～14mm，无毛，具光泽，纸质，黄褐色或褐色，先端渐尖或长渐尖，边缘膜质，背部具9条纵脉，小横脉略明显；内稃长8～12mm，2脊间宽约1mm，无毛，先端钝或微裂，具不明显的纵脉；鳞被中两侧的2片为菱状卵形，长约2.5mm，后方的1片为倒披针形，长约1.5mm，膜质透明，上部边缘生小纤毛，具数条脉纹；花药紫色，长4～8mm；子房呈倒卵形，长约2.5mm，无毛；花柱1，长约1mm，柱头2，羽毛状，长约2mm。果实呈厚皮质的坚果状，倒卵状长椭圆形或广椭圆形，新鲜时呈墨绿色，光滑无毛，长约10～12mm，直径约6mm，顶端具宿存的花柱呈喙状。笋期4月，花期4月，果期5月。

筇竹的原生地气候温和，雨量丰富，年降水量1200～1600mm，云雾浓厚，空气相对湿度大，日照少；冬季十分寒冷，多冻土层，枝叶上结冰；土壤为山地黄壤或棕色森林土，pH值5.5～7.0。筇竹原生于常绿阔叶林下，常绿阔叶林破坏后则形成次生天然纯林，是典型的阴性植物。

筇竹在保护区内林下是重要的建群植物，同时，筇竹是也是笋用、工艺和观赏竹种，其用途极为广泛。目前，本种仍属野生状态，在当地分布非常广泛，调查线路（团结乡双河、水竹乡蒿枝坝、溪洛渡街道富庆、永兴街道椿尖坪、团结乡朱家坪）各地的山体中上部均有分布。筇竹自然分布于云南昭通市和四川宜宾市，即云贵高原东北缘向四川盆地过渡的亚高山地带。但该植物除云贵高原东北缘向四川盆地过渡的亚高山地带分布外，世界其他地方都未有分布，从资源及物种多样性的角度对其开展合理保护都是有必要的。筇竹是目前竹亚科中仅有的两种国家Ⅲ级重点保护珍稀竹种之一。

第五节　植物资源

保护区内具有丰富的野生植物物种，调查共发现维管植物814种（蕨类植物15科27属43种，种子植物123科408属771种）。

资料分析表明，目前发现的重要资源植物中，用材树种资源包括裸子植物树种如杉木（*Cunninghamia lanceolata*）、柳杉（*Cryptomeria fortunei*）、日本落叶松（*Larix kaempferi*）、红豆杉（*Taxus chinensis*）等。其中，杉木、柳杉是当地针叶林的主要物种。

1. 用材树种资源

被子植物用材树种资源包括水青树（*Tetracentron sinense*）、红椿（*Toona ciliata*）、中华木荷（*Schima sinensis*）、川杨（*Populus szechuanica*）、糙皮桦（*Betula utilis*）、领春木（*Euptelea pleiospermum*）、珙桐（*Davidia involucrata*）、天师栗（*Aesculus wilsonii*）等。樟科植物常见的如滇润楠（*Machilus yunnanensis*）、赛楠（*Nothaphoebe cavaleriei*）、楠木（*Phoebe zhennan*），槭树科植物如青榨槭（*Acer davidii*）、疏花槭（*A. laxiflorum*）、五裂槭（*A. oliverianum*），蔷薇科花楸属（*Sorbus* spp.）和壳斗科多种植物如米心水青冈（*Fagus engleriana*）、水青冈（*F. longipetiolata*）、栲（*Castanopsis fargesii*）、峨眉栲/扁刺锥（*C. platyacantha*）、包果柯（*Lithocarpus cleistocarpus*）、硬壳柯（*L. hancei*）、麻栎（*Quercus acutissima*）、槲栎（*Q. aliena*）、大叶栎（*Q. griffithii*）、枹栎（*Q. serrata*）、栓皮栎（*Q. variabili*），以及多种竹类如桂竹（*Phyllostachys bambusoides*）、水竹（*P. heteroclada*）、刚竹（*P. sulphurea* var. *viridis*）、紫竹（*P. nigra*）、孝顺竹（*Bambusa multiplex*）、方竹（*Chimonobambus aquadrangularis*）、刺竹子（*C. pachystachys*）、苦竹（*Pleioblastus amarus*）、筇竹（*Qiongzhuea tumidinoda*）、慈竹（*Sinocalamus affinis*）等。壳斗科植物水青冈、米心水青冈、峨眉栲是当地阔叶林植被的重要的建群物种。当地的竹类用材丰富，如慈竹（*Neosinocalamus affinis*）、桂竹等。

2. 观赏植物资源

观赏植物资源中，木本植物种类包括珙桐（*Davidia involucrata*）、武当玉兰（*Magnolia sprengeri*）、中华木荷（*Schima sinensis*）、灯台树（*Bothrocaryum controversum*）、青榨槭（*A. davidii*）、西康花楸（*Sorbus prattii*）、四川花楸（*Sorbus setschwanensis*）、头状四照花（*Cornus capitata*）等乔木类树种，以及西南红山茶（*Camellia pitardi*）、紫牡丹（*Paeonia delavayi*）、粉花绣线菊（*Spiraea *japonica*）、厚皮香（*Ternstroemia gymnanthera*）、清香木（*Pistacia weinmannifolia*）、青荚叶（*Helwing iajaponica*）、山梅花（*Philadelphus* spp.）、华紫珠（*Callicarpa cathayana*）、毛蕊红山茶（*C. mairei*）、油茶（*C. oleifera*）、梁王茶（*Nothopanax delavayi*）、粉叶羊蹄甲（*Bauhinia glauca*）等乔灌类植物，还包括多种绣球属（*Hydrangea* spp.）、杜鹃属（*Rhododendron* spp.）、蔷薇属（*Rosa* spp.）及多种竹类（桂竹、紫竹、筇竹、慈竹）。草本的花卉种类包括淡黄花百合（*Lilium sulphureum*）、蜜蜂花（*Melissa axillaris*）、宽叶沿阶草（*Ophiopogon platyphyllus*）、金锦香（*Osbeckia chinensis*）、铜锤玉带草（*Pratia nummularia*）、滇川翠雀花（*Delphinium delavayi*）、黄细心（*Boerhavia diffusa*）、草玉梅（*Anemone rivularis*）、野棉花（*A. vitifolia*）、朱砂根（*Ardisia crenata*）、黄花白及（*Bletilla ochracea*）、虾脊兰（*Calanthe discolor*）及多种凤仙花属（*Impatiens* spp.）植物。藤本类观赏植物包括无柄蔓龙胆（*Crawfurdia sessiliflora*）、常春藤（*Hedera nepalensis* var. *sinensis*）等。这些植物有的具有大而美丽的花朵，如珙桐、武当木兰；有的树形优美，如灯台树；有的花香怡人，如蔷薇属花卉；有的形态独特，如青荚叶（花和果实生在叶面）；有的叶四季常青，如清香木、厚皮香。保护区内观赏植物种类丰富，是优良的乡土观赏植物资源。

3. 药用植物资源

药用植物资源常见种类包括红豆杉（*Taxus chinensis*）、厚朴（*Magnolia officinalis*）、华五味子（*Schisandra sphenanthera*）、竹节参（*Panax japonicus*）、羊齿天门冬（*Asparagus filicinus*）、西域旌节花（*Stachyurus himalaicus*）、黄连（*Coptis chinensis*）、长柱十大功劳（*Mahonia duclouxiana*）、蕺菜（*Houttuynia cordata*）、绞股蓝（*Gynostemma pentaphyllum*）、五加（*Acanthopanax leucorrhizus*）、朱砂根（*Ardisia crenata*）、翼齿六棱菊（*Laggera pterodonta*）、獐牙菜（*Swertia bimaculata*）、大籽獐牙菜（*S. macrosperma*）、车前（*Plantago asiatica*）、大花金钱豹（*Campanumoea javanica*）、小花党参（*Codonopsis micrantha*）、铜锤玉带草（*Pratia nummularia*）、牛至（*Origanum vulgare*）、夏枯草（*Prunella vulgaris*）、滇重楼（*Paris polyphylla* var. *yunnanensis*）、扁竹兰（*Iris confuse*）、黄花白及（*Bletilla ochracea*）、天麻（*Gastrodia elata*）和过路黄属（*Lysimachia*）部分植物。蕨类植物常见用于药用的包括石松（*Lycopodium japonicum*）、细叶卷柏（*Selaginella labordei*）、玉柏石松（*L. obscurum*）、石韦（*Pyrrosia lingua*）、大瓦韦（*Lepisorus macrosphaerus*）、尖羽贯众（*Cyrtomium hookerianum*）、大叶贯众（*C. macrophyllum*）等种类。当地药农经常采集的种类包括竹节参、天门冬、天麻等种类。在许多地方，野生药用植物资源都呈逐年减少的趋势。

4. 食用植物资源

保护区内野生水果植物资源种类有中华猕猴桃（*Actinidia chinensis*）、猕猴桃（*A. polygama*）、八月瓜（*Holboellia latifolia*）、猫儿屎（*Decaisnea insignis*）等，野生蔬菜资源种类有楤木（*Aralia chinensis*）、蕺菜（*Houttuynia cordata*）、葛根（*Pueraria lobata*）、鼠麹草（*Gnaphalium hypoleucum*）等。油料植物资源有天师栗（*Aesculus wilsonii*）、野桐（*Mallotus japonicus* var. *floccosus*）、油茶（*Camellia oleifera*）、乌桕（*Sapium sebiferum*）等。

第六节　保护建议

1. 保护区内保护植物种类多样

通过对保护区实地考察，共发现了在保护区内有国家珍稀濒危保护植物5种，包括珙桐、红豆杉、水青树、红椿和中华猕猴桃在保护区内的分布。珙桐、水青树等种类在保护区内分布数量较多，红椿在保护区外有一定数量分布，保护区内数量较少。调查过程中发现的珙桐、水青树几乎都为大树，林下不见幼苗生长。红豆杉仅见保护区外少量分布，保护区内调查过程中未见到植株，但在访谈过程中，溪洛渡街道富庆村向阳三组村民在当地森林中曾有发现。

2. 加强宣传工作，提高保护意识

在各类保护植物的分布地点，应通过当地林业部门的宣传，加强当地林业工作人员及保护区的居民对相关保护植物的认知。定期宣传植物保护意识，不得随意砍伐、破坏保护植物。即使这类保护植物在当地数量相对较多，但其在世界上的分布区相当狭窄，如不加强保护，部分物种如珙桐，水青树等，当前林下更新情况较差，存在着区域灭绝的风险。对于部分保护植物如红豆杉，在当地林业部门长期宣传下，村民有了一定的保护意识。但是对于一些村民认知度不高的物种，如珙桐（当地称水梨子）、水青树、红椿等，村民不认识，而这些植物都是较好的用材树种，存在被村民不经意间砍伐、破坏的可能，需要林业相关人员加强相关保护知识的宣传、科普。因此，积极做好宣传教育工作，普及部分保护植物知识，有助于更好开展保护区内珍稀濒危植物的保护工作。

3. 就地保护

就地保护又称原生地保护，就是种质资源在原生态环境中不迁移而采取措施就地加以保护。将整个生长区域保护起来，禁止进一步破坏生境、砍伐成年母树及采挖幼苗的行为，尽可能地保持其原有的生境，恢复其连续分布状态。同时，加强抚育管理，对于已破坏的生境应恢复或重建，并通过人工促进天然更新，扩大现有居群，提高遗传多样性，增强种群的整体繁殖能力。这样不仅能保护现存的个体，还能保护其赖以生存繁衍的生态环境。保护区内的珙桐、水青树、红椿、中华猕猴桃及保护区外分布的红豆杉都建议优先考虑就地保护。特别是珙桐、水青树对于生境要求严格，就地保护能节约保护成本，更合理有效开展保护工作。

4. 异地保护

在条件允许的条件下，对一些保护区外、村社附近保护困难的植株，以及出现原生地被开发利用、就地保护不可能开展时方才考虑进行异地保护。在实际工作中，一些已长成大树的植株，当移栽大树在实际工作中已极难开展或保证存活的情况下，建议适量采集已发现植株的种子，在保护区内相似生境地点进行适量繁殖，对相关植物种质资源进行保护。保护区内分布的红椿在当地已广为种植，可以考虑适量采集一些野生的大树种子进行异地保护。

附录4-1 永善五莲峰市级自然保护区维管植物名录

本名录主要根据保护区采集的植物标本及《云南植物志》等文献资料和中国数字植物标本馆数据库资料编制而成。每个物种的附记中包含“YS”“ELK”“XLD”等和其后数字一起表示的是标本采集。没有采集号的种类，部分是根据标本馆馆藏标本资料，以及野外调查时记录到、但未采标本的，少数是根据以往文献如《云南植物志》等资料记载的，或是当地林业工作人员介绍的。在种子植物部分，每个科的后面括号内附记其科内所包含属数及物种数，及科的分布型。在每个物种名称后，当该物种为属内第一个出现物种时，物种附记中，由“[”和“]”及其内的数字组成，表示该属植物的属的分布区类型。目前，鉴定和记录到保护区的野生维管植物138科435属814种。本名录中蕨类植物按秦仁昌系统排列；裸子植物按郑万钧系统排列；被子植物按哈钦松系统排列。

蕨类植物门 PTERIDOPHYTA（15科27属43种）

F01 石杉科 Huperziaceae（1属2种）

皱边石杉 *Huperzia crispata*（Ching et H. S. Kung）Ching

滇东北队，442，（PE），永善县河坝场附近山梁。产于绥江、永善、彝良；生于海拔1900～2000m的山脊阔叶林及箭竹林下。四川、重庆、贵州、湖南西部、湖北西部及江西也有。

蛇足石杉 *Huperzia serrata*（Thunb. ex Murray）Trev.

朱维明，（PYU），永善县。产于水富、绥江、永善、大关、昆明、峨山、元江、富宁、广南、砚山、文山、西畴、麻栗坡、屏边、金平、景东、孟连、镇康、腾冲、泸水、福贡、贡山等县山区；生于海拔1000～2600m的山地常绿阔叶林及苔藓林下。西藏东南部、四川、重庆、贵州、广西、海南、广东、福建、台湾、浙江、江西、安徽、江苏、湖南、湖北、河南、陕西、辽宁、吉林、黑龙江也有。也分布于俄罗斯远东地区、朝鲜、日本、印度、尼泊尔、不丹、缅甸、泰国、越南、斯里兰卡、印度尼西亚、马来西亚、菲律宾、澳大利亚北部（昆士兰）、斐济、萨摩亚及夏威夷诸群岛。

F02 石松科 Lycopodiaceae（1属2种）

石松 *Lycopodium japonicum* Thunb. ex Murray

YS.HZB39；永善县蒿枝坝水库。全省大部分中低海拔山地酸性土地带广布；生于海拔

1200～3000m的疏林下及林缘或灌丛草坡。除东北三省，内蒙古、青海、山西、山东、香港等地，其余各省区均有分布。也分布于日本、菲律宾、印度尼西亚、马来西亚、中南半岛、不丹、尼泊尔及印度。

玉柏石松 *Lycopodium obscurum* Linn.

滇东北组，607，（KUN），永善县马楠乡。产于昭通市各县；生于海拔1400～3100m的竹林、灌木林及阔叶疏林下。西藏东南部（波密）、四川、重庆、贵州、湖南、湖北、江西、安徽、浙江、台湾等省区也有。也分布于日本。

F03 卷柏科 Selaginellaceae （1属1种）

细叶卷柏 *Selaginella labordei* Hieron. ex Christ

朱维明，5068，（PE），永善县蒿枝坝。产于绥江、永善、大关、巧家；生于海拔800～2850m的常绿阔叶林林缘、灌木林中、溪沟边、阴湿处、岩石上及路旁土壁上。四川、重庆、贵州、广西、香港、福建、台湾、浙江、安徽、江西、湖南、湖北、河南、陕西、甘肃也有。中国特有种。

F18 膜蕨科 Hymenophyllaceae （1属1种）

蕗蕨 *Mecodium badium* （Hook. et Grev.） Cop.

滇东北队，438，（PE），永善县河坝场附近山梁。产于绥江、大关、麻栗坡、屏边、金平、禄劝、武定、昆明、新平、永德、镇康、漾濞、贡山；生于海拔1400～2400m的常绿阔叶林中潮湿岩石壁上或树干上。四川、贵州、广西、海南、广东、福建、江西也有。也分布于越南、印度北部、马来西亚、西伯利亚及日本等地。

F22 碗蕨科 Dennstaedtiaceae （1属2种）

细毛碗蕨 *Dennstaedtia hirsuta* （Sw.） Mett. ex Miq.

滇东北队，444，（PE），永善县河坝场附近山梁。产于绥江及永善；生于海拔1400～1900m的灌丛阴处及岩隙。我国西南、华南、华中、华东及东北部也有。也分布于俄罗斯远东地区、朝鲜及日本。

碗蕨 *Dennstaedtia scabra* （Wall.） Moore

滇东北队，462，（PE），永善县河坝场下常山山梁。产于绥江、大关、宣威、广南、西畴、马关、金平、元阳、弥勒、景东、西盟、新平、易门、昆明、楚雄、大姚、双柏、澜沧、永德、沧源、腾冲、盈江、泸水、福贡、贡山等全省大部分地区；生于海拔850～2500m的林下、林缘、溪边或路边土坎上。四川、贵州、西藏、湖南、广西、江西、浙江及台湾也有。也分布于缅甸、越南、老挝、泰国、印度、尼泊尔、菲律宾及日本。

F26 蕨科 Pteridiaceae（2属2种）

蕨 *Pteridium aquilinum* var. latiusculum（Desv.）Underw. ex Heller

YS.SHC14，YS.XYC01，YS.MLX02；永善县团结乡花石村、双河村，溪洛渡街道富庆村向阳三组，马兰乡到云荞水库途中草地。产于全省各地；生于海拔500～2200m的林缘空地上或荒坡上。也分布于全国各地和全世界各地。

指叶凤尾蕨 *Pteris dactyina* Hook.

XYF–218；永善县朱家坪。产于中部至西北部亚高山地区；生于森林及灌丛中岩隙，多见于海拔2700～3200m的石灰岩地带。西藏、四川、贵州、台湾也有。也分布于尼泊尔和印度北部。

F31 铁线蕨科 Adiantaceae（1属1种）

月芽铁线蕨 *Adiantum edentulum* Christ f.

XYF–223；永善县朱家坪。产于大关、永善、巧家、会泽、禄劝、宾川、大理、漾濞、鹤庆、丽江等地；生于海拔1500～3600m的林下、林缘溪沟边、石灰岩隙及路边石缝中。西藏、四川、贵州、湖南、湖北、陕西也有。

F33 裸子蕨科 Hemionitidaceae（1属1种）

普通凤丫蕨 *Coniogramme intermedia* Hieron.

XYF–227；永善县朱家坪。产于云南的大部分地区；生于海拔1500~2500的常绿阔叶林林下或林缘。西藏、四川、贵州、甘肃、陕西、河南、河北、吉林、湖北、浙江、台湾也有。也分布于朝鲜、日本和俄罗斯远东地区。

F36 蹄盖蕨科 Athyriaceae（5属8种）

亮毛蕨 *Acystopteris japonica*（Luerss.）Nakai

朱维明，4828，（PE），永善县。产于绥江、大关、镇雄、彝良、巧家、禄劝、昆明；生于海拔850～2600m的山谷常绿阔叶林下溪沟边、阴湿处。四川、重庆、贵州、广西、湖南、湖北、江西、浙江、福建、台湾也有。也分布于日本。

鳞柄短肠蕨 *Allantodia squamigera*（Mett.）Ching

Anonymous，昭–163，（PE），昭通市永善县马芝。产于绥江、永善、大关、巧家、禄劝、漾濞、丽江、维西、德钦、泸水、贡山；生于海拔800～3000m的山地阔叶林下。西藏、四川、重庆、贵州、广西、福建、台湾、浙江、江苏、安徽、江西、湖北、河南、陕西、甘肃、山西也有。也分布于日本（北海道、本州、四国、九州）、朝鲜、印度西北部（旁遮普）、克什米尔地区。

长江蹄盖蕨 *Athyrium iseanum* Rosenst.

滇东北队，447，（PE），　永善县河坝场大场尖。产于绥江、镇雄、永善、大关、巧家；生于海拔1200～2600m的常绿阔叶林、竹林下及林缘溪沟边。西藏东南部及南部、四川、重庆、贵州、广西、广东、湖南、湖北、江西、安徽、江苏、浙江、福建、台湾也有。也分布于日本、韩国。

贵州蹄盖蕨 *Athyrium pubicostatum* Ching et Z. Y. Liu

滇东北队，420，（PE），永善县河坝场大懒包山坡。产于绥江、永善、大关、镇雄、巧家、禄劝、双柏；生于海拔1800～2600m的常绿阔叶林下溪沟边。四川、重庆、贵州、湖北西北部和西部、广西北部也有。

中华蹄盖蕨 *Athyrium sinense* Rupr.

YS.HZB05，YS.YQ10；永善县蒿枝坝水库，云荞水库途中草地。产于禄劝、嵩明、昆明、双柏、勐海；生于海拔1200～2550m的疏荫潮湿溪沟边、浅沼泽地。西藏东南部（察隅）、四川、重庆、贵州、广西、江西、福建北部、浙江也有。

尖头蹄盖蕨 *Athyrium vidalii*（Franch. et Sav.）Nakai

蔡希陶，51081，（PE），永善县。产于文山、麻栗坡、马关、元阳、昆明、玉溪、新平、元江、双柏、武定、永仁、大姚、大理、洱源、漾濞、景东、镇沅、西盟、盈江；生于海拔1400～2700m的山地常绿阔叶林溪沟边、阴湿处、岩隙及土壁上。西藏南部（聂拉木）、四川西部（大相岭）、贵州（梵净山、雷公山）、广西（大明山）、广东（罗浮山）、湖南（武陵山）、江西（九连山）、台湾（阿里山、新竹）也有。也分布于越南、泰国、缅甸、不丹、尼泊尔、印度、斯里兰卡、马来西亚、印度尼西亚、菲律宾。模式标本采自云南（元阳县曼迷）。

阔基角蕨 *Cornopteris latibasis* W. M. Chu

朱维明，4841，（PE），永善县。产于绥江、永善、大关；生于海拔1200～1900m的常绿阔叶林下溪边。四川南部也有。模式标本采自云南东北部（永善三交口）。

峨眉介蕨 *Dryoathyrium unifurcatum*（Bak.）Ching

朱维明，4812，（PE），永善县。产于绥江、永善、镇雄、大关、彝良、禄劝、富民、西畴、麻栗坡、弥勒、漾濞、大理、宾川、大姚、维西、香格里拉、德钦、福贡、贡山；生于海拔1100～2500m的山地阔叶林及灌木林下溪沟边。四川、重庆、贵州、湖南、湖北西部、陕西南部、浙江、台湾也有。也分布于日本及越南北部。

F38 金星蕨科 Thelypteridaceae（2属2种）

灰白方秆蕨 *Glaphyropteridopsis pallida* Ching et W. M. Chu ex Y. X. Lin

朱维明，5067，（PE），永善县三交口嵩枝坝。产于沾益、昆明、元阳、双柏、武定、永仁、漾濞、宾川、丽江、香格里拉、泸水、福贡、贡山；生于海拔1500～2500m的常绿阔叶林下水沟边。西藏、四川、贵州、广西、台湾也有。也分布于越南北部、日本、马来西亚、菲律宾、缅甸北部、印度北部、尼泊尔、不丹等。

金星蕨 *Parathelypteris glanduligera*（Kunze）Ching

YS.SHC42；永善县团结乡花石村、双河村。产于威信、绥江、大关、罗平、广南、西畴、元阳、沧源、盈江；生于海拔1000～2000m的杂木林下。华中、华东、华南及海南、台湾也有。也分布于越南、缅甸、印度、日本和韩国。

F41 球子蕨科 Onocleaceae（1属1种）

荚果蕨 *Matteuccia struthiopteris*（L.）Todaro

YS.XLD30；永善县溪洛渡街道富庆村向阳三组。产于德钦、维西、兰坪、泸水、贡山；生于海拔1450～3200m的疏林下、林缘溪边或潮湿处。西藏、四川、陕西、河南、河北、山西、甘肃、新疆、内蒙古、辽宁、吉林及黑龙江也有。也分布于日本、朝鲜、俄罗斯、欧洲、北美洲。

F44 柄盖蕨科 Peranemaceae（1属1种）

东亚柄盖蕨 *Peranema cyatheoides* var. *luzonicum*（Cop.）Ching et S. H. Wu

滇东北队，443，（PE），永善县河坝场附近山梁。产于大关、新平、景东、永德、漾濞；生于海拔1500～3000m的湿性常绿阔叶林及苔藓林下。四川、重庆、贵州、广西、湖北、湖南、台湾也有。也分布于菲律宾（吕宋岛）。

F45 鳞毛蕨科 Dryopteridaceae（4属9种）

日本复叶耳蕨 *Arachniodes nipponica*（Rosenst.）Ohwi

滇东北队，435，（PE），永善县河坝场旁山梁。产于永善、泸水、贡山、昆明、富民、安宁、禄劝、双柏、大姚、永仁等；生于海拔2000～2800m的常绿阔叶林林下。分布于贵州、四川、湖南、江西和浙江。日本亦有。

尖羽贯众 *Cyrtomium hookerianum*（Presl）C. Chr.

XYF-230；　永善县朱家坪。产于大关、绥江、沾益、广南、砚山、西畴、麻栗坡、马关、金平、元阳、绿春、新平、景东、耿马和永德等；生于海拔1200～2200m的常绿阔叶林林下。分布于西藏、四川、广西、贵州、湖南、台湾。越南北部、印度北部、不丹、尼泊尔和日本亦有。

大叶贯众 *Cyrtomium macrophyllum*（Makino）Tagawa

XYF-233，ELK-265；永善县朱家坪、栏镇二龙口云桥水库。产于巧家、维西、泸水、贡山、嵩明、思茅；生于海拔1800～2500m的常绿阔叶林林下。分布于西藏、四川、贵州、湖南、湖北、江西、台湾、陕西、甘肃。印度、尼泊尔、不丹、巴基斯坦和日本亦有。

粗茎鳞毛蕨 *Dryopteris crassirhizoma* Nakai

YS.SHC47，YS.HZB17；永善县团结乡花石村、双河村，蒿枝坝水库。产于大关、绥江、广南；生于林下，海拔900～1700m。分布于山东、江苏、浙江、江西、福建、河南、湖南、湖北、广东、香港、广西、四川、贵州、西藏。日本、朝鲜亦有。

三角鳞毛蕨 *Dryopteris subtriangularis*（Hope）C. Chr.

朱维明，4968，（PE），永善县。产于砚山、广南、西畴、马关、河口、金平；生于海拔170～1700m的常绿阔叶林林下。分布于四川、贵州、西藏、广西、海南、台湾。越南、泰国、菲律宾、缅甸和印度亦有。

芒齿耳蕨 *Polystichum hecatopterum* Diels

朱维明，4814，（PE），永善县。产于大关；生于海拔1700～2000m的石灰岩地区常绿阔叶林林下。分布于四川、贵州、广西、湖南、湖北、江西、浙江和台湾。

黑鳞耳蕨 *Polystichum makinoi*（Tagawa）Tagawa

朱维明，4817，（PE），永善县。产于大关、昭通、文山、广南；生于海拔1500～2500m的湿性常绿阔叶林林下。分布于西藏、四川、贵州、广西、湖南、湖北、江苏、浙江、福建、安徽、河南、河北、甘肃、陕西。尼泊尔、不丹和日本亦有。

革叶耳蕨 *Polystichum neolobatum* Nakai

朱维明，4974，（PE），永善县。产于洱源、贡山、马关；生于海拔1600～2200m的常绿阔叶林林下。分布于四川、贵州、广东、湖南、江西和台湾。

狭叶芽胞耳蕨 *Polystichum stenophyllum* Christ

朱维明，4902，（PE），永善县，望仙台。产于泸水、贡山、大理、漾濞、鹤庆、丽江（鲁甸）、维西（塔城萨玛阁）、德钦、大姚；生于海拔2600～3200m的中山湿性常绿阔叶林或针阔混交林林下。分布于西藏、四川、湖北、台湾、河南、甘肃。印度北部、缅甸北部、不丹、尼泊尔亦有。

F46 三叉蕨科 Aspidiaceae（1属1种）

泡鳞轴鳞蕨 *Dryopsis mariformis*（Rosenst.）Holttum et P. J. Edwards

朱维明，4901，（PE），永善县，望仙台。产于大关、巧家、彝良、永善、绥江、镇雄、威信、漾濞、丽江、金平、广南、东川、新平、景东等地；生于海拔1600 ~ 2700m的山地次生林林下。分布于贵州、四川、湖南、福建、江西和浙江。

F56 水龙骨科 Polypodiaceae（4属9种）

二色瓦韦 *Lepisorus bicolor* Ching

滇东北队，456，（PE），永善县，河坝场。产于昭通、丽江、迪庆、怒江、大理、昆明、楚雄、玉溪、文山、红河等地；生于海拔1000 ~ 3000m的常绿阔叶林或杂木林下岩石上或树干上。分布于贵州、四川和西藏。尼泊尔、印度北部亦产。

扭瓦韦 *Lepisorus contortus*（Christ）Ching

朱维明，4832，（PE），永善县。产于镇雄、丽江、香格里拉、泸水、大理、漾濞、永平、鹤庆、昆明、武定、禄劝、峨山、新平、大姚等地；生于海拔1600 ~ 3800m的常绿阔叶林或暗针叶林下树干上或岩石上。分布于贵州、四川、西藏、广西、湖南、湖北、江西、河南、陕西、甘肃和福建。印度亦有。

大瓦韦 *Lepisorus macrosphaerus*（Baker）Ching

XYF-193；永善县顺河椿尖坪。产于昭通、丽江、迪庆、怒江、大理、昆明、楚雄、玉溪、文山、红河、普洱、西双版纳等地；生于海拔600 ~ 3000m的常绿阔叶林或杂木林下岩石上或树干上。分布于贵州、四川、西藏和甘肃。尼泊尔、印度东北部亦有。模式标本采自蒙自。

宝华山瓦韦 *Lepisorus paohuashanensis* Ching

朱维明，4849，（PE），永善县。产于马关、屏边、元阳、绿春等地；生于海拔400 ~ 3800m的常绿阔叶林或针叶林下树干或岩石上。分布于贵州、四川、西藏、湖南、湖北、江西、浙江、安徽、江苏、福建、台湾、河北、山西和甘肃。朝鲜、日本、菲律宾亦有。

拟鳞瓦韦 *Lepisorus suboligolepidus* Ching

Anonymous，（PYU），永善县。产于漾濞、昆明、大姚、双柏、峨山、墨江、鹤庆、西畴、文山、蒙自、弥勒、屏边等地；生于海拔700 ~ 2000m的常绿阔叶林或杂木林下树干上或岩石上。分布于贵州、四川、西藏、湖北和台湾。模式标本采自弥勒。

攀援星蕨 *Microsorum buergerianum*（Miq.）Ching

滇东北队，423，（PE）， 永善县河坝场大懒包山头。产于金平、元阳、绿春、绥江等地；生于海拔1000～1500m的常绿阔叶林树干上。分布于贵州、四川、湖南、江西和浙江。

宽底假瘤蕨 *Phymatopteris majoensis*（C. Chr.）Pic. Serm.

朱维明，4898，（PE），永善县望仙台下。产于泸水、福贡、贡山、漾濞、新平、峨山、元江、广南、麻栗坡、西畴、马关、文山、弥勒、屏边、金平、元阳、绿春、腾冲等地；生于海拔500～2000m的常绿阔叶林下或生岩石上。分布于贵州、四川、西藏、广西、广东和海南。越南、老挝、缅甸、泰国、印度、不丹、尼泊尔亦有。

石韦 *Pyrrosia lingua*（Thunb.）Farwell

XYF-192；永善县顺河椿尖坪。产于滇东北地区，怒江、大理、文山、红河、普洱、西双版纳等地；生于海拔1000～2000m的常绿阔叶林下岩石上或树干上。分布于长江以南各省区。越南、印度、朝鲜和日本亦有。药用，能清湿热。

庐山石韦 *Pyrrosia sheareri*（Baker）Ching

XYF-208，YS.CJP04；永善县顺河椿尖坪。产于广南、麻栗坡、西畴、砚山、马关、文山等地；生于海拔1100～2400m的常绿阔叶林下岩石上。分布于贵州、四川、西藏、广西、广东、湖南、湖北、浙江、安徽、江西、福建和台湾。越南亦有。

种子植物门PERMATOPHYTA（123科408属771种）

裸子植物GYMNOSPERMAE（3科4属）

G4 松科 Pinaceae（1属1种，[8]）

日本落叶松 *Larix kaempferi*（Lamb.）Carr [8]，**（该属1种）**

木本；YS.YQ28，永善县云荞水库途中草地。

G5 杉科 Taxodiaceae（2属2种，[8-4]）

柳杉 *Cryptomeria fortunei* Hooibrenk ex Otto et Dietr [14（SJ）]，**（该属1种）**

木本；YS.HZB07，永善县蒿枝坝水库。产于丽江、邓川、武定、昆明、文山、屏边等地，垂直分布在云南中部海拔1600～2400m。为我国特有树种，在浙江天目山、福建南平三千八百坎及江西庐山等地，海拔1100m以下地带有数百年的大树。现江苏、浙江及安徽南部、河南、湖北、湖南、四川、贵州、广东、广西等地都有栽培。

杉木 *Cunninghamia lanceolata*（Lamb.）Hook [15]，**（该属1种）**

木本；全县分布。产于红河、蒙自、金平、屏边、河口、文山、西畴、马关、广南、富宁、腾冲、景东、昆明、禄劝、大理、华坪、会泽、昭通、威信、镇雄等地；在滇东南多分布海拔1000m

以下，滇中及以北地区多分布海拔1600～2300m地带，最高可达2900m。

G9 红豆杉科 Taxaceae（1属1种，[8–4]）

红豆杉 *Taxus chinensis*（Pilger）Rehd. [8]，（该属1种）

木本；永善县名木古树调查队，永善县团结乡等地。产于德钦、贡山、香格里拉、维西、宁蒗、丽江、鹤庆、云龙、景东、镇康等地；生于海拔2000～3500m地带，在沟边杂木林中生长普遍；亦分布于四川西南部与西藏东部。不丹及缅甸北部亦有。

被子植物ANGIOSPERMAE（120科404属767种）

1 木兰科 Magnoliaceae（1属2种，[9]）

厚朴 *Magnolia officinalis* Rehd. et Wils. [9]，（该属2种）

木本；XYF–226，永善县朱家坪。产于昭通、鲁甸、镇雄、彝良，宣威有栽培。分布于陕西、甘肃、河南、湖北、湖南、四川、贵州。

武当玉兰 *Magnolia sprengeri* Pamp.

木本；全县分布。产于丽江；生于林中。分布于贵州、湖北、四川、河南、陕西、甘肃。

3 五味子科 Schisandraceae（1属2种，[9]）

毛叶五味子 *Schisandra pubescens* var. *pubinervis*（Rehd. et Wils.）A. C. Smith [9]，（该属2种）

藤本；蔡希陶51178，（KUN），永善县。

华中五味子 *Schisandra sphenanthera* Rehd. et Wils.

藤本；全县分布。生于海拔1000m以下的山坡、林中。分布于江苏、安徽、浙江、江西、福建、湖北、湖南、广东、广西、四川。

3A 水青树科 Tetracentraceae（1属1种，[14SH]）

水青树 *Tetracentron sinense* Oliv. [14（SH）]，（该属1种）

木本；孙必兴等452，（PE），永善县。XYF–196，YS.TJ02，YS.HZB02，永善县马楠乡，顺河椿尖坪；团结乡纸厂方向；蒿枝坝水库。产于滇西北、滇东北，龙陵、凤庆、景东、文山、金平等地；生于海拔1700～3500m的沟谷林及溪边杂木林中。甘肃、陕西、湖北、湖南、四川、贵州等省亦有。尼泊尔、缅甸、越南亦有。

6 领春木科 Eupteleaceae（1属1种，[14]）

领春木 *Euptelea pleiospermum* Hook. f. et Thoms. **[14]，（该属1种）**

木本；YS.SHC13，YS.TJ03，永善县团结乡花石村、双河村。产于云南全省（除滇中及西双版纳外）；生于海拔1500～3500m的山谷、山坡溪边阔叶林中。甘肃、陕西、山西、浙江、湖北、四川、贵州、西藏亦有。印度有分布。

11 樟科 Lauraceae（8属20种，[2]）

峨眉黄肉楠 *Actinodaphne omeiensis*（Liou）Allen **[7]，（该属1种）**

木本；全县分布。

天竺桂 *Cinnamomum japonicum* Sieb. **[5]，（该属1种）**

木本；全县分布。

绿叶甘橿 *Lindera fruticosa* Hemsl. **[7]，（该属3种）**

木本；全县分布。产于滇西部（贡山、凤庆、腾冲、龙陵）；生于海拔1400～3000m的草坡或混交林中。河南、陕西、安徽、浙江、江西、湖北、湖南、贵州、四川及西藏东南部也有。

峨眉钓樟 *Lindera prattii* Gamble

木本；XYF-197，永善县顺河椿尖坪。产于滇东北部（大关）；生于海拔1700m的次生杂木林中。四川、贵州、湖南、广东及广西等省区也有。

川钓樟 *Lindera pulcherrima* var. *hemsleyana*（Diels）H. P. Tsui

木本；ELK-254，永善县马楠乡二龙口云桥水库。产于滇东北部及东南部；生于海拔1400～1900m山坡的杂木林中。西藏、四川、贵州、湖北、湖南、广东、广西也有。印度、不丹、尼泊尔有分布。

山鸡椒 *Litsea cubeba*（Lour.）Pers. **[7]，（该属8种）**

木本；YS.XLD20，YS.TJ10，YS.HZB41，永善县溪洛渡街道。云南省除高海拔地区外，大部分地区均有分布，以南部地区为常见；生于海拔100～2900m的向阳丘陵和山地的灌丛或疏林中，对土壤和气候的适应性较强，但在土壤pH5～6的地区生长较为旺盛。我国长江以南各省区西南直至西藏均有分布。东南亚及南亚各国也产。

黄丹木姜子 *Litsea elongata*（Wall. ex Nees）Benth. et Hook. f.

木本；孙必兴等427，（PE），永善县，ELK-262，永善县马楠乡二龙口云桥水库。产于滇东南部（富宁、西畴、麻栗坡、砚山、金平、屏边）、西部（泸水）；生于常绿林中，海拔1200～2000m。长江以南各省区及西藏也有。印度、尼泊尔有分布。

剑叶木姜子 *Litsea lancifolia*（Roxb. ex Nees）Benth. et Hook. f.

木本；滇东北队417，（PE），永善县河坝场大懒包。产于滇南；生于海拔1000m以下的山谷溪旁或混交林中。广东、海南及广西西南部也有。印度、不丹、越南至菲律宾及印度尼西亚的加里曼丹也有。

毛叶木姜子 *Litsea mollis* Hemsl.

木本；全县分布。产于东南部及东北部；生于海拔1000～2800m的山坡灌丛中或林缘处。四川、贵州、湖南、湖北、广西、广东也有。

杨叶木姜子 *Litsea populifolia*（Hemsl.）Gamble

木本；XYF-205，ELK-246，永善县顺河椿尖坪，马楠乡二龙口云桥水库。产于滇东北部（镇雄、彝良、大关、盐津等地）；生于海拔1400～2000m的阳坡灌丛或疏林中。四川、西藏东部也有。

木姜子 *Litsea pungens* Hemsl.

木本；YS.SHC23，永善县团结乡花石、村双河村。产于滇西北部及禄劝等地；生于海拔1900～2500m的向阳坡地或杂木林中。四川、贵州、西藏、陕西、甘肃、山西、湖南、湖北、广西及广东北部也有。

红叶木姜子 *Litsea rubescens* Lec.

木本；蔡希陶51202，（KUN），永善县。云南省除高海拔地区外，均有分布；常生于海拔1300～3100m的山地阔叶林中空隙处或林缘。四川、贵州、西藏、陕西南部、湖北、湖南也有。越南有分布。

钝叶木姜子 *Litsea veitchiana* Gamble

木本；滇东北队417，（KUN），永善县。产滇东北部（镇雄、大关、永善）；常生于海拔1600～2000m的山地杂木林中。贵州、四川、湖北也有。

长梗润楠 *Machilus longipedicellata* Lec. **[7]，（该属2种）**

木本；全县分布。产于滇中至滇西北；生于海拔2100～2800m的沟谷杂木林中。四川西南部也有。

滇润楠 *Machilus yunnanensis* Lec.

木本；林场考察组，（SWFC），永善县。产于滇中、滇西至滇西北；生于海拔1650～2000m的山地的常绿阔叶林中。四川西南部也有。

新木姜子 *Neolitsea aurata*（Hayata）Koidz. **[7]，（该属2种）**

木本；滇东北队427，（KUN），永善县。产于滇东北；生于海拔1450～2000m的山坡常绿阔叶林中。台湾、福建、江苏、江西、湖南、湖北、广东、广西、四川、贵州也有。日本有分布。

鸭公树 *Neolitsea chui Mer*

木本；林场考察组，（SWFC），永善县莲花峰。产于滇东南（富宁麻栗山）；生于海拔1000～1400m的山坡常绿阔叶林或油茶、香油果混交林中。福建、江西、湖南、广东及广西也有。

赛楠 *Nothaphoebe cavaleriei*（Lévl.）Yang **[3]，（该属1种）**

木本；全县分布。产于滇东北；常生于海拔900～1700m的常绿阔叶林及疏林中。分布于四川及贵州。

长毛楠 *Phoebe forrestii* W. W. Smith. **[3]，（该属2种）**

木本；XYF–207，永善县顺河椿尖坪。产于滇中、滇中南及滇西；生于海拔1700～2500m的山坡或山谷杂木林中。西藏东南部也有。

楠木 *Phoebe zhennan* S. Lee

木本；全县分布。

15 毛茛科 Ranunculaceae（11属22种，[1]）

拟鞘状乌头 *Aconitum jucundum* Diels **[8]，（该属1种）**

草本；蔡希陶51080，（PE），永善县。

类叶升麻 *Actaea asiatica* Hara **[8]，（该属1种）**

草本；蔡希陶51067，（PE），永善县。产于滇西、滇西北和滇东北（鹤庆、丽江、香格里拉、维西、贡山、德钦、彝良、大关、绥江）；生于海拔1800～3000m的林下或河边。分布于西藏、四川、青海、甘肃、陕西、湖北、山西、河北、内蒙古、辽宁、吉林、黑龙江。朝鲜、日本也有。

打破碗花花 *Anemone hupehensis* Lemoine **[1]，（该属3种）**

草本；YS.SHC16，永善县团结乡花石村、双河村。产于西畴；生于海拔1500m的石山、山坡、田边。分布于四川、陕西南部、湖北西部、贵州、广西北部、广东北部、江西、浙江。

草玉梅 *Anemone rivularis* Buch.-Ham.

草本；蔡希陶51029，（PE），永善县。产于永善、昆明、姚安、大姚、大理、漾濞、丽江、香格里拉、德钦、贡山、维西、福贡、泸水、广南、峨山、景东、凤庆、镇康；生于海拔1800～3100m的草坡、沟边或疏林中。分布于西藏南部、青海东南部、甘肃西南部、四川、湖北西南部、贵州、广西西部。不丹、尼泊尔、印度、斯里兰卡也有。

野棉花 *Anemone vitifolia* Buch.-Ham.

草本；YS.CJP06，永善县顺河椿尖坪。产于昆明、楚雄、大理、德钦、贡山、泸水、宜良、西畴、文山、屏边；生于海拔1200～2400m的山地草坡上、沟边或疏林中。分布于四川西南部、西藏南部。缅甸北部、不丹、尼泊尔、印度北部也有。

驴蹄草 *Caltha palustris* [8–4]，（该属1种）

草本；蔡希陶，（SCUM），永善县。产于滇西和滇西北（大理、漾濞、洱源、鹤庆、丽江、香格里拉、泸水、维西、贡山、德钦）；生于海拔3100～3700m的水边、草地及林下。分布于西藏东部、四川、浙江西部、甘肃南部、陕西、河南西部、山西、河北、内蒙古、新疆。在北半球温带及寒温带地区广布。

升麻 *Cimicifuga foetida* Linn. [8]，（该属1种）

草本；全县分布。产于德钦、香格里拉、贡山、泸水、丽江、鹤庆、大理、腾冲、镇康、禄劝、嵩明、彝良、巧家；生于海拔2200～4100m的林内、草地或山坡。分布于西藏、四川、青海、甘肃、陕西、山西、河南。蒙古国和俄罗斯西伯利亚也有。

女萎 *Clematis apiifolia* DC. [1]，（该属7种）

草本；蔡希陶51167，（NWAFU），永善县。分布于华东诸省。朝鲜、日本也有。

大木通 *Clematis argentilucida*（Lévl. et Vant.）W. T. Wang

藤本；蔡希陶51167，（KUN），永善县。

毛木通 *Clematis buchananiana* DC.

藤本；全县分布。产于嵩明、禄劝、昆明、路南、富民、武定、易门、双柏、下关、大理、漾濞、兰坪、福贡、贡山、广南、西畴、麻栗坡、文山、蒙自、屏边、景东、凤庆、临沧、沧源、龙陵、腾冲；生于海拔1100～2800m的山谷坡地、溪边、林中或灌丛中。分布于西藏南部、四川西南部、贵州西南部、广西西部。尼泊尔、印度、缅甸、越南北部也有。

铁线莲 *Clematis florida* Thunb.

藤本；全县分布。分布于广西、广东、湖南、江西。在日本有栽培。

粗齿铁线莲 *Clematis grandidentata*（Rehder et E. H. Wilson）W. T. Wang

藤本；蔡希陶51108，(PE)，永善县。产于绥江、永善、宜良、昆明、丽江；生于海拔1400～3100m的山坡或沟边灌丛中。分布于四川、贵州、湖南、浙江、安徽、湖北、甘肃和陕西南部、河南西部、山西南部、河北西南部。

钝萼铁线莲 *Clematis peterae* Hand.-Mazz.

藤本；YS.SHC12，永善县团结乡花石村、双河村。产于昭通、东川、嵩明、宜良、昆明、安宁、富民、禄劝、双柏、宾川、巍山、大理、洱源、鹤庆、丽江、剑川、兰坪、维西、香格里拉、德钦、文山；生于海拔1650～3400m的山坡草地、林边或灌丛中。分布于贵州、四川、湖北西部、甘肃和陕西的南部、河南西部、山西南部、河北西南部。

云南铁线莲 *Clematis yunnanensis* Franch.

藤本；XYF-217，永善县朱家坪。产于开远、武定、禄劝、宾川；生于海拔2300m的山谷林下。分布于四川西南部。

黄连 *Coptis chinensis* Franch. **[8]，（该属1种）**

草本；蒲浩然，（KUN），永善县天麻场。

塔城翠雀花 *Delphinium aemulans* Nevski **[8]，（该属3种）**

草本；滇东北队445，（KUN），永善县。

滇川翠雀花 *Delphinium delavayi* Franch.

草本；滇东北队430，（KUN），永善县。产于永善、会泽、江川、嵩明、大理、保山、洱源、剑川、兰坪、维西、丽江、香格里拉、永胜、鹤庆、文山；生于海拔2600～3600m的草坡上或疏林中。模式标本采自大理。

云南翠雀花 *Delphinium yunnanense* Franch.

草本；全县分布。产于巧家、峨山、施甸、鲁甸、昆明、嵩明、禄劝、双柏、楚雄、江川、景东、鹤庆、洱源、砚山、文山、元江；生于海拔1000～2400m的草坡上或灌丛中。分布于贵州西部和四川西南部。模式标本采自洱源。

小花人字果 *Dichocarpum franchetii*（Finet et Gagnep.）W. T. Wang et Hsiao **[14（SH）]，（该属1种）**

草本；滇东北队，（PYU），永善县。

紫牡丹 *Paeonia delavayi* Franch. **[8]，（该属1种）**

草本；吕正伟1001，（KUN），永善县。产于滇西部至西北部（大理、鹤庆、剑川、丽江、宁蒗、香格里拉、德钦、贡山）；生于海拔2700～3500m山坡的草丛及杂木林中。分布于四川西南部、西藏东南部。模式标本采自丽江。

偏翅唐松草 *Thalictrum delavayi* Franch. **[8-4]，（该属2种）**

草本；全县分布。产于镇康、景东、大理、洱源、剑川、兰坪、鹤庆、丽江、香格里拉、德钦、贡山、楚雄、昆明、禄劝、嵩明、屏边；生于海拔1400～3400m的山地林边、沟边、灌丛或疏林中。分布于贵州西部、四川西部、西藏东南部。模式标本采自大理。

爪哇唐松草 *Thalictrum javanicum* Bl.

草本；蔡希陶51079，（PE），永善县。产于镇康、泸水、剑川、维西、碧江、德钦、香格里拉、丽江、永善、巧家、屏边；生于海拔1500～3600m的林边、灌丛中、草坡上或溪边。分布于西藏南部、四川、甘肃南部、湖北西部、贵州、江西、浙江西部、台湾、广西和广东的北部。不丹、尼泊尔、印度、斯里兰卡和印度尼西亚也有。

19 小檗科 Berberidaceae（2属2种，[8–5]）

洱源小檗 *Berberis willeana* Schneider [8]，（该属1种）

木本；Anonymous，（KUN），永善县。产于大理、宾川、洱源、大姚、剑川、丽江；生于海拔2500～2800m的山坡阴处林中。模式标本采自洱源。

长柱十大功劳 *Mahonia duclouxiana* Gagnep. [9]，（该属1种）

木本；全县分布。产于昆明、曲靖、景东、易门、丽江、凤庆；生于海拔约1900～2200m的山坡、山谷、河边或杂木林中。模式标本采自昆明附近。

21 木通科 Lardizabalaceae（3属4种，[3]）

猫儿屎 *Decaisnea insignis*（Griff.）Hook. f. et Thoms. [14（SH）]，（该属1种）

木本；YS.XYC09，YS.HZB34，永善县溪洛渡街道富庆村向阳三组、水竹乡蒿枝坝水库。云南全省均有分布，海拔1400～3600m的沟谷、阴坡杂木林下常见。我国广西、贵州、四川、陕西南部、湖北西部、湖南、安徽、江西、浙江西南部等省区亦有分布。

五月瓜藤 *Holboellia angustifolia* Wall. [14（SH）]，（该属2种）

藤本；蔡希陶，（SCUM），永善县。

八月瓜 *Holboellia latifolia* Wall.

藤本；全县分布。云南全省大部分地区有分布；生于海拔600～2600（～3350）m的密林林缘。我国贵州，四川，西藏东南部亦有，四川尚有一变种。国外延至印度东北部、不丹、尼泊尔。

野木瓜 *Stauntonia chinensis* DC. [14]，（该属1种）

藤本；孙必兴等434，（KUN），永善县大同大包顶。产于云南东南部（西畴）至南部，生于海拔1300m的密林或山谷溪边疏林中。浙江、安徽、江西、福建、广东及沿海岛屿、广西均有分布。藤茎入药，可治风湿。

23 防己科 Menispermaceae（2属2种，[2]）

木防己 *Cocculus orbiculatus*（Linn.）DC. [2]，（该属1种）

藤本；全县分布。产于云南大部分地区；生于灌丛、村寨边以及林缘等处。我国大部分省区均有分布，以长江流域中下游及其以南各省区常见（福建福州市附近的犬岛为模式标本产地）。广布于亚洲东部和南部以及夏威夷群岛等地。

地不容 *Stephania epigaea* H.S.Lo [4]，（该属1种）

藤本；YS.SHC50，永善县团结乡花石村、双河村。云南除东北部、西南部和西双版纳尚未发现外，几乎各地都有；常生于石山，亦常见栽培。分布于四川南部和西部。

24 马兜铃科 Aristolochiaceae（1属1种，[2]）

单叶细辛 *Asarum himalaicum* Hook.f.et Thoms.ex klotzsch [8]，（该属1种）

草本；XYF-216，永善县朱家坪。产于大理、鹤庆、香格里拉、德钦；生于海拔1300～3100m的针阔混交林下。四川、贵州、西藏东南部、陕西南部、甘肃东南部、湖北西部有分布。印度、不丹、尼泊尔也有。

29 三白草科 *Saururaceae*（1属1种，[9]）

鱼腥草 *Houttuynia cordata* Thunb. [14]，（该属1种）

草本；蔡希陶51212，（KUN），永善县，YS.XLD18，永善县溪洛渡街道富庆村向阳三组。产于德钦、香格里拉、维西、昆明、路南、镇雄；生于海拔2000～3300m的林下或石隙中。湖北、四川、贵州、西藏、台湾有分布。美洲、欧洲、中亚、喜马拉雅山脉、西伯利亚及日本也有。

32 罂粟科 Papaveraceae（2属3种，[8-4]）

南黄堇 *Corydalis davidii* Franch. [8]，（该属1种）

草本；蔡希陶50942，（PE），永善县。产于永善、大关、彝良、镇雄、昭通、巧家、东川、会泽、禄劝；生于海拔（1280～）1700～3000（～3500）m的林下、林缘、灌丛下、草坡或路边。四川南部和西南部、贵州西部有分布。

椭果绿绒蒿 *Meconopsis chelidonifolia* Bur. et Franch. [8]，（该属2种）

草本；蔡希陶51111，（PE），永善县。云南东北部（大关、巧家）新纪录，生于海拔1850～3700m的林下阴处或溪边路旁。我国四川西部也有。模式采于康定。

滇西绿绒蒿 *Meconopsis impedita* Prain

草本；蔡希陶，（SCUM），永善县。分布于云南西北贡山一带；生于海拔3120～3400m的潮湿的林中和高山草地。缅甸东北部也有分布。模式采于贡山。

39 十字花科 Cruciferae（2属6种，[1]）

荠 *Capsella bursa-pastoris*（Linn.）Medic. [8]，（该属1种）

草本；YS.YQ08，永善县云荞水库途中草地。遍布云南各地，生于海拔1500～3700m的山坡、荒地、路边、地埂、宅旁等处。多为野生，但常见有栽培。我国各地均产。全世界温暖地区广布。

弯曲碎米荠 *Cardamine flexuosa* With. [1]，（该属5种）

草本；滇东北队467，（KUN），永善县河坝场大场尖。产于昆明等各处；生于海拔约1900m的田边、路旁及草地。辽宁、河北、河南、陕西、甘肃、山东、江苏、安徽、浙江、福建、四川也有。亦见于印度、尼泊尔、不丹、朝鲜、日本、俄罗斯、欧洲各国以及北美。

莓叶碎米荠 *Cardamine fragariifolia* O. E. Schulz

草本；蔡希陶51040，（KUN），永善县。产于昆明等各处；生于海拔约1900m的田边、路旁及草地。江苏、安徽、浙江、福建、四川也有。亦见于印度、尼泊尔、不丹、朝鲜、日本各国以及北美。

碎米荠 *Cardamine hirsuta* Linn.

草本；全县分布。除滇西北高山地区外几乎遍布全省各地，生于海拔600～2700m的山坡、路旁、荒地及耕地的草丛中。我国其他各省区也有。亦见于全球温带各地。

水田碎米芥 *Cardamine lyrata* Bunge

草本；YS.YQSQ04，永善县云荞水库附近。产于昭通、大关、永善、绥江、大理、永胜、腾冲；生于海拔1450～2600m的山坡林下、山沟、水边草地。西藏、四川、湖北、湖南也有。亦见于印度、不丹。

三小叶碎米荠 *Cardamine trifoliolata* Hook. f. et Thoms.

草本；蔡希陶，（SCUM），永善县。产昭通、大关、永善、绥江、大理、永胜、腾冲；生于海拔1450～2600m的山坡林下、山沟、水边草地。西藏、四川、湖北、湖南也有。亦见于印度、不丹。

40 堇菜科 Violaceae（1属2种，[1]）

深圆齿堇菜 *Viola davidii* Franch. **[8–4]，（该属2种）**

草本；滇东北队472，（PE），永善县河坝场至大关县木杆林场途中。产于大关、盐津；生于林下、林缘、山坡草地、溪边或岩石上荫蔽处。分布于陕西南部、湖北、湖南、福建、广东、广西、四川、贵州等省区。

细距堇菜 *Viola tenuicornis* W. Beck.

草本；全县分布。

45 景天科 Crassulaceae（1属1种，[1]）

凹叶景天 *Sedum emarginatum* Migo **[8–4]，（该属1种）**

草本；全县分布。产于威信、镇雄、西畴、文山；生于海拔1400～1500m的石灰岩石缝中。江苏、安徽、浙江、江西、湖北、湖南、广西、陕西、甘肃、四川（西至汶川）和贵州有分布。

47 虎耳草科 Saxifragaceae（10属23种，[1]）

落新妇 *Astilbe chinensis*（Maxim.）Franch. et Savat. [9]，（该属1种）

草本；蔡希陶51147，（PE），永善县。产于香格里拉、鹤庆、泸水、兰坪、永善、彝良、大关；生于海拔1400 ~ 2400m的次生林下、林缘或路边草丛中。我国多数省区有分布。俄罗斯、朝鲜、日本也有。

绵毛金腰 *Chrysosplenium lanuginosum* Hook. f. et Thoms. [8–4]，（该属1种）

草本；蔡希陶51057，（KUN），永善县。产于永善、景东；生于海拔1900 ~ 2500m的林下或水边。分布于湖北、四川、贵州、西藏。缅甸北部、印度北部、尼泊尔、不丹也有。

长叶溲疏 *Deutzia longifolia* Franch. [14]，（该属2种）

木本；蔡希陶，（SCUM），永善县。产于昆明、大姚、大理、云龙、漾濞、丽江、维西、鹤庆、大关、绥江、巧家；生于海拔1800 ~ 3000m的山地林下或灌丛中。分布于甘肃、四川、贵州。

南川溲疏 *Deutzia nanchuanensis* W. T. Wang

木本；蔡希陶51939，（KUN），永善县。产于彝良、大关、永善；生于海拔1900 ~ 2300m的山坡杂木林。分布于四川南部及东南部。

冠盖绣球 *Hydrangea anomala* D. Don [9]，（该属10种）

木本；蔡希陶51075，（KUN），永善县。产于砚山、龙陵、大理、漾濞、丽江、维西、贡山、镇雄、彝良、绥江；生于海拔1700 ~ 2800m的疏林中。分布于甘肃、陕西、安徽、浙江、江西、福建、台湾、河南、湖南、湖北、广东、广西、贵州、四川。印度北部、尼泊尔、不丹及缅甸北部也有。

马桑绣球 *Hydrangea aspera* D. Don

木本；滇东北队631，（KUN），永善县。产于大理、漾濞、丽江、维西、贡山、福贡、绥江、镇雄、彝良、砚山；生于海拔1700 ~ 2600m的山坡林下及灌丛中。分布于四川、贵州、广西。尼泊尔、印度、越南也有。

中国绣球 *Hydrangea chinensis* Maxim.

木本；YS.HZB08，永善县蒿枝坝水库。产于镇雄、彝良、大关、昭通、贡山、福贡、大理；生于海拔1300 ~ 2600m的山坡林中。分布于广西、湖南、安徽、江西、浙江、福建及台湾。

西南绣球 *Hydrangea davidii* Franch.

木本；蔡希陶51037，（PE），永善县。产于景东、广南、保山、大理、丽江、兰坪、维西、德钦、贡山、福贡、大关、镇雄、彝良、威信、绥江、巧家；生于海拔1400 ~ 2800m的山坡疏林或林缘。分布于四川、贵州。

白背绣球 *Hydrangea hypoglauca* Rehd.

木本；蔡希陶51055，（KUN），永善县。产于文山、麻栗坡、龙陵、丽江、福贡、镇雄；生于海拔2400～4000m的高山密林或灌丛中。模式标本（蔡希陶 57392）采自云南，具体地点不详。

蜡莲绣球 *Hydrangea strigosa* Rehd.

木本；YS.XLD11，YS.SHC15，YS.TJ08，永善县溪洛渡街道富庆村向阳三组，团结乡花石村、双河村。产于腾冲、屏边、文山、西畴、麻栗坡、维西、香格里拉、贡山、福贡、大关、彝良；生于海拔1400～2900m的山坡林内。分布于陕西、四川、贵州、湖南、湖北。

松潘绣球 *Hydrangea sungpanensis* Hand.-Mazz.

木本；滇东北队671，（KUN），永善县。产于凤庆、镇康、景东、绿春、麻栗坡、昭通、永善；生于海拔1800～2900m的山坡疏林中。分布于四川。

柔毛绣球 *Hydrangea villosa* Rehd.

木本；蔡希陶51138，（PE），永善县。产于禄劝、富宁、镇雄；生于海拔750～3500m的山坡疏林、密林及灌丛。分布于甘肃、陕西、江苏、湖北、湖南、广西、贵州、四川。

挂苦绣球 *Hydrangea xanthoneura* Diels

木本；蔡希陶51055，（IBSC），永善县。产于绿春、麻栗坡、丽江、鹤庆、永善、镇雄；生于海拔1800～2900m的山坡疏林或灌丛中。分布于四川、贵州。

云南绣球 *Hydrangea yunnanensis* Rehd.

木本；蔡希陶50938，（SWFC），永善县。

西南山梅花 *Philadelphus delavayi* L. Henry　**[8]，（该属2种）**

木本；ELK-256，永善县马楠乡二龙口云桥水库。产于镇雄、巧家、贡山、福贡、兰坪、维西、香格里拉（香格里拉）、丽江、大理、永平；生于海拔2000～3200m的山地林内或林缘。分布于四川、西藏。缅甸东北部也有。模式标本采自云南（具体地点不明）。

湖北山梅花 *Philadelphus hupehensis*（Koehne）S. Y. Hu

木本；蔡希陶51182，（KUN），永善县。

腺毛茶藨子 *Ribes longiracemosum* var. *davidii* Jancz.　**[8]，（该属3种）**

木本；蔡希陶51047，（KUN），永善县。产于德钦、贡山、福贡和永善；生于海拔2100～3400m的林下或灌丛中。分布于四川西部。

宝兴茶藨子 *Ribes moupinense* Franch.

木本；蔡希陶51091，（KUN），永善县。产于香格里拉、维西、丽江、鹤庆、大理、漾濞、镇康、富民、禄劝、昭通、永善；生于海拔2400～3600m的林下、林缘、灌丛或沟边、路旁。分布于河南、湖北、陕西、甘肃、四川、贵州、西藏。

细枝茶藨子 *Ribes tenue* Jancz.

木本；蔡希陶51072，（KUN），永善县。产于德钦、维西、贡山、福贡、泸水、永善；生于海拔2400～3700m的林下、灌丛中或山坡路旁。分布于河南、湖北、湖南、陕西、甘肃、四川。

西南鬼灯檠 *Rodgersia sambucifolia* Hemsl. **[14（SJ）]，（该属1种）**

草本；全县分布。产于昭通、彝良、巧家、会泽、师宗、罗平、昆明、禄劝、寻甸、嵩明、大姚、宁蒗、丽江、永胜、鹤庆；生于海拔2200～3500m的林下、灌丛间或草地。分布于四川西南部和贵州西部。

虎耳草 *Saxifraga stolonifera* Curt. **[8]，（该属1种）**

草本；YS.SHC10，永善县团结乡花石村、双河村。产于西畴、镇雄、绥江；生于海拔1500～2200m的杂木林下或石隙。分布于华东、华中、西南，陕西、甘肃、台湾。朝鲜、日本也有。

钻地风 *Schizophragma integrifolium* Oliv. **[14（SJ）]，（该属1种）**

藤本；孙必兴等445，（IBSC），永善县大同大包顶。产于彝良、大关、屏边、景东；生于海拔100~2400m的山谷、山坡密林及疏林中。四川、贵州、广西、广东、海南、湖南、湖北、江西、福建、江苏、浙江、安徽也有。

黄水枝 *Tiarella polyphylla* D. Don **[9]，（该属1种）**

草本；蔡希陶50951，（KUN），永善县。产于滇西南部至东南部。

53 石竹科 Caryophyllaceae（5属10种，[1]）

簇生卷耳 *Cerastium caespitosum* Gilib. **[8–4]，（该属1种）**

草本；XYF–221，永善县朱家坪。产于昆明、嵩明、双柏、大理、维西、兰坪、丽江、香格里拉、会泽、昭通、镇雄、文山；生于海拔1400～3700m的灌丛下、草坡、田边、路旁。我国东北、华北、西北及长江流域各省区均有分布。为世界广布种。

鹅肠菜 *Myosoton aquaticum*（Linn.）Moench **[10]，（该属1种）**

草本；全县分布。产于滇中和滇南，生于海拔1000～2800m的田间、路旁、草地、山坡、林缘、林下。本种为世界广布种。

漆姑草 *Sagina japonica*（Sw.）Ohwi **[8]，（该属2种）**

草本；滇东北队439，（KUN），永善县。产于滇中、滇西北、滇东北和滇东南；生于海拔1300～3800m的山坡草地、路边、田间，在庭园花盆中也常见。我国长江流域和黄河流域各省区及东北、台湾均有分布。喜马拉雅地区（尼泊尔至阿萨姆）及朝鲜、日本也有。

无毛漆姑草 *Sagina saginoides*（Linn.）Karsten

草本；全县分布。产于滇中、滇西北、滇西南和滇东南；生于海拔1550～4150m的山坡草地、路边、河边和田地边。我国东北和西南均有分布。欧洲、亚洲中部和西部、西伯利亚、克什米尔地区、印度、日本北部、北美、格陵兰也有。

掌脉蝇子草 *Silene asclepiadea* Franch. **[8–4]，（该属2种）**

草本；蔡希陶51026，（PE），永善县。产于德钦、香格里拉、维西、丽江、兰坪、鹤庆、大理、宾川、洱源、漾濞、腾冲、大姚、昆明、禄劝、富民、巧家、大关、镇雄；生于海拔（1200～）2100～3800m的林下、林缘、灌丛下、草地、路边或田间。四川西南部、贵州西部和西藏也有。模式标本采自宾川。

粘萼蝇子草 *Silene viscidula* Franch.

草本；全县分布。产于德钦、碧江、福贡、贡山、香格里拉、丽江、维西、鹤庆、兰坪、泸水、大理、漾濞、洱源、腾冲、昆明、禄劝、富民、安宁、宜良、江川、蒙自、文山；生于海拔1250～3200m的林下、灌丛下和草丛中。四川、贵州、西藏也有。模式标本采自鹤庆大坪子。

繁缕 *Stellaria media*（Linn.）Cyr. **[1]，（该属4种）**

草本；全县分布。全省各地均有分布；生于海拔540～3700m的田间、路旁、山坡、林下。全国各省区广泛分布。世界性杂草。

假箐姑草 *Stellaria pseudosaxatilis* Hand.-Mazz.

草本；全县分布。

箐姑草 *Stellaria vestita* Kurz

草本；全县分布。产于香格里拉、丽江、维西、鹤庆、泸水、漾濞；生于海拔2600～3800m的林下、灌丛下或草丛中。四川也有分布。模式标本采自鹤庆。

千针万线草 *Stellaria yunnanensis* Franch.

草本；全县分布。产于滇中、滇西北、滇东北；生于海拔1800～3200m的林下、林缘、山坡、草地。四川西南部和西藏也有分布。模式标本采自大理。

57 蓼科 Polygonaceae（3属17种，[1]）

金荞麦 *Fagopyrum dibotrys*（D. Don）Hara **[10]，（该属2种）**

草本；全县分布。分布几乎遍全省；产于路南、德钦、香格里拉、贡山、维西、丽江、福贡、碧江、兰坪、剑川、鹤庆、洱源、泸水、大理、禄劝、姚安、富民、昆明、楚雄、澄江、元江、砚山、屏边、景东、思茅、孟连、景洪、勐海、勐腊、腾冲、芒市、凤庆、耿马；生于海拔600～3500m的草坡、林下、山坡灌丛、山谷、水边等处。分布于华东、华中、华南、西南及陕西。印度、尼泊尔、越南、泰国及克什米尔地区也有。

疏穗小野荞麦 *Fagopyrum leptopodum* var. *grossii*（Lévl.）Lauener et Ferguson

草本；滇西北金沙江队6434，（KUN），永善县。产于巧家、嵩明、德钦、鹤庆、永胜、大理、元谋；生于海拔830～2300m的路边、林缘、山坡草地、河滩湿地等处。分布于四川。模式标本采自东川。

绒毛钟花蓼 *Polygonum campanulatum* var. *fulvidum* Hook. f. [1]，（该属12种）

草本；滇东北队602，（KUN），永善县马楠乡。产于彝良、昭通、巧家、会泽、德钦、香格里拉、贡山、维西、丽江、福贡、碧江、兰坪、鹤庆、泸水、大理、禄劝、富民、澄江；生于海拔800～4400m的草坡、林下、山谷、林缘、溪边、石缝等处。分布于湖北西部、四川、贵州、西藏。尼泊尔、印度也有。

头花蓼 *Polygonum capitatum* Buch.-Ham.

草本；YS.YQ06，YS.SHC02，永善县团结乡花石村、双河村，云荞水库途中草地。产于盐津、威信、彝良、镇雄、富源、罗平、宜良、路南、德钦、香格里拉、贡山、维西、丽江、福贡、碧江、鹤庆、泸水、漾濞、大理、永平、禄劝、昆明、双柏、易门、澄江、玉溪、江川、峨山、元江、元阳、蒙自、文山、西畴、屏边、金平、景东、孟连、景洪、勐海、保山、腾冲、龙陵、凤庆；生于海拔450～4600m的林中、林缘、路边、溪边、石山坡、河边灌丛等处。分布于江西、湖南、湖北、四川、贵州、广东、广西、西藏。印度北部、尼泊尔、不丹、缅甸及越南也有。

火炭母 *Polygonum chinense* L.

草本；YS.YQ12，YS.XLD08，永善县云荞水库途中草地，溪洛渡街道富庆村向阳三组。产于盐津、彝良、德钦、贡山、丽江、福贡、碧江、兰坪、永胜、泸水、漾濞、大理、宾川、禄劝、昆明、峨山、广南、丘北、砚山、元阳、绿春、蒙自、文山、西畴、麻栗坡、马关、金平、景东、普洱、思茅、澜沧、孟连、景洪、勐海、勐腊、腾冲、盈江、陇川、芒市、凤庆、镇康、临沧、耿马、双江、沧源；生于海拔115～3200m的林中、林缘、河滩、灌丛、沼泽地林下等处。分布于陕西南部、甘肃南部、华东、华中、华南和西南。日本、菲律宾、马来西亚、印度及喜马拉雅其他地区也有。

辣蓼 *Polygonum hydropiper* L.

草本；全县分布。产于德钦、香格里拉、贡山、丽江、福贡、碧江、兰坪、泸水、漾濞、大理、南涧、富民、昆明、楚雄、江川、峨山、元江、泸西、砚山、绿春、蒙自、西畴、麻栗坡、屏边、金平、景东、普洱、思茅、澜沧、孟连、景洪、勐海、勐腊、腾冲、盈江、芒市、双江、沧源；生于海拔350～3300m的草地、山谷溪边、河谷、林中、沼泽等潮湿处。我国南北各省区均有分布。朝鲜、日本、印度尼西亚、印度、欧洲及北美也有。

绵毛酸模叶蓼 *Polygonum lapathifolium* var. *salicifolium* （Sibth.）Miyabe

草本；全县分布。产于嵩明、宜良、香格里拉、丽江、漾濞、大理、富民、昆明、景东、盈江、双江；生于海拔1100～3280m的河边、路边潮湿处、沼泽地等处。

长鬃蓼 *Polygonum longisetum* De Br.

草本；全县分布。产于盐津、罗平、师宗、贡山、福贡、兰坪、泸水、漾濞、大理、宾川、嵩明、禄劝、大姚、江川、元江、广南、砚山、石屏、元阳、绿春、蒙自、文山、屏边、景东、孟连、景洪、勐腊、芒市；生于海拔330～2500m的草坡、山谷、水边灌丛、溪边沼泽等处。我国除内蒙古、宁夏、青海、新疆和西藏外，其他省区均有分布。日本、朝鲜、菲律宾、马来西亚、印度尼西亚、缅甸、印度也有。

腺梗小头蓼 *Polygonum microcephalum* var. *sphaerocephalum* （Wall. ex Meisn.）Murata

草本；蔡希陶51010，（KUN），永善县。产于永善、德钦、维西、福贡、碧江、鹤庆、泸水、漾濞、景东；生于海拔1000～3600m的草坡、林下、林缘、溪边等处。分布于陕西南部、湖北、四川、西藏。印度、尼泊尔也有。

绢毛蓼 *Polygonum molle* D. Don

草本；XYF–234，ELK–236，永善县朱家坪，马楠乡二龙口云桥水库。产于香格里拉、贡山、福贡、碧江、兰坪、泸水、大理、玉溪、元江、富宁、砚山、蒙自、绿春、屏边、西畴、景东、勐海、腾冲、盈江、凤庆、临沧、耿马、双江；生于海拔1000～3050m的草坡、山谷林下、林缘、路边等处。分布于广西、贵州、西藏。印度、尼泊尔也有。

尼泊尔蓼 *Polygonum nepalense* Meisn.

草本；YS.HZB20，永善县蒿枝坝水库。分布几乎遍全省，产于镇雄、德钦、香格里拉、贡山、维西、丽江、福贡、兰坪、剑川、鹤庆、泸水、漾濞、大理、南涧、会泽、宜良、禄劝、大姚、富民、昆明、楚雄、双柏、澄江、峨山、砚山、绿春、蒙自、文山、西畴、麻栗坡、马关、屏边、金平、景东、孟连、勐海、腾冲、昌宁、龙陵、芒市、凤庆、临沧、耿马、双江、沧源；生于海拔600～4100m的草坡、林下、灌丛、河边、沼泽地边、山谷、林缘、石边等处。除新疆外的全国各省区均有分布。朝鲜、日本、俄罗斯（远东）、阿富汗、巴基斯坦、印度、尼泊尔、菲律宾、印度尼西亚及非洲也有。

杠板归 *Polygonum perfoliatum* L.

草本；YS.XLD12，永善县溪洛渡街道富庆村向阳三组。产于盐津、彝良、昭通、贡山、福贡、碧江、泸水、大理、元阳、绿春、蒙自、西畴、麻栗坡、马关、屏边、金平、景东、思茅、孟连、勐海、勐腊、腾冲、陇川、沧源；生于海拔500～2100m的草坡、山谷密林、林缘、山坡路边、河滩、山谷灌丛等处。全国广布。朝鲜、日本、印度尼西亚、菲律宾、印度及俄罗斯（西伯利亚）也有。

羽叶蓼 *Polygonum runcinatum* Buch.-Ham. ex D. Don

草本；蔡希陶51053，（SCUM），永善县。产于香格里拉、贡山、丽江、兰坪、鹤庆、洱源、泸水、漾濞、大理、禄劝、大姚、会泽、昆明、澄江、文山、屏边、景东、孟连、腾冲、耿马；生于海拔1400～3800m的路边草地、林下、山谷、溪边、亚高山草地、林缘等潮湿处。分布于陕西、甘肃、台湾，华东、华南、华中及西南。印度、尼泊尔、缅甸、泰国、菲律宾、马来西亚也有。

珠芽蓼 *Polygonum viviparum* Linn.

草本；蔡希陶50950，（PE），永善县。产于彝良、镇雄、巧家、会泽、沾益、德钦、香格里拉、贡山、宁蒗、维西、丽江、福贡、碧江、兰坪、漾濞、大理、禄劝、峨山、蒙自、保山、腾冲、临沧、双江；生于海拔650～4500m的草地、山坡、林下、溪边、沼泽地、灌丛等处。东北、华北、西北、西南及河南有分布。朝鲜、日本、蒙古国、高加索、哈萨克斯坦、印度、欧洲及北美也有。

齿果酸模 *Rumex dentatus* L. [1]，**（该属3种）**

藤本；全县分布。产于嵩明、宜良、贡山、丽江、大理、永仁、昆明、安宁、澄江、华宁、江川、景东；生于海拔1350～2900m的河边草丛、溪边、路边湖边等处。分布于华北、西北、华东、华中，四川、贵州。印度、尼泊尔、阿富汗、哈萨克斯坦及欧洲东南部也有。

戟叶酸模 *Rumex hastatus* D. Don

草本；ML-274，永善县马楠。产于昭通、巧家、寻甸、德钦、香格里拉、维西、丽江、剑川、永胜、大理、宾川、永平、弥渡、南涧、永仁、禄劝、大姚、姚安、武定、富民、昆明、双柏、易门、澄江、江川、景东；生于海拔300～2700m的干热河谷、灌丛、林中、溪边、干燥路边、石坡等处；在山边撂荒地或老城墙上极为常见，且成大片生长。分布于四川及西藏东南部。印度、尼泊尔、不丹、巴基斯坦、阿富汗也有。

尼泊尔酸模 *Rumex nepalensis* Spreng.

草本；YS.XLD14，YS.CJP05，YS.YQSQ06，永善县溪洛渡街道富庆村向阳三组，顺河椿尖坪，云荞水库附近。产于镇雄、巧家、会泽、师宗、德钦、香格里拉、贡山、宁蒗、维西、丽江、剑川、洱源、大理、永平、禄劝、昆明、绿春、屏边、金平、景东、凤庆、镇康；生于海拔820～4050m的草坡。分布于陕西南部、甘肃南部、青海西南部、湖南、湖北、江西、四川、广西、贵州、西藏。伊朗、阿富汗、印度、巴基斯坦、尼泊尔、缅甸、越南、印度尼西亚（爪哇）也有。

61 藜科 Chenopodiaceae（2属2种，[1]）

藜 *Chenopodium album* Linn. [1]，（该属1种）

草本；全县分布。分布几乎遍全省。产于昆明、嵩明、江川、宜良、镇雄、丽江、大理、景东、香格里拉、德钦、贡山、文山、砚山、元阳、绿春、西双版纳等地；海拔可达3500m，多为农田杂草。我国各省区均有分布。广布于世界各大洲。

地肤 *Kochia scoparia*（Linn.）Schrad. [8–4]，（该属1种）

草本；全县分布。产于澄江、蒙自、大理等地；生于海拔600～2100m的村旁荒山草坡、河滩石堆及盐碱地。常见栽培。分布于我国各地。南欧、日本也有。

63 苋科 Amaranthaceae（4属5种，[1]）

土牛膝 *Achyranthes aspera* Linn. [2]，（该属2种）

草本；ELK–266，永善县马楠乡二龙口云桥水库。产于洱源、马关、文山、屏边、耿马、临沧、思茅、勐腊、勐海、景洪、孟连、丽江、腾冲、贡山、维西、兰坪、福贡、泸水、大理、漾濞、双柏、禄劝、嵩明、蒙自、绿春；生于海拔800～2300m的山坡疏林或村庄附近空旷地。分布于湖南、江西、福建、台湾、广东、广西、四川、贵州。印度、不丹、越南、泰国、菲律宾、马来西亚也有。

少毛牛膝 *Achyranthes bidentata* var. *japonica* Miq.

草本；YS.XYC14，永善县溪洛渡街道富庆村向阳三组。产于丽江、香格里拉、德钦、维西、文山、景洪、昆明；生于海拔200～3300m的山坡林下、路边。除东北外，全国有分布。朝鲜、俄罗斯远东、印度、越南、泰国、菲律宾、马来西亚也有。

青葙 *Celosia argentea* Linn. [2]，（该属1种）

草本；全县分布。分布几乎遍全省；产于景洪、勐海、勐腊、普洱、景东、元阳、绿春、沧源、耿马、临沧、金平、河口、蒙自、大关、盐津、绥江；荒地、坡地田野上的杂草，海拔600～1650m。分布于全国各地。朝鲜、日本、俄罗斯、印度、越南、缅甸、泰国、菲律宾、马来西亚及热带非洲都有分布。

浆果苋 *Cladostachys amaranthoides*（Lam.）Kuan [6]，（该属1种）

草本；全县分布。产于景洪、勐腊、勐海、屏边、砚山、西畴、麻栗坡、瑞丽、陇川、芒市、临　沧、双江、沧源、勐连、永平、保山、景东、凤庆、龙陵、峨山、元江、绿春、泸水、澄江、通海、漾濞、大理、邓川、宾川、福贡、贡山、昭通、盐津；生于海拔340～2800m的山坡灌丛林缘。分布于四川、贵州、广东、广西及台湾。喜马拉雅山区各国、印度、中南半岛、印度尼西亚、马来西亚及大洋洲均有。

川牛膝 *Cyathula officinalis* Kuan　[6]，（该属1种）

草本；全县分布。产于贡山、福贡、德钦、腾冲、大理、保山、临沧、屏边、砚山、蒙自、昆明、富民、嵩明；生于海拔1900～3200m的灌丛草坡、林缘、河边。分布于四川及贵州。少有栽培。

67 牻牛儿苗科 Geraniaceae（1属2种，[8–4]）

尼泊尔老鹳草 *Geranium nepalense* Sweet　[1]，（该属2种）

草本；YS.HZB24；YS.YQ16，永善县蒿枝坝水库，云荞水库途中草地。逸生于丽江；江苏、浙江、江西、河南、四川也有逸生。原产美洲。

云南老鹳草 *Geranium yunnanense* Franch.

草本；蔡希陶51028，（PE），永善县。广泛分布于滇西北、滇中和滇东北，生于海拔2600～3000m的林下、灌丛下、草坡或路边。四川西南部也有分布。模式标本采自洱源。

69 酢浆草科 Oxalidaceae（1属1种，[1]）

酢浆草 *Oxalis corniculata* Linn.　[1]，（该属1种）

草本；YS.YQSQ05，永善县云荞水库附近。分布几乎遍全省，生于海拔（350～）1000～3400m的路边、山坡草地或林间空地。我国南北各地均有。世界亚热带北缘及热带地区亦产。

71 凤仙花科 Balsaminaceae（1属7种，[2]）

金凤花 *Impatiens cyathiflora* Hook. f.　[2]，（该属7种）

草本；全县分布。产于昆明、嵩明、楚雄、大理等地；生于海拔1800～2300m的阔叶林下阴湿处。模式标本采自昆明西山。

齿萼凤仙花 *Impatiens dicentra* Franch. ex Hook. f.

草本；滇东北队662，（KUN），永善县。产于镇雄；生于海拔1650m的阔叶林下水沟边、潮湿处。分布于四川、贵州、湖南和湖北。

水金凤 *Impatiens noli-tangere* Linn.

草本；全县分布。产于昆明、东川、会泽、嵩明、禄劝、双柏、大理、洱源、剑川、丽江、兰坪、保山、香格里拉等地；生于海拔（1400～）1750～2600m的林下或溪边。

块节凤仙花 *Impatiens pinfanensis* Hook. f.

草本；蔡希陶51112，（KUN），永善县。产于镇雄、彝良、禄劝等地；生于海拔1900～2000m

的阔叶林下。分布于贵州西部。

总状凤仙花 *Impatiens racemosa* DC.

草本；YS.XLD09，永善县溪洛渡街道富庆村向阳三组。产于屏边、金平、绿春等地；生于海拔1700～2600m常绿阔叶林下阴湿处或溪沟边、路旁。西藏南部（樟木）有分布。印度东北部（阿萨姆）、尼泊尔及克什米尔地区也有分布。

辐射凤仙花 *Impatiens radiata* Hook. f.

草本；滇东北队601，（KUN），永善县。产于永善、会泽、维西、贡山、香格里拉、丽江、大理、漾濞、鹤庆、宾川、楚雄、昆明、东川、文山等地；生于海拔（1150～）2000～3500m的杂木林缘或溪旁。分布于四川、贵州和西藏。尼泊尔、不丹、印度亦有分布。

黄金凤 *Impatiens siculifer* Hook. f.

草本；XYF–222，YS.HZB06，永善县朱家坪，蒿枝坝水库。产于昆明、嵩明、禄劝、双柏、楚雄、蒙自、屏边、金平、凤庆、景东、腾冲等地；生于海拔1300～2800m的常绿阔叶林下或溪边。贵州、四川、广西、湖南、湖北、福建、江西等省区均有分布。模式标本采自蒙自。

72 千屈菜科 Lythraceae（1属1种，[1]）

圆叶节节菜 *Rotala rotundifolia*（Buch.-Ham. ex Roxb.）Koehne [2]，（该属1种）

草本；全县分布。产云南中至西、南各地，在海拔800～2500m处常见，为水稻田或湿地上一种野草。分布于我国江南各省区。斯里兰卡、印度、缅甸、泰国、老挝、越南、日本也有。

77 柳叶菜科 Onagraceae（1属4种，[1]）

毛脉柳叶菜 *Epilobium amurense* Hausskn. [8–4]，（该属4种）

草本；滇东北队623，（KUN），永善县。产于云南西北部、西部、中部至东北部；生于海拔1900～3400m的林缘、灌丛、草地、沟边、沼泽地。西藏、四川、贵州、台湾、陕西，华北、东北也有。分布于克什米尔至喜马拉雅、东西伯利亚、朝鲜及日本。

圆柱柳叶菜 *Epilobium cylindricum* D. Don.

草本；XYF–219，永善县朱家坪。产于德钦、维西、贡山、香格里拉、保山、江川、嵩明、昆明、宜良、会泽、大关、彝良；生于海拔1700～3320m的林下、灌丛、草坡、沟边草甸。四川、西藏、贵州、新疆（天山）也有。分布于阿富汗东北部至喜马拉雅山区。

片马柳叶菜 *Epilobium kermodei* Raven

草本；蔡希陶51027，（KUN），永善县。产于泸水（片马）；生于海拔2300m的山谷、林缘、草地。缅甸也有。模式标本采自片马。

长籽柳叶菜 *Epilobium pyrricholophum* Franch. et Savat.

草本；YS.HZB15，YS.YQ03，永善县蒿枝坝水库，云荞水库途中草地。除南部热带地区外，全省都有分布；生于海拔500～2850m的灌丛、草地、沟边，常为水库、公路旁、沟埂的先锋植物。河北、山西、陕西、甘肃、新疆、河南、湖北、湖南、江西、广东、广西、贵州、四川及东北都有。广布于斯堪的纳维亚半岛、欧洲；亚洲东至西伯利亚、朝鲜、日本，西至小亚细亚，南至印度北部；北非也有。

83 紫茉莉科 Nyctaginaceae（1属1种，[3]）

黄细心 *Boerhavia diffusa* Linn. **[2]，（该属1种）**

草本；Anonymous，（KUN），永善县。产于丽江、鹤庆、大姚、禄劝、凤庆、元江、勐腊、河口、元阳、巧家等地；生于海拔380～1600m的向阳山坡砂石间或灌丛中，多见于河谷沙地。全热带广布。

87 马桑科 Coriariaceae（1属1种，[8–6]）

马桑 *Coriaria sinica* Maxim. **[8–6]，（该属1种）**

木本；Anonymous，（KUN），永善县井底公社江边。产于全省各地；生于海拔400～3200m的灌丛中。四川、贵州、广西、湖北、陕西、甘肃和西藏也有。分布于缅甸北部、印度东北部至尼泊尔东部。属于典型的中国—喜马拉雅成分。

88 海桐花科 Pittosporaceae（1属2种，[14]）

皱叶海桐 *Pittosporum crispulum* **[4]，（该属2种）**

木本；蔡希陶，（SCUM），永善县。产于云南东北部（昭通、宜良、盐津、镇雄）；生于海拔450～1760m的石灰岩山坡、灌丛中。分布于四川（峨眉、峨边）、贵州（赤水、鳛水）。

崖花子 *Pittosporum truncatum* Pritz.

木本；蔡希陶51224，（KUN），永善县。产于永善；生于海拔800m的山谷林下。分布于四川、贵州、湖北、陕西、甘肃。

103 葫芦科 Cucurbitaceae（3属3种，[2]）

绞股蓝 *Gynostemma pentaphyllum*（Thunb.）Makino **[7]，（该属1种）**

藤本；全县分布。全省各地均产；生于海拔300～3200m的山谷阔叶林缘、山坡疏林、灌丛或路旁草丛中，多生长在阴湿处。分布于陕西南部和长江流域及其以南广大地区。印度、尼泊尔、孟加拉国、斯里兰卡、缅甸、老挝、越南、马来西亚、印度尼西亚（爪哇）、新几内亚，朝鲜和日本亦有。

茅瓜 *Solena amplexicaulis*（Lam.）Gandhi [7]，（该属1种）

藤本；全县分布。产于泸水、鹤庆、腾冲、临沧、凤庆、景东、景洪、勐海、勐腊、双江、河口、屏边、富宁、师宗、江川和昆明等地；生于海拔600～2600m的林下或灌丛中。分布于台湾、福建、江西、广东、广西、贵州、四川和西藏。越南、印度、印度尼西亚（爪哇）亦有。

钮子瓜 *Zehneria maysorensis*（Wight et Arn.）Arn. [4]，（该属1种）

藤本；全县分布。产于昆明、楚雄、鹤庆、漾濞、保山、沧源、蒙自和西双版纳地区；生于海拔650～2100m的山坡林缘或路边灌丛中。分布于四川、贵州、广西、广东和江西。越南、老挝、缅甸、菲律宾、印度尼西亚和日本亦有。

108 山茶科 Theaceae（4属12种，[2]）

毛蕊红山茶 *Camellia mairei*（Lévl.）Melch. [7]，（该属4种）

木本；杨竞生63-2452，（KUN），永善县。产于盐津、丘北、广南、富宁、砚山、文山、西畴、麻栗坡；生于海拔550～1900（～2300）m的石山常绿阔叶林下或灌丛中。四川西南部、贵州、广西、广东西北部和湖南南部均有分布。模式标本采自盐津。

油茶 *Camellia oleifera* Abel

木本；孙必兴432，（KUN），永善县大同大包顶。产于盈江、芒市、福贡、景洪、勐腊、元江、元阳、屏边、马关、西畴、砚山、广南、师宗、富源、大关、盐津、永善、绥江；生于海拔900～1500（～2100）m的杂木林下或灌丛中。全省大部地区有栽培；长江以南各省区均有自然分布，最北到达陕西南部，各地也见广泛栽培。

西南红山茶 *Camellia pitardii* Coh.Stuart

木本；YS.XLD01，YS.XYC07，永善县溪洛渡街道富庆村向阳三组。产于绥江；生于海拔2000～2100m的阔叶林中。四川西南部、贵州西北部和东南部、湖南南部和西部均有。

茶 *Camellia sinensis*（L.）O. Ktze.*

木本；全县分布。产于云南全省；生于海拔（130～）1300～2100m的阔叶林下或灌丛中。长江以南各省区均有自然分布，并广为栽培。分布日本、印度及中南半岛北部等。

短柱柃 *Eurya brevistyla* Kobuski [3]，（该属6种）

木本；孙必兴447，（IBSC），永善县。产于永善、大关、盐津、镇雄；生于海拔1750～2100m的杂木林中。分布于四川、贵州、广西、广东北部、江西、福建、湖南、湖北和陕西南部。

川柃 *Eurya fangii* Rehd.

木本；滇东北队659，（KUN），永善县。

岗柃 *Eurya groffii* Merr.

木本；全县分布。产于贡山、福贡、丽江、大理、泸水、腾冲、梁河、盈江、陇川、芒市、龙陵、临沧、双江、耿马、沧源、孟连、澜沧、勐海、景洪、勐腊、思茅、景东、墨江、元江、新平、峨山、石屏、建水、绿春、元阳、金平、屏边、河口、蒙自、砚山、文山、马关、麻栗坡、富宁；生于海拔600～2100（～2500）m的阔叶林下或林缘灌丛中。福建、广东、海南、广西、贵州、四川和西藏也有。

丽江柃 *Eurya handel-mazzettii* H. T. Chang

木本；孙必兴425，（IBSC），永善县。产于贡山、香格里拉、维西、碧江、丽江、鹤庆、剑川、大理、漾濞、永平、保山、梁河、景东、双柏、易门、大姚、武定、禄劝、东川、寻甸、曲靖、嵩明、富民；生于海拔（1600～）2000～2800（～3400）m的常绿阔叶、混交林或林缘灌丛中。分布四川西南部。模式标本采自丽江。

细齿叶柃 *Eurya nitida* Korthals

木本；全县分布。产于盐津、彝良、嵩明、昆明、宜良、玉溪、峨山、易门、双柏、景东、临沧、大理、漾濞、永平、麻栗坡、西畴；生于海拔（500～）1500～2600m的林下或石山灌丛中。四川、贵州、广西、广东、海南、湖南、江西、福建、浙江、湖北均有。分布中南半岛、印度、马来西亚、斯里兰卡、印度尼西亚和菲律宾。

矩圆叶柃 *Eurya oblonga* Yang

木本；全县分布。产于绥江、盐津、大关、广南、文山、马关、屏边；生于海拔1100～2500m的林下或林缘灌丛中。四川西南部、贵州西部和广西西部也有。

中华木荷 *Schima sinensis*（Hemsl.）Airy Shaw **[7-1]，（该属1种）**

木本；滇东北队428，（KUN），永善县， YS.SHC40，永善县团结乡花石村、双河村。产于昭通、彝良、大关、镇雄、盐津、永善、绥江；生于海拔1400～2200m的阔叶林中。四川、贵州、广西北部、湖南和湖北西部也有分布。

厚皮香 *Ternstroemia gymnanthera* **[2]，（该属1种）**

木本；胡志浩，（PYU），永善县大同大包顶。广布全省各地；生于海拔（760～）1100～2700m的阔叶林、松林下或林缘灌丛中。长江以南各省区均有。

112 猕猴桃科 Actinidiaceae（1属6种，[14]）

中华猕猴桃 *Actinidia chinensis* Planch. [14]，（该属6种）

藤本；YS.XLD02，永善县溪洛渡街道富庆村向阳三组。产于滇东北（永善、盐津、镇雄）和滇东（者海、马龙、罗平）；生于海拔1100～1850m的林中及灌丛中。我国河南及西北地区（陕西、甘肃）、长江以南各省区均有。

狗枣猕猴桃 *Actinidia kolomikta*（Maxim. et Rupr.）Maxim.

藤本；蔡希陶51000，（PE），永善县，XYF-203，永善县顺河椿尖坪。

薄叶猕猴桃 *Actinidia leptophylla* C. Y. Wu

藤本；滇东北队649，（KUN），永善县马楠乡。产于滇东北（永善、镇雄）；于海拔1900～2450 m的杂木林中。

葛枣猕猴桃 *Actinidia polygama*（Sieb. et Zucc.）Maxim.

藤本；蔡希陶51046，（PE），永善县。产于滇东北（昭通）；生于海拔2100m的沟谷中。四川（凉山）亦有（新纪录）。模式标本采于昭通。

昭通猕猴桃 *Actinidia rubus* Levl.

藤本；YS.HZB40，永善县蒿枝坝水库。产于滇东北（昭通）；生于海拔2100m的沟谷中。四川（凉山）亦有（新纪录）。模式标本采于昭通。

显脉猕猴桃 *Actinidia venosa Rehd.*

藤本；蔡希陶50996，（PE），永善县。产于滇西北和滇西（大理以北）等地；常见于海拔2400～3650m的林中及灌丛中。四川西部亦产。分布于印度东北部。

120 野牡丹科 Melastomataceae（4属4种，[2]）

异药花 *Fordiophyton fordii*（Oliv.）Krass. [7-4]，（该属1种）

草本；全县分布。产于昭通、盐津；生于海拔600～1100m的林下、沟边或路边灌木丛中、岩石上潮湿的地方。四川（海拔可达1800m）、贵州亦有。

金锦香 *Osbeckia chinensis* L. [4]，（该属1种）

草本；全县分布。云南各地几乎都产，海拔550～1800m，有时达2700m的山地、疏林下草地、草坡、田边地角路边向阳的地方常见。尼泊尔、印度、越南也产。

锦香草 *Phyllagathis cavaleriei*（Levl.et Van.）Guill. [7-1]，（该属1种）

草本；YS.SHC39，永善县团结乡花石村、双河村。产于滇东南；生于海拔1200～1700m的陡坡、山谷密林下、阴湿的地方。模式标本采于屏边。

楮头红 *Sarcopyramis napalensis* Wall. [7–2]，（该属1种）

草本；YS.SHC21，永善县团结乡花石村、双河村。产于贡山、金平；生于海拔2000～2300m的林下湿润处或溪边。

123 金丝桃科 Hypericaceae（1属5种，[8]）

西南金丝梅 *Hypericum henryi* Levl. et fan [1]，（该属5种）

木本；全县分布。产于昆明、禄丰（罗次）、禄劝、大理等地；生于海拔1300～2400m的山坡、山谷的疏林下或灌丛中。贵州也有。模式标本采自贵州贵阳附近。

地耳草 *Hypericum japonicum* Thunb. ex Murray

草本；全县分布。产于云南南北各地；生于海拔2800m以下的田边、沟边、草地及撂荒地上。辽宁、山东、江苏、安徽、浙江、江西、福建、台湾、湖北、湖南、广东、广西、四川、贵州也有。日本、朝鲜、尼泊尔、印度、斯里兰卡、缅甸至印度尼西亚、澳大利亚、新西兰以及美国的夏威夷有分布。

金丝梅 *Hypericum patulum* Thunb. ex Murray

木本；YS.XLD31，YS.XYC17，永善县溪洛渡街道富庆村向阳三组。产于昆明、禄丰（罗次）、禄劝、大理等地；生于海拔1300～2400m的山坡、山谷的疏林下或灌丛中。贵州也有。模式标本采自贵州贵阳附近。

密腺小连翘 *Hypericum seniavinii* Maxim.

木本；YS.HZB10，永善县蒿枝坝水库。我省多为引种栽培，也有少数逸生。东北地区及河北、山东、河南、山西、陕西、甘肃、湖北、江苏等省亦有。

近无柄金丝桃 *Hypericum subsessile* N. Robson

木本；滇东北队633，（KUN），永善县。产于云南西部（大理）；生于海拔2400～2550m的山坡灌丛中。四川西部（汉源）也有。模式标本（Forrest 28133）采自云南大理苍山。

128A 杜英科 Elaeocarpaceae（2属2种，[3]）

薯豆 *Elaeocarpus japonicus* Sieb. et Zucc. [2]，（该属1种）

木本；孙必兴等436，（PE），永善县。产于贡山、福贡、永善、富宁；生于海拔1250～2300m的湿润常绿阔叶林中。长江以南广泛分布。越南、日本也有。

仿栗 *Sloanea hemsleyana*（Ito）Rehd. et Wils. [3]，（该属1种）

木本；孙必兴等365，（PYU），永善县。全省除南部外几乎都有分布，生于海拔1300～2400m的沟谷常绿阔叶林中。四川、贵州、湖北、湖南、广西、江西、广东、陕西、甘肃等有分布。

130 梧桐科 Sterculiaceae（1属1种，[2]）

平当树 *Paradombeya sinensis* Dunn [7-3]，（该属1种）

木本；李锡文258，（IBSC），永善县。产于云南、四川南部；生于海拔280～1500m的山坡稀树灌丛草坡中。

132 锦葵科 Malvaceae（2属3种，[2]）

野葵 *Malva verticillata* Linn. [8]，（该属1种）

草本；全县分布。产于云南昆明、楚雄、大理、丽江、保山、曲靖、玉溪、普洱、临沧等地区；在海拔1600～3000m的山坡、林缘、草地、路旁常见之。分布于我国全国各地，北自吉林、内蒙古，南达云南、西藏，东起沿海，西至新疆、青海，不论平原还是山野，均有野生。分布于印度、缅甸、朝鲜和欧洲、东非等地区。

中华黄花稔 *Sida chinensis* Retz. [2]，（该属2种）

草本；全县分布。产于云南的元江、蒙自、凤庆、景东、勐腊、芒市等地区；生于海拔450～2000m的向阳山坡、溪旁、灌丛边缘或路边草丛中。分布于台湾、广东（海南岛）等地。

拔毒散 *Sida szechuensis* Matsuda

草本；全县分布。产于云南昆明、玉溪、楚雄、大理、丽江、保山、临沧、普洱、红河、文山、曲靖等地区；生于海拔300～2700m的山坡、路旁、灌丛或疏林下。分布于四川、贵州和广西。

136 大戟科 Euphorbiaceae（8属11种，[2]）

毛叶铁苋菜 *Acalypha mairei*（Lévl.）Schneid. [2]，（该属1种）

木本；Anonymous，（KUN），永善县。产于金平、勐海；生于海拔250～500m的石灰岩地区常绿林下或灌丛中。分布于广西西南部。缅甸、泰国和越南北部也产。

山麻秆 *Alchornea davidii* Franch. [2]，（该属1种）

木本；蔡希陶51189，（PE），永善县。产于昭通、永善、富宁、普洱、勐海、江川、元江；生于海拔300～1000m的沟谷、溪畔的山坡灌丛。分布于贵州、广西、江西、湖南、湖北、河南、福建和江苏。

巴豆 *Croton tiglium* Linn. [2]，（该属1种）

木本；George Forrest12656，（PE），永善县。产于建水、元阳、砚山、西畴、马关、河口、金平、普洱、景洪、勐腊、勐海、耿马、瑞丽；生于海拔160～1700m的山地疏林或村落旁。分布于四川、贵州、湖南、广东、广西、海南、江西、福建和浙江南部。亚洲南部和东南部各国、菲律宾和日本南部也有。

泽漆 *Euphorbia helioscopia* L. [2]，（该属3种）

草本；全县分布。产于昭通、彝良、会泽、昆明等地；生于山沟、路旁、荒野和山坡。我国绝大部分省区有分布。广布于欧亚大陆和北非。

续随子 *Euphorbia lathyris* Linn.

草本；全县分布。产于昆明、宾川、丽江、文山、蒙自等地。我国大部分省区均有，栽培或逸为野生。世界大部分地区有栽培。原产地不详。

黄苞大戟 *Euphorbia sikkimensis* Boiss.

木本；蔡希陶50935，（KUN），永善县。产于云南中部至西南部；生于海拔1700～2500m的山坡、疏林及灌丛中。分布于西藏、四川、贵州、广西和湖北。喜马拉雅地区诸国也有。

算盘子 *Glochidion puberum*（Linn.）Hutch. [2]，（该属1种）

木本；蔡希陶51131，（KUN），永善县。产于盐津、永善、镇雄、彝良、大关、绥江、威信、峨山、元江；生于海拔300～2200m的山坡、溪旁灌木丛中或林缘。分布于西藏、四川、贵州、广西、广东、海南、湖南、湖北、江西、福建、台湾、河南、陕西、甘肃、安徽、江苏、浙江。

野桐 *Mallotus japonicus*（Thunb.）Muell. [4]，（该属1种）

木本；全县分布。产于云南南部；生于海拔800～1200m的疏林下。分布于贵州南部和广西。模式标本采自蒙自。

余甘子 *Phyllanthus emblica* Linn. [2]，（该属2种）

木本；全县分布。产于永善、师宗、巧家、富宁、文山、砚山、西畴、麻栗坡、金平、元阳、河口、屏边、绿春、景东、泸水、景洪、勐海、大理、漾濞、鹤庆、云县、凤庆、临沧、蒙自、双柏、丽江，思茅、腾冲、盈江、新平、峨山、玉溪、华坪、禄劝；生于海拔160～2100m的山地疏林、灌丛、荒地或山沟向阳处。分布于四川、贵州、广西、广东、海南、江西、福建、台湾等省区。印度、斯里兰卡、中南半岛、印度尼西亚、马来西亚和菲律宾等也有，南美有栽培。

云贵叶下珠 *Phyllanthus franchetianus* Lévl.

木本；Anonymous，（KUN），永善县。产于永善、盐津、大关、元江、耿马、元阳；生于海拔400～1000m的山坡灌木丛中或疏林下。分布于四川。模式标本采自盐津与大关之间的成凤山。

乌桕 *Sapium sebiferum*（Linn.）Roxb. [2]，（该属1种）

木本；李锡文259，（IBSC），永善县。产于绥江、巧家、镇雄、永善、彝良、华坪、泸水、福贡、广南、石屏、蒙自、元阳、盈江、临沧、云县、元谋、武定、鹤庆、洱源、昆明、禄劝、通海、易门、新平、元江、普洱；生于海拔320～1750m的疏林。分布于黄河以南各省区，北达陕西、甘肃。日本、越南、印度也有，欧洲、美洲和非洲有栽培。

143 蔷薇科 Rosaceae （21属66种，[1]）

小花龙牙草 *Agrimonia nipponica* var. *occidentalis* Skalicky [8]，（该属2种）

草本；全县分布。产于贡山；生于海拔600～1200m的山坡草地。分布于安徽、浙江、广东、广西、贵州、江西。老挝北部也有。云南新纪录。

黄龙尾 *Agrimonia pilosa* var. *nepalensis*（D. Don）Nakai

草本；蔡希陶51032，（PE），永善县。产于贡山、福贡、丽江、大理、洱源、昆明、禄劝、景东、孟连、马关、麻栗坡；生于海拔1200～3100m的山坡疏林中。我国除东北和新疆外，其他各省均产。印度、尼泊尔、缅甸、泰国、老挝、越南北方也有。

假升麻 *Aruncus sylvester* Kostel. [8]，（该属1种）

草本；蔡希陶51179，（PE），永善县，YS.YQ29，永善县云荞水库途中草地。产于贡山、德钦、香格里拉、维西、丽江、大理；生于海拔2800～3800m的林下、杂木林中、高山草地。分布于黑龙江、吉林、辽宁、河南、甘肃、陕西、湖南、江西、安徽、浙江、四川、广西和西藏。俄罗斯西伯利亚、日本、朝鲜也有。

云南樱桃 *Cerasus yunnanensis*（Franch.）Yü et Li [8]，（该属1种）

木本；蔡希陶50978，（PE），永善县。产于维西、丽江、双柏、永善；生于海拔2300～2600m的山谷林中或山坡地边。分布于四川、广西。模式标本采自云南西北部碧芝罗。

灰栒子 *Cotoneaster acutifolius* Turcz. [8]，（该属7种）

木本；滇东北队648，（KUN），永善县马楠乡。

泡叶栒子 *Cotoneaster bullatus* Bois

木本；蔡希陶51018，（KUN），永善县。产维西、香格里拉、德钦、丽江、兰坪；生于海拔2700～3650m的山坡疏林边、河岸边。分布于湖北、四川、西藏。

黄杨叶栒子 *Cotoneaster buxifolius* Lindl.

木本；ELK-260，永善县马楠乡二龙口云桥水库。产于贡山、保山、缅宁、德钦、维西、香格里拉、兰坪、丽江、剑川、鹤庆、洱源、漾濞、宾川、大理、巍山、祥云、双柏、楚雄、姚安、昆明、宜良、石林、武定、江川、峨山、嵩明、禄劝、富民、东川、马龙、麻栗坡、景东；生于海拔1000～3300m的多石砾坡地、灌丛中。分布于四川、贵州、西藏。不丹、印度、缅甸、尼泊尔也有。

木帚栒子 *Cotoneaster dielsianus* Pritz.

木本；ELK-235，YS.YQSQ01，永善县马楠乡二龙口云桥水库，云荞水库附近。产于贡山、德钦、维西、香格里拉、丽江、永胜、兰坪、宾川、洱源、大理、昆明、禄劝、马龙、镇雄；生于海拔1800 ~ 4000m的荒坡、沟谷、草地或灌丛中。分布于湖北、贵州、四川、西藏。

麻核栒子 *Cotoneaster foveolatus* Rehd. et Wils.

木本；蔡希陶50943，（PE），永善县。产于维西、香格里拉、丽江、兰坪；生于海拔2400 ~ 3100m的路边杂木林中或林缘。分布于陕西、甘肃、湖北、湖南、四川、贵州、西藏。

西南栒子 *Cotoneaster franchetii* Bois

木本；全县分布。产于贡山、维西、香格里拉、丽江、鹤庆、大理、昭通、会泽、昆明、文山；生于海拔1700 ~ 3050m的多石向阳山坡灌丛中。分布于四川、贵州、西藏。泰国也有。模式标本采自昭通。

宝兴栒子 *Cotoneaster moupinensis* Franch.

木本；滇东北队606，（KUN），永善县马楠乡。产于贡山、维西、德钦、丽江；生于海拔2200 ~ 3200m的疏林边或松林下。分布于陕西、甘肃、湖北、四川、贵州、西藏。

蛇莓 *Duchesnea indica*（Andr.）Focke **[7]，（该属1种）**

草本；全县分布。云南各地均有分布；生于海拔2400m以下的山坡、草地、河岸、林缘、路旁及潮湿的地方。我国各地均有分布。从阿富汗东达日本、南达印度尼西亚，在欧洲及美洲也有。

枇杷 *Eriobotrya japonica*（Thunb.）Lindl **[14]，（该属2种）**

木本；ELK-248，永善县马楠乡二龙口云桥水库。云南全省各地栽培。罗平县有野生者。广泛栽培于甘肃、陕西、河南、江苏、安徽、浙江、江西、湖北、湖南、四川、贵州、广西、广东、福建、台湾。日本、印度、越南、缅甸、泰国、印度尼西亚也有栽培。

怒江枇杷 *Eriobotrya salwinensis* Hand.-Mazz.

木本；孙必兴等457，（KUN），永善县。产于贡山（模式标本产地）；生于海拔1600 ~ 2400m的常绿阔叶林中。缅甸、印度也有。

黄毛草莓 *Fragaria nilgerrensis* Schlecht. ex Gay **[8]，（该属2种）**

草本；YS.HZB16，永善县蒿枝坝水库。产于贡山、福贡、大理、师宗、昆明、文山、麻栗坡、广南、富宁；生于海拔1500 ~ 4000m的草坡地或沟边林下。分布于陕西、湖北、四川、湖南、贵州和台湾。尼泊尔、斯里兰卡、印度东部、越南北部也有。

野草莓 *Fragaria vesca* L.

草本；YS.YQ23，永善县云荞水库途中草地。产于香格里拉、丽江；生于海拔3800 ~ 4200m的草坡。分布于吉林、陕西、甘肃、新疆、四川、贵州。欧洲、北美洲北温带也有。

柔毛路边青 *Geum japonicum* var. *chinense* F. Bolle **[8–4]，（该属1种）**

草本；XYF-198，YS.HZB12，YS.XYC20，YS.YQSQ08，永善县永兴街道顺河椿尖坪、水竹乡

蒿枝坝水库、溪洛渡街道富庆村向阳三组、云荞水库附近。产于香格里拉、麻栗坡、大关；生于海拔1600～3200m的草坡、疏林下。全国各地均有分布。

尖叶桂樱 *Laurocerasus undulate*（D. Don）Rocm. [2–2]，（该属1种）

木本；全县分布。产于贡山、福贡、勐海、勐腊、普洱、绿春、金平、屏边、双柏、广南、麻栗坡、西畴；生于海拔900～2800m的常绿阔叶林下或山谷阴处。分布于湖南、江西、广东、广西、四川、贵州和西藏东南部。印度东部、孟加拉国、尼泊尔、缅甸北部、泰国和老挝北部、越南北部至南部、印度尼西亚也有。

川康绣线梅 *Neillia affinis* Hemsl. [14]，（该属4种）

木本；蔡希陶50949，（PE），永善县。产于维西、德钦、贡山、丽江、耿马、峨山、西畴；生于海拔1100～3500m的杂木林中。分布于四川、西藏（聂拉木）。

云南绣线梅 *Neillia serratisepala* Li

木本；蔡希陶51041，（KUN），永善县。产于维西、贡山、福贡、芒市、砚山、马关、麻栗坡、屏边；生于海拔1300～3200m的杂木林中或灌丛中。模式标本采自福贡。

中华绣线梅 *Neillia sinensis* Oliv.

木本；蔡希陶50992，（KUN），永善县。产于贡山、丽江、砚山；生于海拔1500～2100m的山坡灌丛中。分布于河南、陕西、甘肃、湖北、湖南、江西、广东、广西、四川、贵州。

毛果绣线梅 *Neillia thyrsiflora* var. *tunkinensis* Vidal

木本；蔡希陶51041，（PE），永善县。产于西盟；生于海拔2000m左右的阔叶林中。分布于四川、西藏、贵州、广西。印度、缅甸、越南、印度尼西亚也有。

华西小石积 *Osteomeles schwerinae* Schneid. [2–1]，（该属1种）

木本；王启无84051，（KUN），永善县。云南省除西双版纳外，全省各地均有分布；生于海拔1100～2000m的斜坡、灌丛或干燥处。分布于四川、甘肃、贵州。模式标本采自蒙自。

短梗稠李 *Padus brachypoda*（Batal.）Schneid. [8–4]，（该属3种）

木本；蔡希陶51089，（PE），永善县。产于贡山、丽江、鹤庆、宁蒗、大姚、景东、大关；生于海拔1700～3550m的山谷杂木林中或混交林中。分布于河南、陕西、甘肃、湖北、四川、贵州。

细齿稠李 *Padus obtusata*（Koehne）Yü et Ku

木本；俞德浚10190，（KUN），永善县。产于德钦、维西、香格里拉、丽江、鹤庆、漾濞、大姚、宾川、景东、兰坪、禄劝、文山、西畴、绥江、永善；生于海拔1400～3600m的山坡疏林中、密林中或山谷、沟底和溪边。分布于甘肃、陕西、河南、安徽、浙江、台湾、江西、湖北、湖南、贵州、四川。

绢毛稠李 *Padus wilsonii* Schneid

木本；ELK-279，永善县马楠。产于镇雄、彝良、大关；生于海拔1700～1900m的山坡、山谷或沟底。分布于陕西、湖南、江西、安徽、浙江、广东、广西、四川、贵州、西藏。

厚叶中华石楠 *Photinia beauverdiana* var. *notabilis*（Schneid.）Rehd. et Wils. [9]，**（该属1种）**

木本；王启无84447，（KUN），永善县。产于镇雄、文山、西畴、砚山、麻栗坡、广南、富宁、屏边、双江、景东、龙陵、腾冲、孟连、景洪、勐海；生于海拔700～2200m的沟谷雨林、密林中或林边。分布于陕西、江苏、安徽、浙江、江西、河南、湖南、湖北、广东、广西、四川、贵州、台湾。越南北部也有。

星毛委陵菜 *Potentilla acaulis* Linn. [8]，**（该属6种）**

草本；滇东北队613，（KUN），永善县马楠乡。产大理、洱源、宾川、大姚、腾冲、昆明、师宗；生于海拔1900～3000m的荒地、山坡草地、林缘及林下。分布于四川、贵州、西藏。模式标本采自宾川。

西南委陵菜 *Potentilla fulgens* Wall. ex Hook.

草本；ML-270，永善县马楠乡。除西双版纳、滇东南外，全省各地均有分布；生于海拔1100～3600m的山坡草地、灌丛、林缘。分布于湖北、四川、贵州、广西。印度、尼泊尔也有。

柔毛委陵菜 *Potentilla griffithii* Hook. f.

草本；全县分布。产于大理、洱源、宾川、大姚、腾冲、昆明、师宗；生于海拔1900～3000m的荒地、山坡草地、林缘及林下。分布于四川、贵州、西藏。模式标本采自宾川。

蛇含委陵菜 *Potentilla kleiniana* Wight et Arn.

草本；全县分布。产于贡山、德钦、丽江、泸水、福贡、澜沧、沧源、勐海、双江、砚山、师宗、景东、昆明、文山、西畴；生于海拔1100～2000m的山坡草地。我国南北各省均有分布。朝鲜、日本、印度、马来西亚和印度尼西亚也有。

银叶委陵菜 *Potentilla leuconota* D. Don

草本；YS.YQ25，永善县云荞水库途中草地。产于贡山、福贡、泸水、德钦、维西、香格里拉、丽江、大理、腾冲、禄劝、昭通；生于海拔3000～4150m的高山草坡、灌丛中。模式标本采自大理。

三叶朝天委陵菜 *Potentilla supina* var. *ternata* Peterm.

草本；昆植植物群落标本，（KUN），永善县。产于香格里拉、沧源、昆明、嵩明、广南；生于海拔150～4300m的小湿地边、荒坡草地、河岸沙地。分布于黑龙江、辽宁、河北、山西、陕西、甘肃、新疆、河南、安徽、江苏、浙江、江西、广东、四川和贵州。俄罗斯远东地区也有。

火棘 *Pyracantha fortuneana*（Maxim.）Li [6]，（该属1种）

木本；全县分布。产于香格里拉、德钦、维西、丽江、昆明、玉溪、西畴、砚山、屏边、蒙自；生于海拔500～2800m的松林下或干燥山坡及路旁。云南中部常见。分布于陕西、河南、江苏、浙江、福建、湖北、湖南、广西、贵州、四川、西藏。

川梨 *Pyrus pashia* Buch.-Ham. ex D. Don [10]，（该属1种）

木本；全县分布。除滇东北外，全省各地均有分布；生于海拔2600m以下的山谷斜坡丛林中。分布于四川、贵州。印度、缅甸、不丹、尼泊尔、老挝、越南、泰国也有。

绣球蔷薇 *Rosa glomerata* Rehd. et Wils. [8]，（该属6种）

木本；XYF-229，YS.SHC33，YS.SHC51，YS.HZB36，永善县朱家坪，团结乡花石村、双河村，蒿枝坝水库。产于维西、德钦、贡山、镇雄、彝良、大关、永善；生于海拔1200～3200m的山坡林缘、灌木丛中。分布于湖北、四川、贵州。

软条七蔷薇 *Rosa henryi* Boulenger

木本；全县分布。云南有分布；生于海拔1700～2000m的林缘、灌丛、山谷和农田地带。分布于陕西、河南、安徽、江苏、浙江、江西、福建、广东、广西、湖北、湖南、四川、贵州。

毛叶蔷薇 *Rosa mairei* Lévl.

木本；昆植植物群落标本，（KUN），永善县。产于德钦、维西、香格里拉、兰坪、丽江、永胜、洱源、鹤庆、禄劝；生于海拔1700～3200m的山坡阳处或沟边杂木林中。分布于四川、贵州、西藏。

野蔷薇 *Rosa multiflora* Thunb.

木本；全县分布。产于德钦；生于海拔1900～5000m的山坡荒地，在德钦茨中至永自一带常见。分布于四川（木里）。模式标本采自德钦。

峨眉蔷薇 *Rosa omeiensis* Rolfe

木本；ELK-242，YS.XLD15，YS.SHC25，YS.HZB09，YS.YQ36，YS.YQSQ03，永善县马楠乡二龙口云桥水库，溪洛渡街道富庆村向阳三组，团结乡花石村、双河村，蒿枝坝水库，云荞水库途中草地。

铁杆蔷薇 *Rosa prattii* Hemsl.

木本；滇东北队635，（KUN），永善县马楠乡。产于云南中部、东北部、西部、西北部；生于海拔2400～4000m的山坡灌丛中或箐沟边林中。分布于四川、湖北、陕西、宁夏、甘肃、青海、西藏。

粗叶悬钩子 *Rubus alceaefolius* Poir. [8–4]，（该属14种）

藤本；全县分布。产于勐海及其附近地区；生于海拔500～2000m的向阳坡地、山谷杂木林中、路旁灌丛或岩石间。分布于贵州、广西、广东、湖南、江西、江苏、福建、台湾。缅甸、东南亚、印度尼西亚、菲律宾、日本也有。

网纹悬钩子 *Rubus cinclidodictyus* Card.

藤本；全县分布。产于勐海及其附近地区；生于海拔500～2000m的向阳坡地、山谷杂木林中、路旁灌丛或岩石间。分布于贵州、广西、广东、湖南、江西、江苏、福建、台湾。缅甸、东南亚、印度尼西亚、菲律宾、日本也有。

栽秧泡 *Rubus ellipticus* var. *obcordatus*（Franch.）Focke

藤本；全县分布。产于丽江、凤庆、蒙自、西畴、芒市、景洪等地；生于海拔800～2000m的山谷疏密林中或山坡路边及河边灌丛中。分布于西藏东南部、四川贵州、广西。印度、泰国、老挝、越南也有。

戟叶悬钩子 *Rubus hastifolius* Lévl. et Vant.

藤本；全县分布。产于富宁；生于海拔300～1500m的山坡阴湿处及沟边灌丛中。分布于贵州、广东、湖南、江西。越南、泰国也有。

高粱泡 *Rubus lambertianus* Ser.

藤本；YS.TJ05，永善县团结乡纸厂方向。产于云南（地点不详）；生于海拔达2000m的山坡或山谷林缘或灌丛中。分布于广西、广东、湖南、湖北、河南、江西、安徽、江苏、浙江、福建、台湾。日本也有。

红泡刺藤 *Rubus niveus* Thunb.

藤本；全县分布。产于贡山、香格里拉、宁蒗、丽江、剑川、泸水、大理、嵩明、昆明、双柏、景东、普洱、蒙自、金平、屏边、文山等地；生于海拔1000～2000m的山坡，疏、密林中，灌丛或山谷河滩及溪流旁。分布于西藏东南部到南部、四川西部、贵州、广西至陕西和甘肃。不丹、尼泊尔、印度、克什米尔地区、阿富汗、斯里兰卡、缅甸、泰国、老挝、越南、马来西亚、印度尼西亚、菲律宾也有。

长圆悬钩子 *Rubus oblongus* Yü et Lu

藤本；孙必兴等438，（KUN），永善县大同大包顶（白岩果子）。产于永善、大关；生于海拔1700～2100m的山坡密林或杂木林内。分布于贵州西北部。

无刺掌叶悬钩子 *Rubus pentagonus* var. *modestus*（Focke）Yü et Lu

藤本；蔡希陶51074，（NAS），永善县。产于贡山、宜良；生于海拔1600～2800m山坡林缘、灌木丛中或山谷。分布于四川、贵州。

多腺悬钩子 *Rubus phoenicolasius* Maxim.

藤本；ELK-237，永善县马楠乡二龙口云桥水库。产于嵩明、景东、镇康；生于海拔1000～2600m的山谷疏、密林内或林缘、干旱坡地灌丛中。分布于四川和西藏（错那、樟木）。巴基斯坦、尼泊尔、不丹、印度、斯里兰卡、缅甸、泰国、老挝、越南、印度尼西亚、菲律宾也有。

毛果悬钩子 *Rubus ptilocarpus* Yü et Lu

藤本；蔡希陶51036，（PE），永善县。产于永善；生于海拔2300m的山地阴坡林内或岩石上。分布于四川西部。

川莓 *Rubus setchuenensis* Bur. et Franch.

藤本；YS.XLD03，YS.SHC01，YS.YQSQ10，永善县溪洛渡街道富庆村向阳三组，团结乡花石村、双河村，云荞水库附近。产于镇雄、麻栗坡、屏边、景洪等地；生于海拔500～3000m的山坡、荒野及路边林缘或灌丛中。分布于四川、贵州、广西、湖南、湖北。

直立悬钩子 *Rubus stans* Focke

藤本；ELK-239，永善县马楠乡二龙口云桥水库。产于永善、香格里拉、丽江、德钦、维西；生于海拔2000～3400m林下或林缘。分布于四川、西藏。

木莓 *Rubus swinhoei* Hance

藤本；YS.SHC35，永善县团结乡花石村、双河村。

灰白毛莓 *Rubus tephrodes* Hance

藤本；ELK-240，永善县马楠乡二龙口云桥水库。

珍珠梅 *Sorbaria sorbifolia*（L.）A. Br **[9]，（该属1种）**

木本；全县分布。产于维西、德钦、丽江、漾濞、巧家；生于海拔2400～3400m的山坡林边或山箐草地。分布于陕西、甘肃、新疆、湖北、江西、四川、贵州、西藏。

水榆花楸 *Sorbus alnifolia*（Sieb. et Zucc.）K. Koch **[8]，（该属7种）**

木本；蔡希陶51054，（KUN），永善县。

石灰花楸 *Sorbus folgneri*（Schneid.）Rehd.

木本；孙必兴等429，（PE），永善县炯炮顶。产于镇雄、丽江、禄劝、昆明；生于海拔800～2000m的山坡、山谷或溪旁林中。分布于四川、贵州、广西、广东、湖南、湖北、江西、安徽、福建、陕西、甘肃。

多对花楸 *Sorbus multijuga* Koehne

木本；蔡希陶51054，（PE），永善县。产于永善；生于海拔2300～3000m的山地丛林或岩石山坡。分布于四川西部。

西康花楸 *Sorbus prattii* Koehne

木本；蔡希陶51092，（KUN），永善县。产于香格里拉、维西、丽江；生于海拔2100 ~ 3700m的高山杂木林或针叶林。分布于四川西部、西藏东部和南部。印度、不丹也有。

晚绣花楸 *Sorbus sargentiana* Koehne

木本；蔡希陶51077，（PE），永善县。产于云南东北部（彝良、永善等地）至滇中；生于海拔1900 ~ 3200m的山坡杂木林中或阳坡及路边。分布于四川西部。

四川花楸 *Sorbus setschwanensis*（Schneid.）Koehne

木本；蔡希陶51054，（PE），永善县。产于云南东北部（永善等地）；生于海拔2300 ~ 3000m的杂木林下或岩石坡地。分布于四川、贵州。

川滇花楸 *Sorbus vilmorinii* C. K. Schneid.

木本；蔡希陶，（SCUM），永善县。产于香格里拉、维西、丽江、大理；生于山坡、路边或沟边杂木林或针叶林下，也见于草坡灌丛或竹丛内，海拔3000 ~ 4000m。分布于四川西南部、西藏东部和南部。

粉花绣线菊 *Spiraea japonica* L. f. **[8]，（该属3种）**

木本；YS.XLD21，YS.SHC18，YS.XYC10，永善县溪洛渡街道富庆村阳三组，团结乡花石村、双河村。本种广布全省；生于海拔700 ~ 4000m的各类生境。分布于安徽、福建、甘肃、广东、广西、河南、湖北、湖南、江苏、江西、陕西、山东、四川、西藏和浙江。日本、朝鲜也有。

鄂西绣线菊 *Spiraea veitchii* Hemsl.

木本；Anonymous，（SCUM），永善县。产于维西、香格里拉、丽江、大理、昆明、禄劝、会泽、巧家、东川；生于海拔2200 ~ 3700m的路边、村旁、灌丛中。分布于陕西、甘肃、湖北、四川、贵州。

绒毛绣线菊 *Spiraea velutina* Franch.

木本；蔡希陶51033，（PE），永善县。产于维西、香格里拉、丽江、鹤庆、洱源、大理、福贡；生于海拔2100 ~ 3100m的杂木林内、干燥山坡或草丛中。分布于西藏。模式标本采自云南鹤庆。

147 苏木科 Caesalpiniaceae（1属2种，[2–2]）

粉叶羊蹄甲 *Bauhinia glauca*（Wall. ex Benth.）Benth. **[2]，（该属2种）**

木本；孙必兴等545，（KUN），永善县会西七社大同大队。云南东北部，四川、云南边境有分布；生于山坡阳处或疏林、灌丛中。广东、广西、江西、湖南、贵州也有。分布于印度、中南半岛、印度尼西亚。模式标本采自香港。

云南羊蹄甲 *Bauhinia yunnanensis* Franch.

木本；孙必兴等545，（PE），永善县桧罗大沟大同大队11队。产于丽江、鹤庆、邓川、香格里拉、永仁、宾川、大姚、禄劝、元江、文山等地；生于海拔（480～）1400～2100m的山坡灌丛、路旁。四川西南部及贵州也有分布。缅甸和泰国北部也有。模式标本采自鹤庆大坪子。

148 蝶形花科 Papilionaceae（20属26种，[1]）

地八角 *Astragalus bhotanensis* Baker　[1]，（该属2种）

草本；全县分布。产于香格里拉、大理、禄丰、易门、安宁、昆明、镇雄、会泽、师宗；生于海拔1650～3400m的田边、山坡、河边及林内。分布于陕西、甘肃、四川、贵州。尼泊尔、不丹也有。

紫云英 *Astragalus sinicus* Linn.

草本；蔡希陶50956，（PE），永善县。产于镇康、耿马、洱源、大理、易门、禄劝、富民、昆明、宜良、东川、师宗、广南、富宁、文山、麻栗坡、马关、绿春、金平、屏边；生于海拔700～2880m的路边、田间、草地、河岸、溪边及旷野中。分布于长江以南各省、台湾。日本也有。

蔓草虫豆 *Cajanus scarabaeoides*（Linn.）Thouars　[4]，（该属1种）

藤本；全县分布。产于巧家、永胜、蒙自、禄劝、景东、屏边、石屏、金平、景洪、勐腊、河口；生于海拔180～1600m的旷野、路旁或山坡草丛中。分布于四川、贵州、广西、广东、海南、台湾。为本属分布最广的1种，东自太平洋的一些岛屿、琉球群岛，经越南、泰国、缅甸、不丹、尼泊尔、孟加拉国、印度、斯里兰卡、巴基斯坦，直至马来西亚、印度尼西亚、大洋洲乃至非洲均有分布。

小雀花 *Campylotropis polyantha*（Franch.）Schindl.　[11]，（该属1种）

木本；全县分布。产于云南中部及以北地区；生于海拔（400～）1000～3000m的向阳地的灌丛、沟边、林边、山坡草地上。分布于甘肃南部、四川、贵州、西藏东部。模式标本采自宾川大坪子。

假地兰 *Crotalaria ferruginea* Grah. ex Benth.　[2]，（该属1种）

草本；全县分布。

大金刚藤 *Dalbergia dyeriana* Harms　[2]，（该属1种）

木本；全县分布。产于镇雄、广南、文山、屏边、蒙自、绿春、勐腊、勐海、云县、芒市；生于海拔650～1800m的林中、灌丛或河边。分布于四川、浙江、湖南、湖北、陕西、甘肃。

圆锥山蚂蝗 *Desmodium elegans* DC.　[9]，（该属2种）

木本；全县分布。产于大理、剑川、洱源、鹤庆、丽江、香格里拉、腾冲、凤庆、镇康、砚山等地；生于海拔1000～3700m的松栎林缘、林下、山坡路旁或水沟边。分布于陕西西南部、甘肃、四川、贵州西北部及西藏等省区。阿富汗、印度西南部、尼泊尔、不丹也有。

长波叶山蚂蝗 *Desmodium sequax* Wall.

草本；全县分布。产于巧家、盐津、彝良、大关、师宗、昆明、宜良、江川、双柏、峨山、蒙自、石屏、绿春、马关、元阳、西畴、河口、屏边、景东、思茅、西双版纳、双江、陇川、大理、兰坪、鹤庆、永仁、贡山、福贡、泸水、临沧、沧源及镇康等地；生于海拔3200～3400m的山坡草地、灌丛、疏林及林缘。分布于湖北、湖南、广东西北部、广西、四川、贵州、西藏、台湾等省区。印度、尼泊尔、缅甸、印度尼西亚的爪哇、巴布亚新几内亚也有。

千斤拔 *Flemingia philippinensis* Merr. et Rolfe　[2]，（该属1种）

草本；全县分布。产于蒙自、富宁、砚山、元江、景东、景洪、镇康、芒市；常生于海拔500～1670m的干热河谷、灌丛中。分布于四川、广西、贵州、广东、海南、福建、江西、湖南、湖北、台湾。菲律宾也有。

西南木蓝 *Indigofera mairei* H. Lév.　[2]，（该属3种）

木本；全县分布。产于大理、鹤庆、丽江、维西、贡山等地；生于海拔2100～2700m的山坡高山栎林、沟边灌丛中及杂木林中。分布于西藏、贵州、四川、甘肃。模式标本采自云南西北部。

网叶木蓝 *Indigofera reticulata* Franch.

木本；全县分布。产于德钦、维西、丽江、鹤庆、姚安、禄劝、昆明、易门、峨山、砚山等地；生于海拔1200～3000m的山坡疏林下、灌丛中及林缘草坡。分布于西藏、贵州、四川西南部。泰国也有。

四川木蓝 *Indigofera szechuensis* Craib

木本；全县分布。产于德钦、香格里拉；生于海拔2500～3500m的山坡、路旁、沟边及灌丛中。分布于西藏、四川。

截叶铁扫帚 *Lespedeza cuneata*（Dum. -Cours.）G. Don　[9]，（该属1种）

草本；全县分布。产云南全省；生于海拔2500m以下的山坡路边。分布于陕西、甘肃、山东、台湾、河南、湖北、湖南、广东、四川、西藏等省区。朝鲜、日本、印度、巴基斯坦、阿富汗及澳大利亚也有分布。

百脉根 *Lotus corniculatus* Linn. [10–3]，（该属1种）

草本；蔡希陶50955，（SCUM），永善县。产于香格里拉、丽江、宁蒗、维西、鹤庆、剑川、漾濞、洱源、大理、双柏、易门、武定、禄劝、昆明、嵩明、富民、宜良、通海、峨山、东川、华宁、师宗、沧源等地；生于海拔1500～3500m的草坡、田边、沟边、林缘等地。分布于陕西、甘肃、湖北、湖南、广西、四川、贵州。欧洲、亚洲、北美洲、大洋洲、北非也产。

天蓝苜蓿 *Medicago lupulina* L. [10–3]，（该属2种）

草本；全县分布。产于德钦、维西、香格里拉、丽江、宁蒗、大理、双柏、易门、武定、富民、昆明、宜良、石林、澄江、江川、通海、会泽、师宗、蒙自、砚山；生于海拔1200～3250m的草地、田边、路旁、山坡、荒地中。分布于东北、华北、西北、中南。朝鲜、日本、俄罗斯及其他一些欧洲国家也有。

小苜蓿 *Medicago minima*（L.）Grufb.

草本；ML-275，YS.YQ24，YS.MLX03，永善县马楠乡。产于巧家、永胜、丽江、鹤庆、元谋、禄劝、澄江、元江、江川、蒙自、景东、西双版纳；生于海拔400～2800m湿润的河边沙滩和干燥开旷的草坡及疏林下。分布于四川、广东和台湾。缅甸、泰国、越南、老挝、印度、孟加拉国、巴基斯坦、尼泊尔、阿富汗、澳大利亚及马来群岛也有。

印度草木樨 *Melilotus indicus*（L.）All. [10]，（该属1种）

草本；全县分布。产于德钦、鹤庆、洱源、大理、楚雄、禄丰、易门、昆明、江川；生于田中、沟边、草坡。分布于华中、华东、华南、西南。印度、尼泊尔、西亚、中亚、非洲及欧洲地中海地区广布。

紫雀花 *Parochetus communis* Buch.-Ham. ex D. Don [6]，（该属1种）

草本；蔡希陶51005，（KUN），永善县，YS.HZB23，YS.YQ15，永善县蒿枝坝水库。产于维西、贡山、福贡、丽江、兰坪、漾濞、大理、凤庆、镇康、景东、大姚、易门、禄劝、昆明、富民、宜良、峨山、巧家、威信、镇雄、文山、石屏、屏边；生于海拔1350～3100m的山坡、草地、路边、林下。分布于西藏。印度尼西亚（爪哇）、马来西亚、斯里兰卡、缅甸、印度及中南半岛也有。

三色黄花木 *Piptanthus nepalensis*（Hook.）D. Don [14（SH）]，（该属1种）

木本；全县分布。产于香格里拉、丽江、鹤庆、大理、洱源、大姚；生于海拔2800～4000m的山坡灌丛。分布于西藏日东和四川木里。模式标本采自鹤庆。

长柄山蚂蝗 *Podocarpium podocarpum* Yang et Huang [9]，（该属1种）

木本；YS.XLD19，永善县溪洛渡街道富庆村向阳三组。产于大理、剑川、洱源、鹤庆、丽江、香格里拉、腾冲、凤庆、镇康、砚山等地；生于海拔1000～3700m的松栎林缘、林下、山坡路旁或水沟边。分布于陕西西南部、甘肃、四川、贵州西北部及西藏等省区。阿富汗、印度西南部、尼泊尔、不丹也有。

苦葛 *Pueraria peduncularis*（Grah. ex Benth.）Benth. [7]，（该属1种）

藤本；蔡希陶51169，（KUN），永善县。产于维西、香格里拉、兰坪、丽江、大理、鹤庆、漾濞、通海、大姚、楚雄、双柏、武定、嵩明、元江、江川、禄劝、峨山、砚山、麻栗坡、文山、西畴、绿春、景东、墨江、西盟、西双版纳、芒市、腾冲；生于海拔1100～3500m的荒地、杂木林中。分布于四川、贵州、广西、西藏。缅甸、尼泊尔、印度及克什米尔地区等也有。

毛宿苞豆 *Shuteria pampaniniana* Hand.-Mazz. [6]，（该属1种）

藤本；全县分布。产于蒙自、新平；生于海拔250～2000m的山坡、疏林、路旁、灌丛中。老挝、越南、泰国、缅甸、不丹、尼泊尔、印度也有。

槐 *Sophora japonica* Linn. [1]，（该属1种）

木本；蔡希陶51219，（KUN），永善县。云南全省广布。原产我国，现广泛栽培于南北各省区。越南、日本也有，朝鲜并见有野生，欧洲、美洲均有引种。

白车轴草 *Trifolium repens* Linn. [8]，（该属1种）

草本；YS.YQ07，YS.MLX01，ML-276，永善县马兰乡到云荞水库途中草地。栽培于昆明等地。我国大部地区栽培。本种原产欧洲，世界各国多有栽培。

救荒野豌豆 *Vicia sativa* Linn. [8-4]，（该属2种）

草本；全县分布。产于丽江、维西、贡山、凤庆、龙陵、景东、易门、昆明、广南、麻栗坡；生于海拔1000～2600m的山坡、草地、田中。我国大部地区均有分布。欧洲、亚洲的暖温带也有。

野豌豆 *Vicia sepium* L.

草本；全县分布。产于昆明、威信；生于海拔1460～2000m的路边、田中。分布于陕西、甘肃、贵州、四川。俄罗斯西伯利亚及欧洲、北美洲也有。

150 旌节花科 Stachyuraceae（1属2种，[14]）

中华旌节花 *Stachyurus chinensis* Franch. [14]，（该属2种）

木本；ELK-241，永善县马楠乡二龙口云桥水库。产于云南西北（丽江）与东北（镇雄）；生于海拔1580～2890m的山谷、沟边灌丛中和林缘。分布于四川、贵州、陕西、甘肃、河南、湖北、湖南、安徽、江西、浙江、福建、广西、广东等省区。越南也有。

西域旌节花 *Stachyurus himalaicus* Hook. f. et Thoms. ex Benth.

木本；蔡希陶51153，（KUN），YS.XYC06，ELK-249，永善县溪洛渡街道富庆村向阳三组，马楠乡二龙口云桥水库。产于全省各地；生于海拔1700～2900m的山坡林中。分布于我国西南、广西、广东、台湾、陕西、湖北、湖南、江西等省区。印度、缅甸也有。

151 金缕梅科 Hamamelidaceae（1属1种，[8–4]）

三脉水丝梨 *Sycopsis triplinervia* Chang [7]，（该属1种）

木本；Anonymous，（PYU），永善县大同大包顶。产彝良、大关；生于海拔1900～2500m的常绿阔叶林中，属第一、二层乔木。最先采自我国四川屏山。

154 黄杨科 Buxaceae（2属2种，[8–4]）

大叶黄杨 *Buxus megistophylla* Levl. [2]，（该属1种）

木本；XYF–225，永善县朱家坪。栽培于昆明植物园。我国山东、河南、陕西、甘肃、湖北、安徽、江苏、江西、广东、四川、贵州皆有分布，常见栽培。

野扇花 *Sarcococca ruscifolia* Stapf [7]，（该属1种）

木本；ELK–264，YS.YQSQ11，永善县马楠乡二龙口云桥水库，云荞水库附近。产于滇中、滇西北及滇东南等地区；生于海拔1200～1900m的杂木林下，喜生石灰岩区。我国湖北西部、四川、贵州亦有分布。

156 杨柳科 Salicaceae（2属5种，[8–4]）

青杨 *Populus cathayana* Rehd. [8]，（该属2种）

木本；YS.HZB33，永善县蒿枝坝水库。产宁蒗。模式标本采自宁蒗永宁。本变种不同于原种为小枝、芽、叶两面脉上被细小的微柔毛，果序轴和果被短的微柔毛等。

川杨 *Populus szechuanica* C. K. Schneid.

木本；全县分布。产彝良、丽江、碧江、香格里拉；生于海拔1900～3500m的杂木林中；陕西、甘肃、四川亦有。

川柳 *Salix hylonoma* Schneid. [8]，（该属3种）

木本；蔡希陶51085，（SCUM），永善县。产于维西、永善；生于海拔2300～3200m的杂木林中。河北、山西、陕西、甘肃东南部、安徽西北部、四川、贵州均有。

长花柳 *Salix longiflora* Anderss.

木本；蔡希陶50981，（PE），永善县。产禄劝、昭通、彝良、永善、丽江、大理、维西、德钦；生于海拔2300～3400m的沟边、山坡灌丛或杂木林下。四川、西藏也有。分布于印度。

草地柳 *Salix praticola* Hand.-Mazz. ex Enand.

木本；蔡希陶50966，（PE），永善县。产于昆明、嵩明、双柏、禄劝、师宗、广南；生于海拔1500～2600m的山坡路边或林缘及疏林下。湖南、湖北、广西、四川、贵州均产。

159 杨梅科 Myricaceae（1属1种，[1]）

杨梅 *Myrica rubra*（Lour.）S. et Zucc.　[8–4]，（该属1种）

木本；全县分布。产于勐海、马关、麻栗坡、广南、富宁、泸水；生于海拔1100～2300m的山坡林中。江苏、浙江、江西、四川、贵州、湖南、广西、广东、福建、台湾亦有。朝鲜、日本、菲律宾亦有分布。

161 桦木科 Betulaceae（3属7种，[8–4]）

西桦 *Betula alnoides* Buch.-Ham. ex D. Don　[8]，（该属2种）

木本；ELK–250，永善县马楠乡二龙口云桥水库。产于泸水、南涧、保山、龙陵、瑞丽、盈江、凤庆、沧源、镇康、双江、景东、思茅、景洪、佛海、勐腊、石屏、金平、广南、富宁、西畴、屏边等地；生于海拔500～2100m的山坡杂木林中。梅南（尖峰岭）、广西田林亦有。越南、尼泊尔也有分布。

糙皮桦 *Betula utilis* D. Don

木本；孙必兴420，（IBSC），永善县大同大包顶。产于德钦、香格里拉、维西、丽江、宁蒗、永宁、贡山、碧江等地；生于海拔2100～4000m针阔叶混交林或次生林。四川、西藏、青海、甘肃、陕西、河南、河北、山西等省区亦有分布。印度、尼泊尔、阿富汗也有。

川黔千金榆 *Carpinus fangiana* Hu　[8]，（该属3种）

木本；滇东北队434，（KUN），永善县河坝场旁边山梁。产于镇雄、彝良、大关等地；生于1800～2100m的山坡林中。四川、贵州和广西西北部亦有。

云贵鹅耳枥 *Carpinus pubescens* Burk.

木本；XYF–211，永善县顺河椿尖坪。产于屏边、西畴、广南、砚山、弥勒、马关、镇雄、昭通等地；生于海拔450～2000m的山谷或山坡的石灰岩地区阔叶林中。贵州、四川南部、陕西太白山有分布。越南的北部也有。模式标本采自弥勒。

雷公鹅耳枥 *Carpinus viminea* Wall.

木本；孙必兴368，（IBSC），永善县。产于丽江、德钦、维西、盐津、镇雄、景东、临沧、麻栗坡等地；生于海拔2100～2800m的山坡杂木林中。西藏东南部、四川、贵州、湖南、湖北、广东、广西、浙江、江西、福建、江苏、安徽等亦有分布。尼泊尔、印度和中南半岛北部也有。

刺榛 *Corylus ferox* Wall. **[8]，（该属2种）**

木本；蔡希陶51070，（PE），永善县。产于维西、德钦、贡山、碧江、香格里拉、丽江、剑川、片马、镇雄、永善和禄劝等地；生于海拔2000～3200m的杂木林中。西藏东南部、四川西部和西南部亦有分布。尼泊尔、印度亦有。

川榛 *Corylus heterophylla* var. *sutchuenensis* Franch.

木本；YS.HZB30，永善县蒿枝坝水库。

163 壳斗科 Fagaceae（6属14种，[8-4]）

栗 *Castanea mollissima* Bl. **[8]，（该属2种）**

木本；昆明植物所8，（KUN），永善县井底公社。本省大部分地区都有栽培；常栽在海拔800～2500m的丘陵、山地，宜在向阳山坡、土层深厚、排水良好的砂壤土栽培，石灰质土壤生长不良。辽宁以南各省（除青藏高原外）均有栽培。越南北部亦有。

茅栗 *Castanea seguinii* Dode

木本；YS.XLD25，永善县溪洛渡街道富庆村向阳三组。产于滇东北部、滇东部（彝良、曲靖）等地；常生于海拔1700～1900m的平地或山坡灌木丛中。河南、陕西和长江流域以南各省区均有分布。

栲 *Castanopsis fargesii* Franch. **[9]，（该属2种）**

木本；Anonymous，（PYU），永善县，大同大包顶。产于金平、蒙自、富宁、广南、威信、盐津等地；常生于海拔1200～2000m的森林中或溪边土层深厚处。分布我国贵州、广西、四川、广东、湖南、湖北、福建、江西、浙江、安徽等省区。

扁刺锥（峨眉栲） *Castanopsis platyacantha* Rehd. et Wils.

木本；蔡希陶51004，（KUN），永善县，XYF-210，YS.XYC13，YS.HZB35，永兴街道顺河村椿尖坪，溪洛渡街道富庆村向阳三组，蒿枝坝水库。产于屏边、文山、砚山、镇雄、威信、盐津等地；常生于海拔1300～2200m的阔叶混交林中。我国贵州、四川、广西、广东、湖南等省区均有分布。

曼青冈 *Cyclobalanopsis oxyodon*（Miq.）Oerst. **[7]，（该属1种）**

木本；全县分布。产于维西、贡山、俅江、大关等地；生于海拔1300～2400m的山坡沟谷密林中。我国贵州、四川、广西、湖南、湖北、浙江等省区均有分布。

水青冈 *Fagus longipetiolata* Seem. **[8]，（该属1种）**

木本；全县分布。产于滇东北及滇东南；生于海拔800～2600m的阴坡。此外，华中、华南及陕西南部亦有分布，是本属中在我国分布最广的一种。

包果柯 *Lithocarpus cleistocarpus*（Seem.）Rehd. et Wils. **[9]，（该属2种）**

木本；蔡希陶51097，（KUN），永善县。产于昭通、寻甸一带；生于海拔2000～2500m的阔叶林中。我国四川有分布。

硬壳柯 *Lithocarpus hancei*（Benth.）Rehd.

木本；孙必兴等454，（PE），永善县。产于贡山、腾冲、临沧、耿马、景东、元江、金平、西畴、富宁、广南等地；常生于海拔1000～2000m的杂木林中。我国贵州、四川、广西、广东、江西、湖南、浙江等省区均有分布。

麻栎 *Quercus acutissima* Carruth. **[8]，（该属6种）**

木本；孙必兴等367，（KUN）；ELK-259，YS.YQSQ02，永善县马楠乡二龙口云桥水库，云荞水库附近。除高寒山区外全省都有分布；常生于海拔800～2300m的山地阳坡，成小片林或散生于松林中。我国广西、广东，西至贵州、四川、陕西，北至辽宁，东至山东、福建等省区都有分布。日本，朝鲜亦有。

槲栎 *Quercus aliena* Bl.

木本；蔡希陶51227，（PE），永善县。产于昆明、嵩明、景东、寻甸、西畴等地；生于海拔1900～2600m的向阳山坡或松林中。我国西南、华南，北至辽宁、河北，东至台湾等地均有分布。朝鲜、日本亦有。

川西栎 *Quercus gilliana* Rehd. et Wils.

木本；全县分布。产于大理、鹤庆及滇中；生于海拔2000～2900m的山坡灌丛中。

大叶栎 *Quercus griffithii* Hook. f. et Thoms ex Miq.

木本；蔡希陶，（SCUM），永善县。产于勐海、景东、昆明、碧江等地；生于海拔1300～2800m山地森林中。我国贵州、四川均有分布。老挝，印度亦有。

枹栎 *Quercus serrata* Thunb.

木本；孙必兴等，（IBSC），永善县桧溪公社洗脚溪。产于镇雄；生于海拔1600～1900m的林中。广西及长江流域各省，北至河南、陕西、山东均有分布。朝鲜、日本亦有。

栓皮栎 *Quercus variabilis* Bl.

木本；蔡希陶51226，（PE），永善县。全省除滇西北高山、滇西南及西双版纳的普文以南外都有分布；常生于海拔700～2300m的阳坡或松栎林中。自我国广西、广东北部以北，西至四川、甘肃东南部，北至辽宁，东至台湾均有分布。朝鲜、日本亦有。

165 榆科 Ulmaceae（2属2种，[1]）

紫弹树 *Celtis biondii* Pamp. [2]，（该属1种）

木本；蔡希陶51225，（PE），永善县。产于镇雄、大关等地；生于海拔1500～1700m的林中、路旁。分布于四川、贵州、广西、广东、湖北、福建、台湾、江苏、安徽、江西、浙江、河南、陕西、甘肃。日本、朝鲜也有。

异色山黄麻 *Trema orientalis*（Linn.）Bl. [2]，（该属1种）

木本；Anonymous，（KUN），永善县井底。产于福贡、绿春、元阳、麻栗坡、思茅、景东、勐腊、勐海、凤庆、芒市等地；生长于海拔1100～2300m的阔叶林或灌木林中。分布于贵州、广西、广东、海南、台湾。缅甸、印度、孟加拉国、斯里兰卡、菲律宾、日本、澳大利亚、马来西亚及中南半岛也有。

167 桑科 Moraceae（4属6种，[1]）

构树 *Broussonetia papyrifera*（Linn.）L′Hér. ex Vent. [7]，（该属1种）

木本；YS.SHC05，永善县团结乡花石村、双河村。全省各地均有野生，少有栽培。长江和珠江流域各省区均有分布。越南、印度、日本也有。

水蛇麻 *Fatoua villosa*（Thunb.）Nakai [4–1]，（该属1种）

草本；全县分布。产于碧江（月亮田附近）；生于海拔1200～1700m的山谷杂木林下、潮湿地。河北、山东、河南、江苏、浙江、安徽、江西、福建、台湾、广东、广西、贵州、四川有分布。朝鲜、日本、越南、马来西亚、菲律宾、爪哇、巴布亚新几内亚、澳大利亚、新加里多尼亚也有。

异叶榕 *Ficus heteromorpha* Hemsl. [2]，（该属2种）

木本；蔡希陶51151，（KUN），永善县。产于滇东南部和滇东部；生于海拔1300m以下的山谷坡地林中。我国长江流域中下游及华南地区常见，北达河南、陕西、甘肃。变异较大。

地瓜榕 *Ficus tikoua* Bur.

藤本；全县分布。产于昆明、楚雄、鹤庆、丽江、砚山、景东、威信等地；生于海拔500～2650m的山坡或岩石缝中。西藏（东南）、四川、贵州、广西、湖南、湖北、陕西（南部）有分布。印度东北部、老挝、越南北方也有分布。

桑 *Morus alba* Linn. [8]，（该属2种）

木本；全县分布。多数栽培，用以饲蚕，通常生于海拔200～2800m的平原或山地。本种原产我国中部和北部，现从东北到西南均有栽培。朝鲜、日本、中亚、欧洲等地也有栽培。

鸡桑 *Morus australis* Poir.

木本；XYF-212，永善县朱家坪。产于昆明、禄劝、宜良、师宗、大姚、宁蒗、丽江、大理等地；生于海拔1450～2700m的山坡灌丛或悬崖上。陕西、甘肃、河北、山东、河南、安徽、江西、浙江、福建、台湾、广东、广西、四川、贵州有分布。朝鲜、日本、印度、中南半岛也有。

169 荨麻科 Urticaceae（9属19种，[2]）

序叶苎麻 *Boehmeria clidemioides* var. *diffusa*（Wedd.）Hand.-Mazz. [2]，（该属2种）

草本；YS.CJP08，永善县顺河椿尖坪。我国约有31种12变种，分布自西南、华南至河北、辽宁，多数种产于云南、广西、广东、四川和贵州等省区，自此向北种数逐渐减少。云南约有15种6变种，南北各地均产，但以南部的种类最多。

水麻 *Boehmeria penduliflora* Wedd.

草本；YS.SHC07，永善县团结乡花石村、双河村。除滇西及西南外全省各地均产；生于海拔600～3600m的溪谷阴湿处。贵州、四川、甘肃南部、陕西南部、湖北、湖南、广西和台湾也有。亦见于日本。

显苞楼梯草 *Elatostema bracteosum* W. T. Wang [4]，（该属7种）

草本；全县分布。产于滇东北（镇雄）、中（富民）及西南（腾冲）；生于海拔1850～2100m的林下阴湿处或沟边草丛中。广西、广东、湖南、江西、福建、浙江、江苏、安徽、湖北、四川、陕西、河南也有。亦见于日本。

楼梯草 *Elatostema involucratum* Franch. et Savat.

草本；YS.SHC37，YS.XYC21，YS.HZB42，永善县团结乡花石村、双河村，溪洛渡街道富庆村向阳三组，蒿枝坝水库。产于滇东北（镇雄）、中（富民）及西南（腾冲）；生于海拔1850～2100m的林下阴湿处或沟边草丛中。广西、广东、湖南、江西、福建、浙江、江苏、安徽、湖北、四川、陕西、河南也有。亦见于日本。

显脉楼梯草 *Elatostema longistipulum* Hand.-Mazz.

草本；全县分布。产于滇东南（河口、文山、麻栗坡、马关）；生于海拔600～1300m的沟谷阔叶林下、溪旁或林缘等处。亦见于越南北方。

长圆楼梯草 *Elatostema oblongifolium* Fu ex W.T.Wang

草本；XYF-195，YS.CJP07，永善县顺河椿尖坪。产滇东北（镇雄）、滇中（富民）及滇西南（腾冲）；生于海拔1850～2100m的林下阴湿处或沟边草丛中。广西、广东、湖南、江西、福建、浙江、江苏、安徽、湖北、四川、陕西、河南也有。亦见于日本。

钝叶楼梯草 *Elatostema obtusum* Wedd.

草本；全县分布。产于滇东北（大关）、西北（鹤庆、丽江、兰坪、维西、德钦、贡山）、中（昆明、禄劝）、中南（景东、蒙自）及西南（镇康、凤庆、腾冲）；生于海拔2100 ~ 3600m的针叶林、阔叶林及竹林林下潮湿地或沟边。西藏南部、四川西部、甘肃、陕西南部、湖北、湖南东南部、广东北部、福建、台湾也有。亦见于不丹、尼泊尔、印度北部及泰国北部。

角苞楼梯草 *Elatostema sinense* var. *longecornutum*（H. Schroter）W. T. Wang

草本；滇东北队619，（KUN），永善县。产于滇东北（永善、大关）、北（禄劝）、西北（兰坪、维西、德钦）及东南（砚山）；生于海拔2400 ~ 2600m的阔叶林下或灌丛中。贵州、四川、湖北、湖南、广西、江西、福建也有。模式标本采自湖南武冈。

细尾楼梯草 *Elatostema tenuicaudatum* W. T. Wang

草本；全县分布。产于滇中南（景东）、滇东南（绿春、元阳、屏边、金平、文山、西畴）及滇西北（贡山独龙江）；生于海拔1200 ~ 2200m的山谷或山坡常绿阔叶林潮湿处。贵州南部、广西西部也有。模式标本采自贵州罗甸。

蝎子草 *Girardinia suborbiculata* C. J. Chen [6]，（该属1种）

草本；YS.SHC09，永善县团结乡花石村、双河村。产于滇西北（剑川、香格里拉、贡山）、滇西（大理、漾濞）、滇北（禄劝）、滇中（昆明）、滇东（罗平）、滇中南（景东）、滇南（勐腊、勐海、澜沧）及滇东南（砚山、屏边）；生于海拔900 ~ 2800m的林下、灌丛中及林缘湿润处。四川、贵州也有分布。模式标本采自贡山。

糯米团 *Gonostegia hirta*（Bl.）Miq. [1]，（该属1种）

草本；全县分布。产于全省南北各地；生于海拔1300 ~ 2900m的山地灌丛或沟边；西南、华南至秦岭也有。亦见于亚洲及澳大利亚的热带和亚热带地区。

珠芽艾麻 *Laportea bulbifera*（Sieb. et Zucc.）Wedd. [2]，（该属1种）

草本；滇东北队460，（KUN），永善县。产于滇东北（永善、大关、镇雄、昭通、东川）、西（大理、漾濞、巍山）、西北（德钦、香格里拉、维西、丽江、兰坪、鹤庆、福贡、碧江、贡山）、中（富民、武定、寻甸）、东南（绿春、金平、砚山、西畴、麻栗坡、富宁）及西南（镇康、腾冲、龙陵）；生于海拔1000 ~ 3000m的林下、灌丛或沟边草丛中。我国东北、华北、中南、西南和陕西南部、甘肃南部也有分布。亦见于印度、斯里兰卡、中南半岛至印度尼西亚、日本、朝鲜。

蔓赤车 *Pellionia scabra* Benth. [7]，（该属1种）

草本；全县分布。

华中冷水花 *Pilea angulata*（Bl.）Bl. subsp. latiuscula C.J.Chen [2]，（该属4种）

草本；全县分布。产于滇北（禄劝）及滇东南（屏边、砚山、文山、马关）；生于海拔1600～2000m的常绿阔叶林下阴湿处及水沟边。四川、贵州、湖北、湖南、江西也有。模式标本采自湖南桑植的天平山。

冷水花 *Pilea notata* C. H. Wright

草本；YS.XYC12，永善县溪洛渡街道富庆村向阳三组。产于滇西北（贡山）、滇西（漾濞）、滇南（勐腊）及滇东南（绿春、金平）；生于海拔750～1200（～2480）m的林中阴处岩石上或水沟边阴湿处。我国贵州西南部、西藏东南部也有。亦见于越南北方。模式标本采自金平马鞍山坡。

镰叶冷水花 *Pilea semisessilis* Hand.-Mazz.

草本；全县分布。产于滇东北（大关、盐津）、滇西北（贡山、泸水）及滇东南（蒙自）；生于海拔1900～2800m的山谷常绿阔叶林下阴湿处。西藏（墨脱）、四川、湖南、广西、江西也有。模式标本采自湖南武冈云山。

粗齿冷水花 *Pilea sinofasciata* C. J. Chen

草本；蔡希陶51082，（PE），永善县，YS.XYC11，YS.HZB38，永善县溪洛渡街道富庆村向阳三组，永善县蒿枝坝水库。产于滇东北（永善、镇雄）、滇西北（丽江、永胜、维西、贡山、香格里拉）、滇西（大理、洱源、鹤庆、凤庆）、滇中（禄劝、昆明、安宁、富民、嵩明、寻甸、玉溪）、滇中南（景东）滇、南（景洪）、滇西南（泸水、耿马、腾冲）及滇东南（砚山）；生于海拔（1250～）1500～2600m的山谷林下阴湿处。河南、陕西南部、四川、贵州、湖北、湖南、广东、广西、浙江、安徽、江西也有。模式标本采自四川宝兴。

红雾水葛 *Pouzolzia sanguinea*（Bl.）Merr. [2-2]，（该属1种）

草本；全县分布。产于全省南北各地；生于海拔150～2400m的山地林缘或林中。西藏南部和东南部、四川南部和西南部、贵州西部和南部、广西、广东、海南也有。亚洲热带地区广布。

宽叶荨麻 *Urtica laetevirens* Maxim. [8-4]，（该属1种）

草本；YS.XYC15，永善县溪洛渡街道富庆村向阳三组。产于滇东北（镇雄）及滇西北（维西、香格里拉）；生于海拔1800～3800m的林下和河谷。我国辽宁、内蒙古、山西、河北、山东、河南、陕西、甘肃、四川、西藏、青海、湖北、湖南也有分布。亦见于日本、朝鲜和西伯利亚东部。

171 冬青科 Aquifoliaceae（1属8种，[3]）

刺叶冬青 *Ilex bioritsensis* Hayata [2]，（该属8种）

木本；滇东北组651，（KUN），永善县，XYF-206，永善县顺河椿尖坪。产于永宁、丽江、香格里拉、巧家、彝良及大关；生于海拔1800m的杂木林中。分布于四川、贵州及台湾。

钱氏冬青 *Ilex chieniana* S. Y. Hu

木本；孙必兴等424，（IBSC），永善县大同大包顶。产于永仁及寻甸；生于海拔2500～3000m密林中。分布于四川西南部。

龙里冬青 *Ilex dunniana* Lévl.

木本；孙必兴等424，（PE），永善县大同。

毛薄叶冬青 *Ilex fragilis* Hook. f. kingii Loes.

木本；全县分布。产于贡山、维西、片马、禄劝、彝良、大关、屏边及文山等地；生于海拔（1500～）2100～3000m的混交林或杂木林或灌丛中。亦分布于贵州东北部、四川西南部及西藏东南部。缅甸北部和印度东北部亦有。

长叶枸骨 *Ilex georgei* Comber

木本；全县分布。产于保山、腾冲、临沧、昆明、禄劝；生于海拔1650～2900m的疏林或灌丛中。分布于四川西部。模式标本采于腾冲。

厚叶中型冬青 *Ilex intermedia* var. *fangii*（Rehd.）S. Y. Hu

木本；孙必兴等424，（KUN），永善县。产于永善、景东；生于海拔1900～2200m的杂木林中。分布于四川，贵州及湖北。云南新纪录。

多脉冬青 *Ilex polyneura*（Hand.-Mazz.）S.Y.Hu

木本；全县分布。产于西畴、文山、西双版纳、绿春、元江、景东、思茅、昆明、嵩明、富民、禄劝、峨山、双柏、新平、镇康、耿马、沧源、芒市、龙陵、腾冲、维西、贡山、碧江、漾濞、寻甸及会泽等地；生于海拔1260~2600m的林中或灌丛中。亦分布于四川西南部和贵州东北部。模式标本采自贡山。

三花冬青 *Ilex triflora* Bl.

木本；YS.XLD32，永善县溪洛渡街道富庆村向阳三组。产于福贡，西双版纳、屏边、麻栗坡、西畴、富宁、镇雄、盐津；生于海拔700～1500m的阔叶林、混交林或灌丛中。亦分布于贵州、广西、广东（包括沿海岛屿）、福建、江西。越南、印度、马来西亚及印度尼西亚也有。

173 卫矛科 Celastraceae（1属7种，[2]）

棘刺卫矛 *Euonymus echinatus* Wall. ex Roxb. [2]，（该属7种）

木本；孙必兴等423，（PE），永善县大同大包顶。产于红河、丽江、楚雄、大理、昆明、曲靖、怒江和迪庆；生于海拔1300～3500m的灌丛和林中，常见。我国西南、华南、华中各省均有分布。尼泊尔、印度、泰国和缅甸也产。

冷地卫矛 *Euonymus frigidus* Wall. ex Roxb.

木本；孙必兴422，（KUN），永善县。产于丽江、普洱、临沧、昭通、大理、怒江、迪庆、楚雄等地；生于海拔5000～4000m的灌丛及林中，普遍。分布于西藏、四川、贵州、湖北、河南、青海及宁夏。不丹也有。

西南卫矛 *Euonymus hamiltonianus* Wall. ex Roxb.

木本；李锡文262，（IBK），永善县。产于镇雄、永善、蒙自、大理、丽江；生于海拔2000～3000m的林地，常见。我国西南、华南、华东和华中地区均产。南亚至西亚各国及日本、朝鲜也有分布。

大果卫矛 *Euonymus myrianthus* Hemsl.

木本；全县分布。产于麻栗坡；生于海拔1200m的林地，常见。广布于我国长江以南及其流域各省区，而我省为其分布边缘。

短翅卫矛 *Euonymus rehderianus* Loes.

木本；孙必兴等，（PYU），永善县 大同大包顶。产于昭通市；生于海拔4500～1600m的灌丛或林中。四川、贵州和广西也有分布。

四川卫矛 *Euonymus szechuanensis* C. H. Wang

木本；蔡希陶50973，（PE），永善县。产于昭通市各县；生于海拔700～1600m的林中，较少见。四川和陕西也有分布。

游藤卫矛 *Euonymus vagans* Wall. ex Roxb.

藤本；孙必兴等423，（KUN），永善县。产于文山、大理、怒江等地；生于海拔1100～2300m的森林或灌丛中，少见。广西、贵州、四川和西藏也有分布。缅甸、印度、孟加拉国及喜马拉雅各国均有分布。

185 桑寄生科 Loranthaceae（1属1种，[2S]）

卵叶梨果寄生 *Scurrula chingii*（Cheng）H. S. Kiu [7]，（该属1种）

木本；全县分布。产于富宁、麻栗坡、河口、屏边、澄江、绿春、西双版纳；生于海拔

180～1200m的山地常绿阔叶林中；寄生于油茶、油桐榕、木菠萝等植物上。分布于我国广西。越南北部也有。我国云南新纪录。

189 蛇菰科 Balanophoraceae（1属1种，[2]）

红冬蛇菰 *Balanophora harlandii* Hook. f. [5]，（该属1种）

草本；滇东北队463，（PE），永善县 河坝场下常山。产于大关、永善、东川、嵩明、富民、禄丰、禄劝、景东、勐腊、绿春、屏边、文山、砚山及西畴等地；生于海拔1000～2000m的山坡竹林或阔叶林下；寄生于杜鹃、锥栗及大麻根上。分布于台湾、广东、江西、湖北、四川、贵州。印度、泰国也有。

190 鼠李科 Rhamnaceae（2属5种，[1]）

黄背勾儿茶 *Berchemia flavescens*（Wall.）Brongn. [1]，（该属3种）

木本；蔡希陶，（SCUM），永善县。产于香格里拉、大理、丽江、兰坪、大关；生于海拔1200～4000m的山地灌丛或林下。分布于西藏、四川、湖北、陕西、甘肃。印度、尼泊尔和不丹也有。

多花勾儿茶 *Berchemia floribunda*（Wall.）Brongn.

木本；全县分布。产于巧家、镇雄、德钦、香格里拉、维西、大理、漾濞、禄劝、武定、楚雄、易门、昆明、嵩明、峨山、文山、景东、勐海、沧源、龙陵、保山；生于海拔750～2700m的山地灌丛或阔叶林中。分布于西藏、四川、贵州、湖南、湖北、广西、广东、福建、江西、浙江、江苏、安徽、河南、陕西、山西、甘肃。印度、尼泊尔、不丹、越南、日本也有。

勾儿茶 *Berchemia sinica* Schneid.

木本；全县分布。产于巧家、镇雄、永仁、师宗；生于海拔1000～2500m的山地灌丛或阔叶林中。分布于四川、贵州、湖北、河南、陕西、山西、甘肃。

鼠李 *Rhamnus davurica* Pall. [1]，（该属2种）

木本；全县分布。产于富宁、西畴、麻栗坡；生于海拔700～1600m的沟边灌丛或林下。分布于贵州、广西、广东、湖南、江西、福建、浙江、安徽。

帚枝鼠李 *Rhamnus virgata* Roxb.

木本；蔡希陶50983，（PE），永善县。产于昭通、威信、会泽、丽江、香格里拉、兰坪、大理、鹤庆、曲靖、嵩明、昆明、富民、楚雄、双柏、峨山、弥勒、蒙自、元江、思茅、双江；生于海拔2000～2800m的山坡灌丛或林下。分布于西藏、四川、贵州。印度、尼泊尔也有。

191 胡颓子科 Elaeagnaceae（2属4种，[8–4]）

宜昌胡颓子 *Elaeagnus henryi* Warb. apud Diels. [8]，（该属3种）

木本；ELK–258，永善县马楠乡二龙口云桥水库。产于麻栗坡、西畴、文山、蒙自、景东、维西、贡山等地；生于海拔1400～2300m的疏林或灌丛中。分布于陕西、浙江、安徽、江西、湖北、湖南、四川、贵州、福建、广东、广西。模式标本采自湖北宜昌。

木半夏 *Elaeagnus multiflora* Thunb.

木本；YS.XLD16，永善县溪洛渡街道富庆村向阳三组。产于富源、东川、鹤庆、兰坪；生于海拔2200～2900m的山地灌丛中。分布于河北、山东、江苏、浙江、安徽、江西、福建、陕西、湖北、四川、贵州。日本也有。

牛奶子 *Elaeagnus umbellate* Thunb.

木本；ELK–253，YS.SHC24，YS.HZB03，永善县马楠乡二龙口云桥水库，团结乡花石村、双河村，蒿枝坝水库。产于大关、会泽、昭通、嵩明、昆明、禄劝、武定、大姚、漾濞、大理、永平、剑川、云龙、维西、德钦、香格里拉、贡山、丽江、福贡、泸水、腾冲；生于海拔1500～2800m的河边、荒坡灌丛中。我国长江南北大部分省区有分布。日本、朝鲜、印度、尼泊尔、不丹、阿富汗、意大利也有。

江孜沙棘 *Hippophae rhamnoides* subsp. *gyantsensis* [10]，（该属1种）

木本；廉永善、陈学林，（WNNU），永善县。产于维西、香格里拉（模式标本产地）、德钦、贡山；生于海拔3100～3500m的灌丛中。分布于四川宝兴、康定以南和西藏拉萨以东地区。

193 葡萄科 Vitaceae（3属6种，[2]）

乌蔹莓 *Cayratia japonica*（Thunb.）Gagnep. [4]，（该属1种）

藤本；YS.SHC31，永善县团结乡花石村、双河村。产于金平、文山、麻栗坡、马关、贡山、昆明、绿春、元阳、孟连、耿马、沧源；生于海拔800～2200m的山谷林中或山坡灌丛。分布于陕西、河南、山东、安徽、江苏、浙江、湖北、湖南、福建、台湾、广东、广西、海南、四川、贵州。日本、菲律宾、越南、缅甸、印度、印度尼西亚和澳大利亚也有。

崖爬藤 *Tetrastigma obtectum*（Wall.）Planch. [5]，（该属2种）

藤本；蔡希陶51218，（KUN），永善县。产于富民、昆明、西畴、建水、绿春、贡山、香格里拉、维西、大理、景东、腾冲；生于海拔1250～2400m的山坡岩石或林下石壁上。分布于甘肃、湖南、福建、台湾、广西、四川、贵州。

菱叶崖爬藤 *Tetrastigma triphyllum*（Gagnep.）W. T. Wang

藤本；全县分布。产于贡山、临沧、龙陵、景东、勐海、昆明、嵩明、易门、双柏、建水、文山；生于海拔1100～2000m的山坡、山谷林中。分布于四川（冕宁）。模式标本采自昆明。

桦叶葡萄 *Vitis betulifolia* Diels et Gilg [8]，（该属3种）

藤本；蔡希陶50999，（KUN），永善县。产于嵩明、鹤庆、维西、丽江、昆明、砚山、西畴、金平；生于海拔350～2500m的山坡、沟谷灌丛或林中。

葛藟葡萄 *Vitis flexuosa* Thunb.

藤本；杨竞生64-3083，（IBK），永善县。产于绥江、师宗、大姚、大理、漾濞、鹤庆、贡山、丽江、双柏、文山；生于1000～2300m的山坡、沟谷灌丛草地或林中。甘肃、陕西、河南、山东、安徽、江苏、浙江、江西、福建、湖北、湖南、广东、广西、贵州、四川，海拔100～2300m都有分布。日本也有。

网脉葡萄 *Vitis wilsonae* Veitch

藤本；孙必兴等369，（IBSC），永善县。产于绥江、镇雄；生于海拔1300～1750m的林中。分布于四川、贵州、湖南、湖北、浙江、福建、江苏、安徽、河南、陕西、甘肃。

194 芸香科 Rutaceae（4属5种，[2]）

臭节草 *Boenninghausenia albiflora*（Hook.）Reichb. ex Meissn. [7–1]，（该属1种）

草本；ML-269，永善县马楠。产于滇西北、滇中、滇东北及红河、泸水等地；生于石灰岩灌丛及山沟林缘。

臭檀吴萸 *Evodia daniellii*（Benn.）Hemsl. [14（SJ）]，（该属1种）

木本；YS.SHC32，YS.HZB25，永善县团结乡花石村、双河村，蒿枝坝水库。

乔木茵芋 *Skimmia arborescens* Anders. [14]，（该属1种）

木本；孙必兴等428，（KUN），永善县大同大包顶。产全省各地；生于海拔1000～2700（3500）m的湿性苔藓林内、常绿阔叶林中、沟边密箐中。广东、广西、贵州、西藏（察隅）也有。尼泊尔、不丹、印度东北部、泰国、缅甸、越南北部也有。

花椒 *Zanthoxylum bungeanum* [2]，（该属2种）

木本；蔡希陶51069，（SCUM），永善县。产于滇西北、滇西、滇中、滇东北、滇东南及临沧等地，生于海拔1200～3600m的河边、山坡、灌丛林中及房前屋后，常见林中栽培。分布以秦岭以南为中心。

狭叶花椒 *Zanthoxylum stenophyllum* Hemsl.

木本；蔡希陶51453，（SCUM），永善县。产于昆明、嵩明、大理、兰坪、景东、临沧、镇康、龙陵、腾冲、景东、泸水；生于海拔1800～2900m的半山坡灌丛林中及箐沟密林。贵州、西藏、四川也有。分布于尼泊尔、印度北部、缅甸。

197 楝科 Meliaceae（2属3种，[2]）

云南地黄连 *Munronia delavayi* Franch. [7]，（该属1种）

木本；全县分布。产于香格里拉、丽江、永仁、宾川、大理、大关、绥江；生长于海拔1100～1750m的金沙江河谷地区急流石岩上。模式标本采自大关、大理、宾川。

红椿 *Toona ciliata* Roem. [5]，（该属2种）

木本；YS.HZB01，永善县蒿枝坝水库。产于云南西南部（德宏）、南部（西双版纳）和东南部（红河州、文山州）；生于海拔560～1550m的沟谷林内或河旁村边。我国广西、广东也有。自喜马拉雅山脉西北坡、印度东部、孟加拉国，经缅甸、泰国和我国华南，至马来半岛、伊里安岛及大洋洲东部均有分布。

香椿 *Toona sinensis*（A. Juss.）Roem.

木本；全县分布。除滇南外，全省大部分地区都有；生长于海拔1000～2700m的山谷、溪旁或山坡疏林中；常栽培为行道树或供庭园观赏。分布于我国西藏东南部及西南、华中、华东，经华北而达朝鲜。

198 无患子科 Sapindaceae（1属1种，[2]）

茶条木 *Delavaya toxocarpa* Franch. [15]，（该属1种）

木本；G.Forrest12593，（PE），永善县。产于金沙江、红河及南盘江河谷地区；生于海拔1000～2000m的山坡、沟谷及溪边密林中，有些地区为第二层主要乔木。我国广西西南部亦有。模式标本采于宾川大坪子。

198A 七叶树科 Hippocastanaceae（1属1种，[3]）

天师栗 *Aesculus wilsonii* Rehd. [8]，（该属1种）

木本；蔡希陶51113，（PE），永善县，YS.XLD24，YS.TJ04，永善县溪洛渡街道富庆村向阳三组，团结乡纸厂方向。产于镇雄、彝良、大关、绥江；生于海拔1400～1900m的杂木林中。分布于贵州、四川、广东北部、江西西部、湖南、湖北西部、河南西南部。

200 槭树科 Aceraceae（1属4种，[3]）

青榨槭 *Acer davidii* Franch. [8]，（该属4种）

木本；孙必兴451，（IBSC），永善县大同大包顶。这是一个广布种，全省各地均有，但以西北尤多；生于海拔1000～2500（～3200）m的山箐林中、路旁或水沟边。我国黄河流域以南皆有分布。

富氏槭 *Acer franchetii* Pax

木本；蔡希陶51062，（KUN），永善县。产于滇东北部、滇西北部及滇南部（蒙自），以滇西北部比较普遍；生于海拔1000～2500（～3500）m的混交林中。河南西部、陕西南部、湖北西部、四川东部至西部、湖南西北部及贵州均有分布。

疏花槭 *Acer laxiflorum* Pax

木本；蔡希陶51096，（PE），永善县。产于永善、镇雄、香格里拉、德钦、丽江、贡山、维西、禄劝；生于海拔1850～2100（～3300）m的路边、沙石上或疏林中。四川亦有。亦见于不丹。云南新纪录。

五裂槭 *Acer oliverianum* Pax

木本；YS.XLD26，永善县溪洛渡街道富庆村向阳三组。产于屏边、镇雄、彝良、香格里拉、丽江、维西、兰坪、德钦、禄劝；生于海拔（1800～）2200～3500m的山坡阳处或溪边密林中。湖北、湖南、江西、广东、广西、贵州和四川均有分布。

201 清风藤科 Sabiaceae（2属5种，[7d]）

泡花树 *Meliosma cuneifolia* Franch. [3]，（该属1种）

木本；蔡希陶51062，（IBSC），永善县。产于丽江、维西、大理、漾濞、镇雄、禄劝；生于海拔1500～2500m的山谷林中。分布于四川、贵州、西藏东南部和湖北等省区。

二色清风藤 *Sabia bicolor* L. Chen [7]，（该属4种）

藤本；汪发缵50982，（IBSC），永善县。产于丽江、大理、漾濞、昆明、嵩明、禄丰、双柏、沾益、景东、文山、广南、富宁、蒙自、建水、凤庆；生于海拔（800～）1500～3000m的沟边疏林中或灌丛中。模式标本采自禄丰。

峨眉清风藤 *Sabia latifolia* var. *omeiensis*（Stapf ex L. Chen）S. K. Chen

藤本；蔡希陶51045，（KUN），永善县。产于永善；生于海拔1800～2100m的山谷、溪边灌丛中。亦分布于四川西南部。

四川清风藤 *Sabia schumanniana* Diels

藤本；蔡希陶50982，（PE），永善县。产于永善；生于海拔2100m的山坡林中。亦分布于四川和湖北西部。

云南清风藤 *Sabia yunnanensis* Franch.

藤本；蔡希陶，（SCUM），永善县。产于滇西北地区及禄劝、嵩明、大关、彝良等地；生于海拔1500～3800m的山谷溪旁疏林中。亦分布于四川西部（米易、盐边）。模式标本采自洱源。

204 省沽油科 Staphyleaceae（2属2种，[1]）

野鸦椿 *Euscaphis japonica*（Thunb.）Dippel [14（SJ）]，**（该属1种）**

木本；全县分布。产日本至中南半岛。我国产3种。云南有。

瘿椒树 *Tapiscia sinensis* Oliv. [15]，**（该属1种）**

木本；滇东北队431，（KUN），永善县。产于澜沧、景东、屏边、富民、麻栗坡、西畴、文山；生于海拔1500～2300m的山谷湿润地的疏林中。

205 漆树科 Anacardiaceae（3属7种，[2]）

清香木 *Pistacia weinmannifolia* J.Poisson ex Franch. [12-3]，**（该属1种）**

木本；李锡文261，（KUN），永善县。产于云南全省各地；生于海拔（580～）1000～2700m的山坡、狭谷的疏林或灌丛中，石灰岩地区及干热河谷尤多。我国西藏东南部、四川西南部和贵州西南部亦有；贵州新纪录。分布于缅甸掸邦。

盐肤木 *Rhus chinensis* Mill. [8]，**（该属3种）**

木本；YS.SHC04，永善县团结乡花石村、双河村。产于云南全省；生于海拔170～2700m的向阳山坡、沟谷、溪边的疏林、灌丛和荒地上。我国除东北（吉林、黑龙江）、内蒙古和西北（青海、宁夏和新疆）外，其他各省区均有。分布印度、中南半岛、印度尼西亚、朝鲜和日本。

旁遮普麸杨 *Rhus punjabensis* Stewart

木本；孙必兴370，（IBSC），永善县。产于云南西北部至云南东北部金沙江河谷（丽江、东川、会泽、大关、镇雄）；生于海拔1900～2700m的山谷或溪边密林或灌丛中。西藏、四川、贵州、湖北、陕西亦有。虫瘿富含鞣质，供工业和药用。叶和树皮可提栲胶。木材白色质坚，可制家具和农具。种子油作润滑油和制皂，油饼为喂猪的良好饲料。亦可作绿化和观赏树种栽培。

川麸杨 *Rhus wilsonii* Hemsl.

木本；李锡文257，（KUN），永善县码口区。产于绥江、永善、巧家；生于海拔350～2300m的山坡灌丛中。我国四川西南部亦产。云南（东北部）新纪录。

小漆树 *Toxicodendron delavayi*（Franch.）F. A. Barkl. [9]，（该属3种）

木本；全县分布。产于文山、蒙自、石屏、通海、昆明、嵩明、东川、宜良、楚雄、武定、双江、凤庆、龙陵、巍山、下关、宾川、大理、漾濞、洱源、鹤庆、丽江、香格里拉；生于海拔1100～2500m的向阳山坡林下或灌丛中。我国四川西南部（会东、盐边、西昌）也有。

刺果毒漆藤 *Toxicodendron radicans* subsp. *hispidum*（Engl.）Gillis

木本；孙必兴等448，（KUN），永善县大同大包顶。产于大关；生于海拔1850m的山谷杂木林缘。四川、贵州、湖南、湖北、台湾亦有。

野漆 *Toxicodendron succedaneum*（Linn.）O. Kuntze

木本；Anonymous，（KUN），永善县井底公社。产于全省，以滇东南和滇南较多；生于海拔700～2200m的林内。华北至江南各省均产。分布于越南北部、泰国、缅甸、印度、蒙古国、朝鲜、日本。印度尼西亚（爪哇）有栽培。

207 胡桃科 Juglandaceae（2属2种，[8–4]）

野核桃 *Juglans cathayensis* Dode [8]，（该属1种）

木本；YS.XLD29，YS.SHC22，YS.SHC49，YS.TJ06，YS.YQ33，永善县溪洛渡街道富庆村向阳三组，团结乡花石村、双河村，云荞水库途中草地。产于晋宁、楚雄、武定、蒙自、文山、保山、腾冲、临沧等地；生于海拔1800～2000m的杂木林中。分布于四川、贵州、广西、湖南、湖北、河南、陕西、甘肃和山西。

枫杨（麻柳） *Pterocarya stenoptera* C. DC [14（SJ）]，（该属1种）

木本；YS.HZB28，永善县蒿枝坝水库。产于昆明、宜良、禄劝、罗平等地；生于海拔1250～1650m的山坡溪边潮湿处。分布于四川、贵州、陕西、甘肃、湖北、广西、广东、江西、山东、浙江、福建等省区。朝鲜也有。

209 山茱萸科 Cornaceae（4属8种，[8–4]）

灯台树 *Bothrocaryum controversum*（Hemsl.）Pojark. [9]，（该属1种）

木本；Anonymous，（SWFC），永善县，YS.XLD28，YS.HZB37，YS.SHC41，永善县溪洛渡街道富庆村向阳三组，团结乡花石村、双河村，蒿枝坝水库。产于镇雄、威信、盐津、富宁、西畴、金平、麻栗坡、景东、维西、剑川、漾濞、龙陵、贡山、香格里拉、丽江；生于海拔800～2800m的杂木林中。辽宁及华北、华东、西南亦有。尼泊尔、不丹、印度、朝鲜、日本均有分布。

头状四照花 *Cornus capitata* Wall. [8]，（该属4种）

木本；蔡希陶51220，（IBSC），永善县。云南广布；生于海拔1000～3200m的山坡疏林或灌丛中。浙江、湖北、湖南、广西、贵州、四川、西藏亦有。印度、尼泊尔、巴基斯坦均有分布。模式标本采自蒙自。

川鄂山茱萸 *Cornus chinensis* Wanger.

木本；蔡希陶51100，（NWAFU），永善县。

红椋子 *Cornus hemsleyi* C. K. Schneid. et Wangerin

木本；蔡希陶51003，（PE），永善县。产于昭通、巧家、大关、镇雄。生于海拔2000～2500m的溪边杂木林中。山西、河南、陕西、甘肃、青海、湖北、贵州、四川、西藏均有分布。

山茱萸 *Cornus officinalis* Sieb. et Zucc.

乔木；药用。产于大姚、禄劝、富民、镇雄、大关、永善、兰坪、玉龙、维西、德钦、贡山；生于海拔1408~1672m，稀达2100m的林缘或森林中。分布于山西、陕西、甘肃、山东、江苏、浙江、安徽、江西、河南、湖南等省。朝鲜、日本也有分布。

四照花 *Dendrobenthamia japonica* var. *chinensis*（Osborn）Fang [14]，（该属3种）

木本；YS.XYC22，永善县溪洛渡街道富庆村向阳三组。根据《四川植物志》记载，云南有分布，但作者未见标本。内蒙古、甘肃、陕西、山西、河南、江苏、浙江、安徽、江西、湖北、湖南、福建、台湾、贵州、四川等地均产。

黑毛鸡嗉子 *Dendrobenthamia melanotricha*（Pojark.）Fang

木本；蔡希陶51068，（NWAFU），永善县。产于元阳、绿春、西畴、麻栗坡、广南、威信、盐津、绥江；生于海拔850～1450m的路边、山沟阔叶林中。广西、贵州、四川亦有分布。

巴蜀四照花 *Dendrobenthamia multinervosa*（Pojark.）Fang

木本；蔡希陶51068，（KUN），永善县。

209A 青荚叶科 Helwingiaceae（1属1种，[14]）

青荚叶 *Helwingia japonica*（Thunb.）Dietr. [14]，（该属1种）

木本；蔡希陶50967，（KUN），永善县。云南广布；生于海拔1400～3200m的杂木林中。陕西、安徽、浙江、江西、湖北、湖南、广西、贵州、四川、西藏亦有。日本有分布。

209B 桃叶珊瑚科 Aucubaceae（1属3种，[14]）

峨眉桃叶珊瑚 *Aucuba chinensis* Benth. subsp. *omeiensis*（Fang）Fang et Soong [14]，（该属3种）

木本；XYF-189，永善县顺河椿尖坪。产于景东（无量山）；生于海拔800～1900m的常绿阔叶林内。四川峨眉山、龙泉山亦有分布。云南新纪录。

喜马拉雅珊瑚 *Aucuba himalaica* Hook. f. et Thoms.

木本；全县分布。产彝良、昭通、镇雄、大关、龙陵、碧江；生于海拔1000～2800m的常绿阔叶林中。陕西南部、湖南北部、湖北西部、贵州、四川、西藏亦有。不丹、印度有分布。

倒心叶珊瑚 *Aucuba obcordata*（Rehd.）Fu

木本；孙必兴等430，（KUN），永善县，大同大包顶。产于永善；生于海拔1500m的灌木林中。陕西南部、湖北、湖南、广西、广东、贵州、四川皆有分布。

210 八角枫科 Alangiaceae（1属1种，[4]）

八角枫 *Alangium chinense*（Lour.）Harms [4]，（该属1种）

木本；全县分布。产于盐津、师宗、维西、德钦、贡山、泸水、富宁、西畴、文山、麻栗坡、河口、屏边、绿春、蒙自、盈江、瑞丽、景洪、景东、孟连、元江；生于海拔500～2300m的山地或疏林中。分布于四川、贵州、西藏南部、广东、广西、湖南、湖北、江西、陕西、甘肃、河南、江苏、浙江、安徽和福建。东南亚及非洲东部各国也有。

211A 珙桐科 Davidiaceae（1属1种，[15]）

珙桐 *Davidia involucrata* Baill. [15]，（该属1种）

木本；XYF-194，XYF-213，YS.XLD33，YS.SHC46，YS.XYC05，YS.HZB27，永善县永兴街道顺河村椿尖坪，团结乡朱家坪，溪洛渡街道富庆村向阳三组，团结乡花石村、双河村，蒿枝坝水库。

212 五加科 Araliaceae（8属9种，[3]）

五加 *Acanthopanax leucorrhizus*（Oliv.）Harms [14]，（该属1种）

木本；蔡希陶51110，（NWAFU），永善县。产于云南西北部（鹤庆、丽江、香格里拉、维西、贡山）、东南部（蒙自、文山）、东北部（威信）；生于海拔1200～2600m的河边、灌丛中或杂木林中。四川、贵州、广东、湖北、湖南、江西、安徽、浙江、江苏、河南、陕西等省有分布。

楤木 *Aralia chinensis* L. [9]，（该属2种）

木本；YS.XLD27，ELK-245，永善县溪洛渡街道富庆村向阳三组；马楠乡二龙口云桥水库。产于云南西北部（丽江、维西、德钦、贡山、福贡、碧江）、中部（昆明、嵩明、富民、峨山、寻甸）及东北部（盐津、镇雄）；生于海拔1600～3300m的沟谷、山坡灌丛或疏林中。亦分布于秦岭至河北以南各地，但广西、广东、安徽、台湾未发现。

黄毛楤木 *Aralia chinensis* L.

木本；YS.XYC18，永善县溪洛渡街道富庆村向阳三组。产云南东南部（西畴、金平、蒙自）、南部（思茅、勐海）；生于海拔400～1200m杂林中。亦分布于台湾、福建、江西、广东、广西、贵州等省区。越南北部老街也有。

常春藤 *Hedera nepalensis* var. *sinensis*（Tobl.）Rehd. [6]，（该属1种）

藤本；全县分布。云南除南部不产外，其他在海拔3500m以下地区均产。亦见于华中、华东、华南、西南、陕西、甘肃及西藏。

异叶梁王茶 *Metapanax davidii*（Franch.）J. Wen ex Frodin [5–1]，（该属1种）

木本；孙必兴等435，（KUN），永善县。产于云南东北部（镇雄、大关、盐津、彝良）、东南部（蒙自、屏边、麻栗坡、砚山）、西部及西北部（贡山、片马地区、腾冲）及中部（澄江）；生于海拔（1200～）1400～2600m的山谷或山坡常绿阔叶林或杂木林中。四川、贵州、湖北及陕西等省有分布。

梁王茶 *Nothopanax delavayi*（Franch.）Harms ex Diels [5–1]，（该属1种）

木本；全县分布。产于云南西北部（宾川、邓川、洱源、丽江、维西、香格里拉、贡山、德钦、鹤庆、兰坪）、北部（大姚）、中部（昆明、武定、禄劝、嵩明、玉溪、富民）、东北部（寻甸）、东南部（石屏、富宁）、西南部（永平、镇康）；生于海拔1700～3000m的山谷阔叶林或混交林中。亦分布于四川、贵州等省。模式标本采自大理。

竹节参 *Panax japonicus*（T.Nees）C.A.Mey. [9]，（该属1种）

草本；全县分布。产于云南西部（福贡、德钦、碧江、腾冲、怒江）、中部（峨山）、北部（永仁）、南部（耿马、金平、勐海、绿春）及东北部（昭通、大关、彝良、镇雄）；生于海拔（200～）1800～2600m的山谷阔叶林中。亦分布于四川、贵州、广西、浙江、安徽。日本、朝鲜也有。

穗序鹅掌柴 *Schefflera delavayi*（Franch.）Harms ex Diels [2]，（该属1种）

木本；全县分布。产于云南中部（嵩明、武定、寻甸、双柏、峨山、玉溪）、西部（景东、漾濞、邓川、丽江、香格里拉、德钦、贡山、福贡）、西南部（龙陵、临沧）、东南部（文山、砚山、蒙自）、南部（元江）及东北部（镇雄、盐津）；生于海拔1200～3000m的沟旁、林缘、山坡疏林中。亦分布于四川、贵州、湖南、湖北、江西、福建、广东、广西。模式标本采自昆明北面的罗汉塘。

刺通草 *Trevesia palmata*（Roxb.）Vis. [7]，（该属1种）

木本；YS.XYC08，永善县溪洛渡街道富庆村向阳三组。产于云南南部（西双版纳、思茅、耿马、澜沧、景东）、西部（凤庆、泸水）、东南部（金平、屏边、河口、马关、文山）；生于海拔200～1500m的密林或混交林内。亦见于贵州、广西。印度、缅甸、尼泊尔、柬埔寨、越南及老挝亦有。

212A 鞘柄木科 Toricelliaceae（1属1种，[14（SH）]）

有齿鞘柄木 *Torricellia angulata* var. *intermedia*（Harms）Hu [14（SH）]，（该属1种）

木本；YS.CJP01，永善县顺河椿尖坪。产于彝良、禄劝、安宁、屏边、金平、文山、富宁、丽江；生于海拔520～1600m的山坡、路旁的阴湿杂木林中。陕西、四川、贵州、湖南、广西、福建等地均有分布。

213 伞形科 Umbelliferae（8属13种，[1]）

隆萼当归 *Angelica oncosepala* Hand.-Mazz. [8–4]，（该属1种）

草本；胡月英等652139，（NAS），永善县玉荠大场。产于德钦、贡山和碧江、腾冲、永善、红河等地；生于海拔3500～4300m的山坡草丛中。模式标本采自澜沧江和怒江分水岭。

积雪草 *Centella asiatica*（Linn.）Urban [2]，（该属1种）

草本；全县分布。全省各地均有分布；生于海拔300～1900m的林下阴湿草地上和河沟边。广布于我国长江流域以南地区。印度、巴基斯坦、越南、老挝、泰国、马来西亚、日本、澳大利亚及南美、南非均有分布。

水芹 *Oenanthe javanica*（Bl.）DC. [10]，（该属1种）

草本；全县分布。产于昭通、大关、鹤庆、洱源、大理、维西、碧江、贡山、昆明、富民、西双版纳、西畴、文山、麻栗坡等地；生于海拔（880～）1000～2800（～3600）m的沼泽、潮湿低洼处及河沟边。全国大多数省区有分布。印度、克什米尔地区、巴基斯坦、尼泊尔及喜马拉雅山区诸国、缅甸、越南、老挝、马来西亚、印度尼西亚、菲律宾、日本、朝鲜至俄罗斯远东地区也有。

杏叶茴芹 *Pimpinella candolleana* Wight et Arn. [1]，（该属1种）

草本；滇东北组471，（KUN），永善县。产于德钦、香格里拉、丽江、永胜、鹤庆、大理、永平、维西、碧江、泸水、兰坪、贡山、腾冲、临沧、勐海、元江、东川、禄劝、昆明和安宁等地；生于海拔1300～3500m的沟边、路旁或林下。贵州北部、四川（木里至米易、西昌）和广西也有。亦分布于印度半岛。

硬毛夏枯草 *Prunella hispida* Benth. [8]，（该属2种）

草本；XYF–204，永善县顺河椿尖坪。云南除南部及西南部外均产；生长于1500～3800m的路旁、林缘及山坡草地上。我国四川西南部、喜马拉雅山区也有。

夏枯草 *Prunella vulgaris* L.

草本；YS.HZB19，永善县蒿枝坝水库。云南除南部外，大部分地区有分布；生长于海拔

1400～2800（～3000）m的荒坡、草地、田埂、溪旁及路边等潮湿地上。分布于我国江南各省以及河南、陕西、甘肃、新疆。欧洲、非洲北部、西亚、中亚、俄罗斯（西伯利亚）、阿富汗、巴基斯坦、印度、尼泊尔、不丹广泛分布，大洋洲及北美亦偶见。

洱源囊瓣芹 *Pternopetalum molle*（Franch.）Hand.-Mazz. **[14（SH）]，（该属3种）**

草本；蔡希陶51056，（KUN），永善县。产于维西、丽江、永胜、洱源、大理、漾濞、凤庆、景东、盐津、大关、彝良和文山等地；生于海拔1400～3300m的山地林下或草坡上。模式标本采自洱源。

五匹青 *Pternopetalum vulgare*（Dunn）Hand.-Mazz.

草本；蔡希陶50970，（SCUM），永善县。产于维西、碧江、腾冲、昭通、彝良、元阳、屏边、马关和文山等地；生于海拔1400～2200m的沟谷或林下阴湿处。湖北、湖南、贵州、四川、甘肃南部（文县）也有。模式标本采自元阳逢春岭。

滇西囊瓣芹 *Pternopetalum wolffianum*（Fedde）Hand.-Mazz.

草本；蔡希陶1056，（NWAFU），永善县。产于永善及滇西北地区；生于海拔2200m左右的荫蔽林中。模式标本采自本省西北部澜沧江与怒江分水岭。

变豆菜 *Sanicula chinensis* Bunge **[1]，（该属3种）**

草本；全县分布。产于德钦、维西、碧江、兰坪、丽江、鹤庆、大理、腾冲、宾川、大姚、寻甸、嵩明、安宁、昭通、会泽等地；生于海拔1930～2800m的杂木林下及山坡草地。分布于我国西南各省。模式标本采自会泽。

薄片变豆菜 *Sanicula lamelligera* Hance

草本；全县分布。产于绥江、彝良、昭通、广南、麻栗坡等地；生于海拔510～2000m的混交林下、沟谷及湿润的沙质土壤。分布于安徽、浙江、台湾、江西、湖北、广东、广西、贵州、四川。日本南部也有。

直刺变豆菜 *Sanicula orthacantha* S. Moore

草本；蔡希陶51083，（KUN），永善县。产于永善、彝良、文山等地；生于海拔2400～3200m的山涧林下、沟谷或溪边。分布于浙江、江西、福建、湖南、广东、广西、陕西、甘肃、贵州、四川和西藏。川西北至东南边缘有变种。

小窃衣 *Torillis japonica*（Houtt.）DC. **[10–1]，（该属1种）**

草本；全县分布。产于德钦、香格里拉、贡山、维西、福贡、丽江、漾濞、大理、腾冲、大关、昭通、会泽、嵩明、昆明、安宁、师宗、西畴等地；生于海拔1000～3230m的杂木林、路旁、荒地及沟边草丛。分布几乎遍全国。欧洲、北非及亚洲温带（西至尼泊尔）地区也有。

213A 天胡荽科 Hydrocotylaceae （1属2种，[3]）

中华天胡荽 *Hydrocotyle chinensis*（Dunn）Craib [2]，（该属2种）

草本；蔡希陶51210，（PE），永善县。产于漾濞、巍山、景东、楚雄、禄劝、孟连、蒙自等地；生于海拔1000～2900m的河沟边及湿润路旁草地。分布于湖南、四川。模式标本采自蒙自。

天胡荽 *Hydrocotyle sibthorpioides* Lam.

草本；YS.SHC20，永善县团结乡花石村、双河村。产于丽江、鹤庆、景东、昆明、晋宁、绿春、勐海、景洪、富宁等地；生于海拔475～3000m的湿润草地、沟边及林下。分布于陕西、安徽、江苏、浙江、江西、福建、湖南、湖北、广东、海南、广西、台湾、四川、贵州。朝鲜、日本、印度、尼泊尔及东南亚也有。

215 杜鹃花科 Ericaceae（4属14种，[6d]）

灯笼树 *Enkianthus chinensis* Franch. [14]，（该属1种）

木本；蔡希陶51123，（PE），永善县。产于滇西及滇西北；生于海拔900～3600m的杂木林及灌丛中。分布于我国长江以南各省。

小果珍珠花 *Lyonia ovalifolia* var. *elliptica*（Sieb.et Zucc.）Hand.-Mazz. [9]，（该属1种）

木本；全县分布。广布于全省各地；生于山坡疏林灌丛中。亦分布于台湾（台北）、广西、四川、贵州、西藏。尼泊尔、印度、不丹以及中南半岛均有。

美丽马醉木 *Pieris formosa*（Wall.）D. Don [10]，（该属2种）

木本；全县分布。除滇南外，全省各地均有分布；生于海拔（800～）1500～2800m的干燥山坡、林中。广东、广西、四川、贵州亦有。不丹也有分布。

马醉木 *Pieris japonica* Thunb.

木本；全县分布。除滇南外，全省各地均有分布；生于海拔（800～）1500～2800m的干燥山坡、林中。广东、广西、四川、贵州亦有。不丹也有分布。

银叶杜鹃 *Rhododendron argyrophyllum* Franch. [8]，（该属10种）

木本；蔡希陶50907，（PE），永善县。产于巧家、昭通、镇雄、彝良、大关、永善；生于海拔1900～2800m的常绿阔叶林或灌丛中。四川西南部和贵州也有。

尖叶美容杜鹃 *Rhododendron calophytum* var. *openshawianum*（Rehd. et Wils.）Chamb. ex Cullen et Chamb.

木本；滇东北队457，（KUN），永善县。产于彝良、镇雄；生于海拔2000m的常绿阔叶林中。四川西部至西南部也有。

刺毛杜鹃 *Rhododendron championiae* Hook.

木本；全县分布。

腺果杜鹃 *Rhododendron davidii* Franch.

木本；杨增宏86-0866，（KUN），永善县。产于彝良、大关、永善；生于海拔1700～3000m的常绿阔叶林或杂木林中。四川西南部也有。

大白花杜鹃 *Rhododendron decorum* Franch.

木本；俞德浚，（SCUM），永善县。产云南省中部、西部至西北部、东南部；生于海拔（1000～）1800～3600（～3900）m的松林、杂木林或灌丛中。四川西南部、贵州西部和西藏东南部也有。合模式标本采自鹤庆。

露珠杜鹃 *Rhododendron irroratum* Franch.

木本；XYF-202，永善县顺河椿尖坪。产于昆明、嵩明、寻甸、富民、禄丰、武定、禄劝、大姚、宾川、大理、漾濞、鹤庆、剑川、丽江、永平、巍山、凤庆、镇康、临仓、景东、元江、易门等地；生于海拔1800～3000（～3600）m的常绿阔叶林、松林或杂木林中。四川西南部也有。模式标本采自鹤庆。

亮毛杜鹃 *Rhododendron microphyton* Franch.

木本；全县分布。广布于贡山、福贡、泸水、腾冲、龙陵、沧源、临沧、大理、下关、景东、大姚、易门、双柏、禄劝、富民、昆明、寻甸、玉溪、峨山、通海、新平、元江、屏边、砚山、文山、西畴、麻栗坡、富宁、广南等地；生于山坡灌丛、松林下、杂木林或针-阔叶混交林，在东南部常见于石灰岩山地灌丛内，海拔1000～2300（～3000）m。贵州、四川西南部也有。亦分布于泰国。

峨马杜鹃 *Rhododendron ochraceum* Rehd. et Wils.

木本；滇东北队436，（KUN），永善县河坝场附近山梁。产于镇雄、彝良、大关、永善；生于海拔1850～2100m的杂木林中。四川西南部也有。云南新纪录。

绒毛杜鹃 *Rhododendron pachytrichum* Franch.

木本；滇东北队666，（KUN），永善县马楠乡。产于彝良、永善；生于海拔1700～2450m的杂木林中。四川西南部也有。

海绵杜鹃 *Rhododendron pingianum* Fang

木本；滇东北队653，（KUN），永善县马楠乡。产于维西、香格里拉、德钦；生于海拔（2700～）3300～4200（～4550）m的冷杉林下、高山杜鹃灌丛中或砾石坡上。四川西南部和西藏东南部也有。模式标本采自德钦。

216 越橘科 Vacciniaceae（1属2种，[8]）

苍山越橘 *Vaccinium delavayi* Franch. [8–4]，（该属2种）

木本；孙必兴431，（KUN），永善县大同大包顶。产于贡山、泸水、云龙、龙陵、丽江、鹤庆、洱源、漾濞、大理、宾川、凤庆、景东、大姚、禄劝、会泽、麻栗坡；生于海拔2400～3200（～3850）m的阔叶林内、干燥山坡、铁杉–杜鹃林内、高山灌丛或高山杜鹃灌丛中，有时附生于岩石上或树干上。西藏东南（察隅）、四川西南（米易）也有。亦分布于缅甸东北部。模式标本采自大理苍山。

米饭花 *Vaccinium sprengelii*（G. Don）Sleum.

木本；孙必兴431，（IBSC），永善县。广布于全省各地；生于山坡疏林灌丛中。亦分布于台湾（台北）、广西、四川、贵州、西藏。尼泊尔、印度、不丹以及中南半岛均有。

219 岩梅科 Diapensiaceae（1属1种，[8–2]）

岩匙 *Berneuxia thibetica* Decne. [15]，（该属1种）

草本；蔡希陶，（SCUM），永善县。产于禄劝、镇雄、大关、丽江、维西、贡山、德钦等地；生于海拔1300～4500m的高山杜鹃灌丛或铁杉林及针阔混交林下。四川、贵州、西藏有分布。

221 柿树科 Ebenaceae（1属1种，[2]）

乌柿 *Diospyros cathayensis* Steward [2]，（该属1种）

木本；蔡希陶51197，（KUN），永善县。产于永善；生于海拔1600m的山坡、河谷中。分布于湖北、湖南、四川、贵州及广东。

223 紫金牛科 Myrsinaceae（2属3种，[2]）

朱砂根 *Ardisia crenata* Sims [2]，（该属1种）

木本；全县分布。产于滇西北（贡山以南）、滇西南及滇东南等地，玉溪亦发现，昆明可以露天栽培；生于海拔1000～2400m的疏、密林下，阴湿的灌木丛中。我国东从台湾至西藏东南部，北从湖北至广东皆有。日本、印度尼西亚、缅甸、印度及中南半岛、马来半岛均有分布。

针齿铁仔 *Myrsine semiserrata* Wall. [6]，（该属2种）

木本；王启无84297，（KUN），永善县。产于滇西北、滇西、滇西南、滇中及滇东南等地，西双版纳仅勐连发现；生于海拔1100～1700m的疏、密林内，山坡、路旁、石灰山上或沟边等。我国湖北、湖南、广东、广西、贵州、四川、西藏等亦有。印度至缅甸均有分布。

光叶铁仔 *Myrsine stolonifera*（Koidz.）Walker

木本；孙功兴419，（IBSC），永善县。产于滇东南等地；生于海拔1100～2100m的密林中湿润的地方。我国台湾、福建、浙江、广东、广西、贵州亦有。日本有分布。我国贵州新纪录。

224 安息香科 Styracaceae（2属3种，[3]）

木瓜红 *Rehderodendron macrocarpum* Hu [7–4]，（该属1种）

木本；全县分布。产于云南东南部（文山）和东北部（彝良）；生于海拔1900～2200m的混交林中。分布于四川、贵州、广西。越南北部也有。

野茉莉 *Styrax japonicus* Sieb. et Zucc. [2]，（该属2种）

木本；YS.SHC30，永善县团结乡花石村、双河村。产于沾益、彝良、镇雄；生于海拔1200～2300m的灌丛中。分布于长江以南各省区，北至河南、陕西均有。朝鲜、日本和菲律宾也有。

粉花安息香 *Styrax roseus* Dunn.

木本；蔡希陶51090，（SWFC），永善县。

225 山矾科 Symplocaceae（1属7种，[2–1]）

腺叶山矾 *Symplocos adenophylla* Wall. [2]，（该属7种）

木本；蔡希陶51250，（KUN），永善县。产于文山、麻栗坡；生于海拔约2000m的常绿阔叶林中。分布于广西、广东、海南、福建等省区。越南、印度、马来西亚、新加坡、印度尼西亚也有。

薄叶山矾 *Symplocos anomala* Brand

木本；全县分布。产于大关、彝良、绥江、双柏、马龙、福贡、龙陵、腾冲、临沧、凤庆、景东、蒙自、屏边、文山、景洪等地；生于海拔1700～2700m（在省外有的生长于1000m左右的地方）的山坡、山谷林缘和杂木林内。分布于四川、贵州、广西、广东、湖南、湖北、江西、江苏、浙江、福建、台湾等省区。缅甸、印度、泰国、越南、马来西亚及琉球群岛、苏门答腊岛、婆罗洲也有分布。

坚木山矾 *Symplocos dryophila* Clarke

木本；孙必兴等440，（PE），永善县大同。产于全省各地；生于海拔1600～3200m的常绿阔叶林及杂木林中。分布于四川南部和西藏。缅甸、越南、泰国、尼泊尔、印度也有分布。

光亮山矾 *Symplocos lucida*（Thunb.）Siebold et Zucc.

木本；全县分布。产于全省各地；生于海拔1600～3200m的常绿阔叶林及杂木林中。缅甸、越南、泰国、尼泊尔、印度也有分布。

白檀 *Symplocos paniculata*（Thunb.）Miq.

木本；孙必兴453，（KUN），永善县大同大包顶。产于全省各地；生于海拔500～2600m的密林、疏林及灌丛中。除新疆和内蒙古外，全国各地均有分布。朝鲜、日本、印度也有，北美有栽培。

多花山矾 *Symplocos ramosissima* Wall. ex G. Don

木本；孙必兴等437，（PE），永善县大同大包顶、顺河椿尖坪；XYF-209，永善县椿尖坪。产于全省各地；生于海拔1300～2800m的灌丛、杂木丛、常绿阔叶林及湿润密林中。分布于西藏、四川、贵州、湖北、湖南、广西及广东。尼泊尔、不丹和印度也有分布。

山矾 *Symplocos sumuntia* Buch.-Ham. ex D. Don

木本；ELK-257，永善县马楠乡二龙口云桥水库。产于滇东北和滇东南；生于海拔600～2000m的灌丛、杂木林或常绿阔叶林中。分布于江苏、浙江、福建、台湾、江西、湖北、湖南、四川、贵州、广东、广西。

228A 醉鱼草科 Buddlejaceae（1属5种，[2-2]）

巴东醉鱼草 *Buddleja albiflora* Hemsl. **[2]，（该属5种）**

木本；滇东北队638，（KUN），永善县马楠乡。产于巧家、镇雄、大关；生于海拔880～2300m山坡灌丛中。分布于河南、陕西、甘肃、湖北、四川。模式标本采自湖北巴东。

白背枫 *Buddleja asiatica* Lour.

木本；YS.YQ27，永善县云荞水库途中草地。云南各地广布；海拔30～2800m。分布于我国湖北、湖南、广东、广西、福建、四川、贵州、西藏。巴基斯坦东部、印度、不丹、缅甸、泰国、老挝、越南、马来西亚、印度尼西亚、菲律宾也有。

大叶醉鱼草 *Buddleja davidii* Franch.

木本；ELK-247，永善县马楠乡二龙口云桥水库。产于盐津；生于海拔1300～2600m的沟边、山坡灌丛中。分布于江苏、浙江、湖北、湖南、广西、陕西、甘肃、四川、贵州、西藏。

酒药花醉鱼草 *Buddleja myriantha* Diels.

木本；全县分布。云南广布；生于海拔540～2700m的山坡灌丛中。模式标本采自漾濞。

密蒙花 *Buddleja officinalis* Maxim.

木本；全县分布。云南广布；生于海拔700～2800m山坡、河边杂木林中。分布于陕西、甘肃、湖北、广东、广西、四川、贵州。

229 木樨科 Oleaceae（3属8种，[1]）

美国白梣 *Fraxinus americana* Linn. [8]，（该属2种）

木本；孙必兴等360，（KUN），永善县洗脚溪。

白蜡树 *Fraxinus chinensis* Roxb.

木本；孙必兴360，（IBSC），永善县。产于昆明、江川、西畴、广南、永善、镇雄等地；生于海拔1200～2000m的山坡杂木林或石灰岩山地林缘。分布于东北、黄河及长江流域，福建、广东、广西。越南，朝鲜也有。

野迎春 *Jasminum mesnyi* Hance [2]，（该属2种）

木本；全县分布。产于滇中、滇东南及滇西北部；生于海拔1300～2100m的山坡林缘、灌丛或路边。原产贵州，现各地均有栽培。

多花素馨 *Jasminum polyanthum* Franch.

藤本；全县分布。产于昆明、富民、宜良、楚雄、双柏、易门、石屏、蒙自、屏边、文山、西畴、河口、思茅、勐海、耿马、丽江、鹤庆等地；生于海拔1000～2800m的山谷、溪旁或山坡疏林及灌丛。也见于村寨附近及石灰岩山坡；贵州也有。

长叶女贞 *Ligustrum compactum*（Wall. ex G. Don）Hook. f. [10-1]，（该属4种）

木本；全县分布。产于昆明、富民、寻甸、丽江、德钦、维西、贡山、镇雄、禄劝等地；生于海拔1600～3000m的林内、林缘或山坡灌丛。分布于湖北西部、贵州、四川、西藏东南部。喜马拉雅山区也有。

散生女贞 *Ligustrum confusum* Decne.

木本；全县分布。产于蒙自、屏边、西畴、麻栗坡、勐腊、龙陵、盈江、凤仪、镇康、景东、福贡、楚雄、玉溪；生于海拔980～2600m的山地混交林或灌丛。分布西藏东南部。不丹、尼泊尔、印度东北部、缅甸、泰国、越南北部也有。

紫药女贞 *Ligustrum delavayanum* Hariot

木本；蔡希陶51016，（PE），永善县。产于滇中、滇东北、滇西及滇西南，生于海拔1300～3500m的山坡灌丛及疏林或岩石缝中。四川西部也有。

女贞 *Ligustrum lucidum* Ait.

木本；全县分布。除西双版纳及德宏州外，大部分地区都有分布或栽培；生于海拔130～3000m的混交林或林缘。长江流域及以南各省区和甘肃南部均有分布。

230 夹竹桃科 Apocynaceae（2属3种，[2]）

羊角棉 *Alstonia mairei* Lévl. [7]，（该属2种）

木本；蔡希陶50903，（IBSC），永善县。产于昆明、砚山、腾冲、永胜、禄劝等地；生于海拔700～1500m的山地疏林下。贵州也有。

鸭脚树 *Alstonia paupera* Hand.-Mazz.

木本；蔡希陶50903，（PE），永善县。

贵州络石 *Trachelospermum bodinieri*（Lévl.）Woods. ex Rehd. [6]，（该属1种）

藤本；王启无84523，（IBSC），永善县。产于砚山、嵩明、丽江、德钦、大理、维西、麻栗坡、西双版纳等地；生于山野、溪边、路旁、坑谷灌丛、杂林边缘，缠绕树上或生于岩石上。分布于山东、安徽、江苏、浙江、福建、台湾、江西、河北、河南、湖北、湖南、广东、广西、贵州、四川、陕西和西藏等省区。日本、朝鲜、越南也有。

231 萝藦科 Asclepiadaceae（3属6种，[3]）

马利筋 *Asclepias curassavica* Linn. [2]，（该属1种）

木本；全县分布。云南南部、东南部栽培，间或逸为野生。台湾、福建、江西、湖南、广东、广西、贵州、四川等省区也有栽培。原产北美洲，现广植于世界各热带地区。

大理白前 *Cynanchum forrestii* Schltr. [2]，（该属3种）

木本；蔡希陶50953A，（IBSC），永善县。产于除南部外全省各地；生于海拔1500～3000m的山地灌木丛中或路旁草地，也有生于林下沟谷草地。分布于西藏、甘肃、四川、贵州等省区。

竹灵消 *Cynanchum inamoenum*（Maxim.）Loes.

木本；蔡希陶50954，（PE），永善县。

青洋参 *Cynanchum otophyllum* Schneid.

木本；蔡希陶51170，（IBSC），永善县。产于龙陵、福贡、丽江、禄劝、大理、景东、镇雄、蒙自、玉溪、双柏、剑川、嵩明、砚山、镇康、马关、昆明、盈江、巧家、鹤庆、腾冲、会泽、姚安、兰坪、澄江、永胜等地；生于海拔1400～2800m的山地疏林中或山坡灌木丛中。西藏、四川、广西、湖南也有。

青蛇藤 *Periploca calophylla*（Wight）Falc. [6]，（该属2种）

藤本；蔡希陶51183，（IBSC），永善县。产于漾濞、昆明、永善、屏边、泸西、双柏、澄江、贡山、丽江、绥江、罗平、临沧、巍山、砚山、景东、麻栗坡、西畴、元江、禄劝、兰坪、文山等地；生于海拔2800m以下山地疏林下或山谷林下。分布于西藏、四川、贵州、广西、湖北。尼泊尔、印度等也有。

杠柳 *Periploca sepium* Bunge

木本；蔡希陶51183，（PE），永善县。分布于亚洲温带地区、欧洲南部和非洲热带地区。我国产4种，分布于东北、华北、西北、西南及广西、湖南、湖北、河南、江西等省区。云南有3种。

232 茜草科 Rubiaceae（7属14种，[1]）

云桂虎刺 *Damnacanthus henryi*（Levl.）Lo [14]，（该属1种）

木本；全县分布。产于文山、马关、麻栗坡、西畴、富宁、广南、蒙自、屏边、河口、金平、绿春；生于海拔1200～2000m的山地林中。四川、贵州、广西也有。模式标本采于蒙自。

拉拉藤 *Galium aparine* Linn. [1]，（该属5种）

草本；全县分布。产于镇雄、师宗、东川、丽江、德钦、维西、香格里拉、贡山、福贡、兰坪、鹤庆、大理、昆明、江川、景东、镇康；生于海拔1600～3200m的山谷林下、山坡、草地、荒地。除海南及南海诸岛外，全国均有。分布于尼泊尔、巴基斯坦、印度、朝鲜、日本、俄罗斯及欧洲、非洲、美洲北部等地区。

小叶葎 *Galium asperifolium* var. *sikkimense*（Gand.）Cuf.

草本；全县分布。产于镇雄、彝良、大关、巧家、会泽、富源、嵩明、宜良、澄江、东川、丽江、德钦、维西、香格里拉、贡山、福贡、鹤庆、洱源、大理、漾濞、昆明、易门、武定、禄劝、江川、文山、蒙自、屏边、元阳、景东、临沧、沧源、镇康、保山、腾冲；生于海拔1100～3600m的山坡、河滩、沟边、旷野、草地、灌丛或林下。四川、西藏、贵州、广西、湖南、湖北也有。分布于缅甸、不丹、尼泊尔、巴基斯坦、印度、斯里兰卡。

肾柱拉拉藤 *Galium elegans* var. *nephrostigmaticum*（Diels）W. C. Chen

草本；全县分布。产于澄江、昆明（东川）、丽江、德钦、维西、香格里拉、贡山、福贡、兰坪、泸水、鹤庆、洱源、大理、永平、安宁、昆明、楚雄、江川、麻栗坡、景东、孟连、勐海、沧源、腾冲；生于海拔1500～3000m的山谷林中、林缘、草坡。分布于四川、贵州、甘肃。模式标本采于大理。

六叶葎 *Galium hoffmeisteri*（Klotzsch）Ehrend. & Schönb

草本；ML-273，YS.YQ37，永善县马楠乡云荞水库途中草地。产于镇雄、大关、巧家、宜良、澄江、丽江、永胜、德钦、维西、香格里拉、贡山、福贡、鹤庆、大理、漾濞、大姚、文山、蒙自、景东、凤庆、腾冲；生于海拔1900～3600m的溪边山谷林下、草坡、河滩或灌丛中。四川、西藏、贵州、湖南、湖北、江西、浙江、江苏、安徽、河南、河北、山西、陕西、甘肃、黑龙江等省区也有。分布于缅甸、不丹、尼泊尔、巴基斯坦、印度、朝鲜、日本、俄罗斯等地。

山猪殃殃 *Galium pseudoasprellum* Makino

草本；全县分布。产于澄江、武定；生于海拔约2900m的草坡。分布于四川、湖北、河南、浙江、江苏、河北、山西、陕西、甘肃、青海、辽宁、吉林。朝鲜、日本也有。

薄叶新耳草 *Neanotis hirsuta*（L. f.）Lewis [5]，（该属1种）

草本；YS.SHC19，永善县团结乡花石村、双河村。产于盐津、镇雄、彝良、大关、澄江、师宗、永胜、德钦、贡山、福贡、泸水、大理、漾濞、巍山、富民、昆明、楚雄、元江、文山、马关、西畴、屏边、河口、绿春、景东、普洱、孟连、勐腊、景洪、勐海、凤庆、双江、沧源、耿马、镇康；生于海拔900～2600m的山谷溪边林中。分布于四川、西藏、贵州、广西、广东、湖南、湖北、江西、福建、浙江、江苏、台湾。越南、泰国、缅甸、不丹、尼泊尔、印度、马来西亚、印度尼西亚、日本也有。

中华蛇根草 *Ophiorrhiza chinensis* Lo [7]，（该属1种）

草本；全县分布。

鸡屎藤 *Paederia scandens*（Lour.）Merr. [7]，（该属1种）

草本；蔡希陶51230，（KUN），永善县。产于永善、盐津、威信、镇雄、大关、昭通、富源、嵩明、澄江、石林、师宗、罗平、东川、丽江、永胜、德钦、维西、香格里拉、贡山、福贡、碧江、兰坪、鹤庆、洱源、大理、漾濞、巍山、宾川、富民、安宁、昆明、永仁、大姚、易门、禄丰、禄劝、峨山、江川、砚山、马关、麻栗坡、西畴、蒙自、屏边、河口、元阳、石屏、绿春、景东、普洱、思茅、澜沧、孟连、西盟、勐腊、景洪、勐海、凤庆、临沧、双江、沧源、腾冲、龙陵、盈江、芒市、陇川；生于海拔400～3700m的山地、丘陵、旷野、河边、村边的林中或灌丛。分布于四川、贵州、广西、广东、香港、海南、湖南、湖北、河南、江西、福建、台湾、浙江、江苏、安徽、山东、山西、陕西、甘肃等省区。越南、老挝、柬埔寨、泰国、缅甸、尼泊尔、印度、马来西亚、印度尼西亚、菲律宾、朝鲜、日本也有。

金剑草 *Rubia alata* Wall [8-4]，（该属4种）

草本；全县分布。产于绥江、镇雄、彝良、大关、富源、嵩明、澄江、罗平、昆明（东川）、丽江、永胜、德钦、福贡、兰坪、剑川、大理、宾川、富民、永仁、大姚、姚安、易门、禄丰、峨山、西畴、富宁；生于海拔800～2800m的山地林中、灌丛和旷坡。四川、贵州、广西、广东、湖南、湖北、河南、江西、福建、浙江、台湾、安徽、陕西、甘肃也有。

茜草 *Rubia cordifolia* Linn.

草本；蔡希陶50974，（PE），永善县，YS.SHC17，永善县团结乡花石村、双河村。产于镇雄、曲靖、贡山、楚雄、西畴、屏边、勐腊、勐海、临沧、沧源、保山；生于海拔1300～2600m的林中、林缘、旷野草地、村边园篱、灌丛，常攀附于其他树上。分布于四川、西藏、广西、广东、香港、海南、湖南、江西。印度、印度尼西亚也有。

金线茜草 *Rubia membranacea* Diels

草本；蔡希陶51078，（KUN），永善县。

大叶茜草 *Rubia schumanniana* Pritzel

草本；蔡希陶50953，（IBK），永善县。产于永善、镇雄、彝良、大关、昭通、巧家、富源、嵩明、宜良、师宗、罗平、昆明（东川）、丽江、贡山、福贡、大理、巍山、富民、武定、禄劝、新平、西畴、蒙自、金平、元阳、绿春、景洪、双江、梁河；生于海拔1300～3000m的山谷、山坡、路边的林中或灌丛。四川、贵州、广西、湖北也有。

水晶棵子 *Wendlandia longidens*（Hance）Hutchins. **[5]，（该属1种）**

木本；蔡希陶51188，（KUN），永善县。产于绥江、永善、盐津、大关、巧家；生于海拔1200～2800m的山谷林中、山坡或河边的灌丛中。分布于四川、贵州、湖北。

233 忍冬科 Caprifoliaceae（3属14种，[8]）

淡红忍冬 *Lonicera acuminata* Wall. **[8]，（该属5种）**

木本；蔡希陶51109，（KUN），永善县。产于大姚、洱源、丽江、永宁、大理、碧江、泸水、腾冲、镇康、凤庆、景东、盐津、永善、镇雄；生于林内或灌丛中，海拔1140～2300m（滇东北）或2500～3000m（滇西北至西南）。分布于西藏东南部至东南沿海各省和台湾，北自陕西秦岭、甘肃南部至广东和东西北部。尼泊尔、印度、缅甸、印度尼西亚和菲律宾也有。

匍匐忍冬 *Lonicera crassifolia* Batal.

木本；孙必兴等442，（PE），永善县。产于麻栗坡；生于海拔1900～2100m的山坡林下。分布于湖北西南部、湖南西北部、贵州、四川南部。

柳叶忍冬 *Lonicera lanceolata* Wall.

木本；蔡希陶51063，（PE），永善县。产于贡山、德钦、维西、香格里拉、丽江、鹤庆、剑川、大理；生于海拔2700～3700m的高山灌丛、针阔叶混交林、冷杉或云杉林下，以及火烧迹地等处。分布于四川西部、西藏东南部。印度、尼泊尔、不丹也有。

女贞叶忍冬 *Lonicera ligustrina* Wall.

木本；ELK-263，永善县马楠乡二龙口云桥水库。产于永善、镇雄、彝良；生于海拔1500～1900m的林内或灌丛中。分布于四川、湖北西部、陕西南部、湖南、贵州、广西。尼泊尔、印度、孟加拉国也有。

蕊帽忍冬 *Lonicera pileata* Oliv.

木本；全县分布。产于麻栗坡；生于海拔1600～1800m的常绿阔叶林内。分布于湖北西部、陕西南部、四川、贵州、广西西北部、广东北部、湖南。

血满草 *Sambucus adnata* Wall. ex DC. **[8–4]，（该属1种）**

草本；蔡希陶51030，（SCUM），永善县，YS.SHC34，YS.YQ30，永善县团结乡花石村、双河村，云荞水库途中草地。产于滇西、滇西北、滇中至东北部；生于海拔1600～3200（～4000）m的林下、沟边或山坡草丛中。分布于贵州、四川、陕西、甘肃、青海及西藏东南部。印度、尼泊尔也有。

广叶荚蒾 *Viburnum amplifolium* Rehd. **[8]，（该属8种）**

木本；蔡希陶51015，（KUN），永善县。产于蒙自、屏边、西畴、马关、麻栗坡；生于海拔1100～1700（～2000）m的路边、沟边灌丛中或阔叶林下。模式标本采自蒙自。

水红木 *Viburnum cylindricum* Buch. -Ham. ex D. Don

木本；蔡希陶，（SCUM），永善县。除滇南热区以外全省各地均产；生于海拔1120～3200m的阳坡常绿阔叶林或灌丛中。分布于中南至西南各省区、西藏东南部、甘肃南部、湖北西部及湖南西部。巴基斯坦、印度、尼泊尔、不丹、缅甸北部、泰国北部、越南中部至北部以及印度尼西亚（爪哇）也有。模式标本采自蒙自。

红荚蒾 *Viburnum erubescens* Wall.

木本；蔡希陶50997，（PE），永善县。产于漾濞、凤庆；生于海拔2500～3000m的山坡杂木林中。模式标本采自漾濞。

南方荚蒾 *Viburnum fordiae* Hance

木本；YS.XLD07，永善县溪洛渡街道富庆村向阳三组。产于富宁；生于海拔700～800m的次生疏林中；分布于台湾、福建、江西、湖南、广东、广西、贵州。

长伞梗荚蒾 *Viburnum longiradiatum* Hsu et S. W. Fan

木本；蔡希陶51073，（KUN），永善县。产于永善；生于海拔2300m的山坡林内。分布于四川东部至西南部。模式标本采自永善。

显脉荚蒾 *Viburnum nervosum* D. Don

木本；孙必兴等426，（KUN）；ELK-255，永善县马楠乡二龙口云桥水库。产于滇西北和东北，而南达景东，滇东南的文山；生于海拔（1500～）2450～4000m的山谷及山坡林内或灌丛中，冷杉林下尤其常见。分布于湖南（天堂山）、广西（临桂）、四川西部、西藏东南部。印度东北部、不丹、缅甸北部及越南北部也有。

少花荚蒾 *Viburnum oliganthum* Batal.

木本；蔡希陶50995，（KUN），永善县。产于永善、彝良、镇雄；生于海拔1500～2200m的林内或溪边灌木丛中及岩石上。分布于甘肃东南部、四川东部至西南部、湖北西部、贵州东北和西部、西藏（逢曲）。

合轴荚蒾 *Viburnum sympodiale* Graebn.

木本；孙必兴等426，（PE），永善县大同大包顶。产于大关；生于海拔1800～2000m的山顶杂木苔藓林或竹丛中。分布于甘肃南部、陕西南部、四川、湖北西部、湖南、贵州、广西东北部、江西、浙江、安徽南部及福建北部。

235 败酱科 Valerianaceae（2属2种，[1]）

少蕊败酱 *Patrinia monandra* C. B. Clarke [14]，（该属1种）

草本；滇东北队647，（KUN），永善县。产于镇雄、彝良、盐津、昭通、贡山、维西、德钦、福贡、兰坪、西畴、砚山、屏边、盈江；生于海拔500～2400m的山坡灌丛、林缘、水沟边。分布于辽宁、河北、山东、河南、陕西、甘肃、江苏、江西、湖北、湖南、广西、贵州、四川。

长序缬草 *Valeriana hardwickii* Wall. [8–4]，（该属1种）

草本；YS.XLD05，永善县溪洛渡街道富庆村向阳三组。产于贡山、腾冲、大理、景东、香格里拉、丽江、碧江、镇康、凤庆、昆明、禄劝、巧家（野马川V.erdicola的模式产地）、会泽、通海；生于海拔1000～3500m的溪边、沟旁、林缘、草坡。分布于广西、广东、江西、湖南、湖北、四川、贵州、西藏。不丹、尼泊尔、印度、缅甸、巴基斯坦、印度尼西亚、苏门答腊和爪哇也有。

236 川续断科 Dipsacaceae（1属1种，[10–3]）

川续断 *Dipsacus asperoides* C. Y. Cheng et T. M. Ai [10]，（该属1种）

草本；YS.XLD06，永善县溪洛渡街道富庆村向阳三组。产于昆明、安宁、嵩明、楚雄、江川、会泽、东川、盐津、大理、漾濞、禄劝、景东、蒙自、屏边、砚山、麻栗坡、双柏、邓川、泸水、维西、鹤庆、凤庆、丽江、香格里拉、德钦、贡山等地；生于海拔2000～3600m的林边、灌丛、草地。陕西、甘肃、河南、湖北、江西、湖南、广东、广西、贵州、四川和西藏皆有分布。

238 菊科 Asteraceae（37属62种，[1]）

和尚菜 *Adenocaulon himalaicum* Edgew. [8–4]，（该属1种）

草本；滇东北队473，（KUN），永善县河坝场至大关县木杆林场途中。产于德钦、贡山、维西、香格里拉、丽江、鹤庆、兰坪、大理、保山、屏边、文山、永善、大关、彝良、镇雄、巧家等地；生于海拔1700～3300m的林下、灌丛下、草坡或路边、水沟边。我国各地有分布。日本、朝鲜、印度及远东地区也有。

长穗兔耳风 *Ainsliaea henvyi* Diels [14]，（该属1种）

草本；全县分布。产于滇东北（大关等地）；生于海拔1300～2020m的林下。江西、福建、台湾、湖北、湖南、广东、海南、广西、四川、贵州有分布。

二色香青 *Anaphalis bicolor*（Franch.）Diels [8]，（该属3种）

草本；全县分布。产于香格里拉、丽江、剑川、大理、宾川、武定、富民、昆明、东川、会泽；生于海拔2500～3200m的林下、林缘、山坡草地或岩石隙。四川西部至西南部、西藏东南部有分布。模式标本采自宾川。

珠光香青 *Anaphalis margaritacea*（L.）Benth. et Hook. f.

草本；ML-268，YS.HZB26，YS.YQ14，永善县马楠乡，蒿枝坝水库，云荞水库途中草地。

尼泊尔香青 *Anaphalis nepalensis*（Spreng.）Hand. -Mazz.

草本；全县分布。

牛蒡 *Arctium lappa* L. [10]，（该属1种）

草本；YS.HZB29，永善县蒿枝坝水库。产于昆明、澄江、易门、蒙自、勐腊、勐海、保山、泸水、漾濞、大理、宾川、鹤庆、丽江、香格里拉、维西、德钦等地；生于海拔1800～3200m的林下、林缘、灌丛中、山坡、溪边、路边或荒地，常有栽培。全国各地有分布。亚洲、欧洲和美洲很多地区也有。

五月艾 *Artemisia argyi* Levl.et Vant. [8]，（该属4种）

草本；全县分布。云南全省分布，尤其中、低海拔地区常见。除新疆、宁夏、青海等省区外，几乎遍及全国；生于中、低海拔地区路旁、林缘、坡地及灌丛处。亚洲东部、南部，大洋洲及美洲也有。

牛尾蒿 *Artemisia dubia* Wall. ex Bess.

草本；YS.YQ32，ELK-244，永善县云荞水库途中草地，马楠乡二龙口云桥水库。产于昆明、东川、曲靖、文山、丽江、大理、德钦；生于山坡、草原、疏林下及林缘，低海拔至3500m的地区。分布于内蒙古、河北、四川（南部）、西藏（东部）、甘肃（南部）。印度（北部）、不丹、尼泊尔也有。

牡蒿 *Artemisia japonica* Thunb.

草本；滇东北队642，（KUN），永善县马楠乡。云南全省都有；在湿润、半湿润或半干旱的环境里生长，常见于林缘、林中空地、疏林中、旷野、灌丛、丘陵、山坡、路旁等，分布于3300m以下中、低海拔地区。除新疆、青海及内蒙古等干旱地区外，遍及全国。亚洲东部至南部各国都有。

西南牡蒿 *Artemisia parviflora* Buch.-Ham. ex Roxb.

草本；滇东北队640，（KUN），永善县马楠乡。产于丽江、大理、昆明、楚雄、东川；生于海拔2200～3100m的草丛、坡地、林缘及路旁等。分布于四川、西藏、陕西（南部）、甘肃（南部）、青海（南部）、湖北（西部）。阿富汗、印度、尼泊尔、斯里兰卡、缅甸及克什米尔地区等也有。

宽伞三脉紫菀 *Aster ageratoides* var. *laticorymbus*（Vant.）Hand.-Mazz. **[14]，（该属2种）**

草本；滇东北队620，（KUN），永善县马楠乡。产于大理、鹤庆、丽江、香格里拉；生于海拔2800～3800m的林下、灌丛下或山坡草地。河北、山西、内蒙古、黑龙江、吉林、辽宁、河南、陕西、甘肃、青海、四川等地有分布。朝鲜和西伯利亚东部也有。

小舌紫菀 *Aster albescens*（DC.）Hand.-Mazz.

草本；ELK–261；YS.YQSQ07，永善县马楠乡二龙口云桥水库。

鬼针草 *Bidens pilosa* L. **[1]，（该属1种）**

草本；全县分布。产于文山、马关、金平、西双版纳、昆明、富民、镇康、芒市、丽江、德钦等地；生于海拔（350～）820～2800m的山坡、草地、路边、沟旁和村边荒地。我国大部省区有分布。广布于亚洲和美洲的热带、亚热带地区。

艾纳香 *Blumea balsamifera*（Linn.）DC. **[4]，（该属1种）**

草本；全县分布。产于富宁、文山、河口、金平、个旧（蔓耗）、绿春、新平、双柏、思茅、西双版纳、沧源、临沧、景东、保山等地；生于海拔190～1800m的林下、林缘、灌丛下、山坡草地、河谷或路边。福建、台湾、广东、海南、广西、贵州有分布。缅甸、印度、巴基斯坦、泰国、印度尼西亚、马来西亚、菲律宾和中南半岛也有。

天名精 *Carpesium abrotanoides* L. **[10]，（该属2种）**

草本；YS.YQSQ13，永善县云荞水库附近。全省大部分地区有分布；生于海拔1500～3400m的林下、林缘、灌丛中、山坡草地或路边、水沟边。我国除东北部和西北部外，大部分地区有分布。朝鲜、日本、越南、缅甸、印度、伊朗和高加索地区也有。

烟管头草 *Carpesium cernuum* L.

草本；YS.HZB21，YS.YQ13，永善县蒿枝坝水库，云荞水库途中草地。产于德钦、贡山、福贡、丽江、大理、漾濞、景东、昆明、安宁、江川、蒙自、罗平、曲靖、盐津等；生于海拔（540～）1200～2500m的林下、灌丛下、山坡、路边、沟边或荒地。我国东北、华北、华中、华东、华南、西南各地及陕西、甘肃有分布。欧洲至朝鲜、日本也有。

野菊 *Chrysanthemum indicum* L. [10]，（该属1种）

草本；全县分布。产于嵩明、寻甸、东川、巧家、大关、绥江和罗平；生于海拔（640～）1000～3150m的灌丛中、山坡草地或路边溪旁。我国东北、华北、华中、华南和西南广布。日本、朝鲜、俄罗斯和印度有分布。

蓟 *Cirsium japonicum* Fisch. ex DC. [8]，（该属2种）

草本；YS.HZB04，YS.YQ05，YS.YQSQ12，永善县蒿枝坝水库，团结乡花石村、双河村。产于屏边、蒙自、嵩明、罗平、富源、威信等；生于海拔1450～2250m的山坡草地、路边、田边及溪边。我国东北、华北、华东、华中、华南和西南广泛分布。日本和朝鲜也有。

牛口蓟 *Cirsium shansiense* Petrak

草本；YS.SHC45，YS.MLX04，永善县马兰乡到云荞水库途中草地。产于贡山、香格里拉、宁蒗、维西、福贡、丽江、鹤庆、洱源、大理、腾冲、景东、临沧、勐海、元江、江川、玉溪、峨山、易门、武定、禄劝、师宗、寻甸、镇雄；生于海拔（1100～）2000～3000（～3600）m的林下、灌丛下、山坡草地、路旁、沟边或荒地。内蒙古、陕西、甘肃、青海和华北、华中、华南、西南有分布。印度和中南半岛也有。

白酒草 *Conyza japonica*（Thunb.）Less. [2]，（该属1种）

草本；全县分布。产于昆明、安宁、澄江、大姚、巍山、大理、丽江、腾冲、临沧、思茅、景洪、蒙自、西畴、广南等地；生于海拔750～2500m的松林下、山坡草地、田边和地旁。浙江、江西、福建、台湾、湖南、广东、广西、甘肃、四川、贵州和西藏有分布。阿富汗、印度、缅甸、泰国、马来西亚和日本也有。

小鱼眼草 *Dichrocephala benthamii* C. B. Clarke [6]，（该属1种）

草本；YS.SHC36，永善县团结乡花石村、双河村。我省大部分地区有分布；生于海拔1100～3600m的林下、灌丛下、草地、路边、田边和荒地。湖北、甘肃、广西、四川、贵州和西藏等省有分布。印度也有。

飞蓬 *Erigeron acer* L. [1]，（该属4种）

草本；全县分布。产于德钦；生于海拔2900～3000m的沟边乱石中。四川西部和西藏东南部有分布。阿富汗也有。

一年蓬 *Erigeron annuus*（L.）Pers.

草本；YS.XLD13，YS.SHC26，永善县溪洛渡街道富庆村向阳三组，团结乡花石村、双河村。产于大关、镇雄；生于海拔1750m附近的平坦草地。原产北美洲，在我国归化，广泛分布于东北、华北、华东、华中和西南。日本也有。

短莛飞蓬 *Erigeron breviscapus*（Vant.）Hand.-Mazz.

草本；蔡希陶50944，（KUN），永善县。我省除西南部外，其他地区广泛分布；生于海拔1100～3500m的松林下、林缘、灌丛下、草坡或路旁、田边。湖南、广西、四川、贵州和西藏有分布。

野地黄菊 *Erigeron crispus* Pourr.

草本；全县分布。全球广布，以北半球为多。我国有31属350种。云南产11属76种。

多须公 *Eupatorium chinense* Linn. [2]，（该属3种）

草本；蔡希陶51134，（KUN），永善县。产于富宁、西畴、砚山、文山、屏边、蒙自、绿春、元江、大理、福贡；生于海拔1200～2200m的林缘、山坡、草地、路边、溪旁。安徽、浙江、江西、福建、广东、海南、广西、湖北、湖南、四川、贵州有分布。

异叶泽兰 *Eupatorium heterophyllum* DC.

草本；全县分布。产于德钦、贡山、维西、香格里拉、丽江、洱源、禄劝、昆明、宜良、路南、屏边、会泽、东川、昭通等地；生于海拔1400～3900m的林下、林缘、灌丛中、山坡草地或溪边、路旁。四川、贵州和西藏有分布。

林泽兰 *Eupatorium lindleyanum* DC.

草本；YS.XLD17，永善县溪洛渡街道富庆村向阳三组。产于德钦、贡山、维西、香格里拉、丽江、洱源、禄劝、昆明、宜良、路南、屏边、会泽、东川、昭通等地；生于海拔1400～3900m的林下、林缘、灌丛中、山坡草地或溪边、路旁。四川、贵州和西藏有分布。

牛膝菊 *Galinsoga parviflora* Cav. [4]，（该属1种）

草本；YS.YQ35，永善县云荞水库途中草地。约5种，分布于美洲。2种在我国归化。云南有1种。

鼠麹草 *Gnaphalium affine* D.Don [1]，（该属2种）

草本；全县分布。我省大部分地区均产；生于海拔（330～）1500～2700（～3600）m的各种生境中，以山坡、荒地、路边、田边最常见。我国西北、西南、华北、华中、华东、华南各省区均有分布。中南半岛及印度、印度尼西亚、菲律宾、朝鲜、日本也有。

秋拟鼠麹草 *Gnaphalium hypoleucum* DC.

草本；YS.YQ02，永善县云荞水库途中草地。除西双版纳地区外广泛分布；生于海拔（520～）1200～3000（～3800）m的林下、山坡草地、路边、村旁或空旷地等。我国华东、华南、华中、西南及西北各省区有分布。日本、朝鲜、菲律宾、印度尼西亚、印度和中南半岛也有。

狗娃花 *Heteropappus hispidus*（Thunb.）Less. [14]，（该属1种）

草本；全县分布。产于德钦、香格里拉、丽江和昆明地区；生于海拔1900～3850m的林下、灌丛中、山坡草地、路边、田边、或江边、河滩边。陕西、甘肃、青海、四川、西藏有分布。尼泊尔也有。

三角叶须弥菊 *Himalaiella deltoidea*（DC.）Sch.-Bip. [8]，（该属1种）

草本；全县分布。

羊耳菊 *Inula cappa*（Buch -Ham）DC. [10]，（该属1种）

草本；全县分布。除滇东北外大部分地区有分布；生于海拔（180～）800～2800m的林下、林缘、灌丛下、草地、荒地或路边。浙江、江西、福建、湖南、广东、海南、广西、四川和贵州有分布。越南、泰国、缅甸、印度和马来西亚也有。

苦荬菜 *Ixeris polycephala* Cass. [7]，（该属1种）

草本；全县分布。产于大理、景东、嵩明、昆明、麻栗坡；生于海拔1000～2400m的荒坡、路边或田中、水中。江苏、安徽、浙江、江西、福建、台湾、湖南、广东、广西、陕西、四川、贵州有分布。喜马拉雅地区各国、中南半岛和日本也有。

马兰 *Kalimeris indica*（L.）Sch. -Bip. [11]，（该属1种）

草本；全县分布。产于西部、中部、东北部至东南部；生于海拔500～3000m的林下、灌丛中、山坡草地、田边、路旁或水沟边。我国各地均有分布。亚洲南部和东部广布。

翼齿六棱菊 *Laggera pterodonta*（DC.）Benth. [6]，（该属1种）

草本；全县分布。全省大部分地区有分布；生于海拔250～2400m的山坡草地、荒地、村边、路旁和田头地角。湖北、广西、四川、贵州和西藏有分布。印度、缅甸、泰国及中南半岛、非洲也有。

栓果菊 *Launaea glabra*（Wight）Franch. [10–3]，（该属1种）

草本；全县分布。产于腾冲、耿马、昆明、元江、蒙自、屏边等；生于海拔450～1600m的山坡、草地、荒地、路边、水沟边。海南、广西、四川、贵州有分布。泰国、缅甸、印度、不丹、巴基斯坦和阿富汗也有。

松毛火绒草 *Leontopodium andersonii* C.B.Clarke [8–5]，（该属1种）

草本；全县分布。产于滇西北、滇中、滇东北至滇东南；生于海拔1000～3000m的林下、林缘、灌丛下、山坡草地或村边、路旁。四川和贵州有分布。缅甸和老挝也有。

齿叶橐吾 *Ligularia dentata*（A. Gray）Hara [10]，（该属3种）

草本；蔡希陶，（SCUM），永善县。产于昆明、嵩明、大理、鹤庆、腾冲；生于海拔

2050～2480m的溪边或湿草地。分布于四川、贵州、广西、湖南、江西、安徽、河南、山西、陕西和甘肃。日本也有。

鹿蹄橐吾 *Ligularia hodgsonii* Hook.

草本；XYF-201，YS.CJP02，永善县顺河椿尖坪。产于屏边、砚山、麻栗坡、西畴、绥江；生于海拔（800～）1100～1600m的林缘草坡或溪边草丛中。四川、贵州、广西、湖北、陕西、甘肃也有。俄罗斯远东地区和日本也有分布。

叶状鞘橐吾 *Ligularia phyllocolea* Hand.-Mazz.

草本；蔡希陶51256，（KUN），永善县。产于镇康、腾冲、大理、兰坪、贡山、维西；生于海拔2600～3650（～4150）m的林缘草地或草坡的水沟边。缅甸东北部也有分布。

黑花紫菊 *Notoseris melanantha*（Franch.）Shih [15]，（该属1种）

草本；YS.HZB43，永善县蒿枝坝水库。

蜂斗菜 *Petasites japonicus*（Sieb. et Zucc.）F.Schmidt [8]，（该属2种）

草本；YS.MLX05，永善县马兰乡到云荞水库途中草地。产于会泽、东川、德钦、贡山、维西、丽江、洱源、大理、漾濞、广南；生于海拔1780～3600m的山谷、林下、溪边。分布于西藏、四川、贵州、青海、甘肃、陕西、山西。尼泊尔、印度、越南也有。

毛裂蜂斗菜 *Petasites tricholobus* Franch.

草本；XYF-232，永善县朱家坪。产于会泽、东川、德钦、贡山、维西、丽江、洱源、大理、漾濞、广南；生于海拔1780～3600m的山谷、林下、溪边。分布于西藏、四川、贵州、青海、甘肃、陕西、山西。尼泊尔、印度、越南也有。

滇苦菜 *Picris divaricata* Vaniot [10]，（该属1种）

草本；蔡希陶，（SCUM），永善县。产于德钦、香格里拉、丽江、剑川、鹤庆、大理、漾濞、禄劝、富民、嵩明、昆明、呈贡、澄江、双柏、易门、新平和富源、师宗等地；生于海拔2000～3600m的林下、灌丛下、山坡草地或田边、水沟边、路边。西藏有分布。模式标本采自昆明。

草地凤毛菊 *Saussurea amara*（L.）DC. [8]，（该属1种）

草本；全县分布。产于师宗、蒙自、屏边、西畴、砚山；生于海拔1200～1770m的山坡草地、灌丛中。黑龙江、吉林、辽宁、内蒙古、河北、山西、北京、甘肃、青海和新疆有分布。

琥珀千里光 *Senecio ambraceus* Turcz. ex DC. [1]，（该属4种）

草本；蔡希陶51031，（KUN），永善县。

菊状千里光 *Senecio laetus* Edgew.

草本；全县分布。产于东川、曲靖、罗平、贡山、维西、福贡、丽江、香格里拉、宁蒗、洱源、漾濞、鹤庆、大理、禄劝、武定、富民、昆明、安宁、易门、峨山、楚雄、砚山、蒙自、元阳、麻栗坡、马关、屏边、金平、景东、思茅、澜沧、腾冲、凤庆、芒市、耿马；生于海拔1400～3750m的林下、林缘、草坡、田边、路边。分布于西藏、贵州、重庆、湖北、湖南。巴基斯坦、印度、尼泊尔、不丹也有。

林生千里光 *Senecio nemorensis* L.

草本；ELK–243，永善县马楠乡二龙口云桥水库。

千里光 *Senecio scandens* Buch.-Ham. ex D. Don

草本；全县分布。产于大关、昭通、彝良、巧家、镇雄、师宗、嵩明、德钦、贡山、福贡、泸水、维西、兰坪、丽江、漾濞、大理、禄劝、武定、昆明、易门、玉溪、华宁、元江、西畴、文山、屏边、麻栗坡、景东、勐腊、腾冲、凤庆、芒市、瑞丽、沧源；生于海拔1151～3200m的林缘、灌丛、岩石边、溪边。分布于西藏、四川、贵州、陕西、湖北、湖南、安徽、浙江、江西、福建、广西、广东、台湾。印度、尼泊尔、不丹、缅甸、泰国、菲律宾、日本也有。

豨莶 *Siegesbeckia orientalis* Linn. **[2]，（该属2种）**

草本；全县分布。产于思茅、景洪、勐海、勐腊、孟连、石屏、蒙自、金平、屏边、河口、元江、罗平、巧家和兰坪等地；生于海拔110～2500m的林下、灌丛中、草地、路边、溪边或荒地。江苏、安徽、浙江、江西、福建、台湾、广东、海南、广西、陕西、甘肃、四川、贵州和西藏均有分布。朝鲜、日本及欧洲、东南亚、北美洲也有。

腺梗豨莶 *Siegesbeckia pubescens* Makino

草本；YS.SHC44，永善县团结乡花石村、双河村。产于德钦、贡山、维西、福贡、兰坪、丽江、昆明、禄劝；生于海拔1800～2700m的山坡草地、路边、沟旁。河北、山西、吉林、辽宁、江苏、安徽、浙江、江西、河南、湖北、陕西、甘肃、四川、贵州和西藏有分布。

双花华蟹甲 *Sinacalia davidii*（Franch.）Koyama **[15]，（该属2种）**

草本；滇东北队609，（KUN），永善县。产于绥江、盐津（成凤山）、巧家；生于海拔1750～2500m的草坡、路边或林缘。分布于西藏、四川、陕西。

华蟹甲 *Sinacalia tangutica*（Maxim.）B. Nord.

草本；YS.SHC11，YS.HZB32，永善县团结乡花石村、双河村，蒿枝坝水库。产于绥江、盐津（成凤山）、巧家；生于海拔1750～2500m的草坡、路边或林缘。分布于西藏、四川、陕西。

匍枝蒲儿根 *Sinosenecio globiger*（Chang）B. Nord.　**[14]，（该属1种）**

草本；蔡希陶50994，（KUN），永善县。产于永善彝良、砚山；生于海拔1450～2725m的溪旁及林下。湖北西部、四川东部有分布。

红缨合耳菊 *Synotis erythropappa*（Bur. et Franch.）C. Jeffrey et Y. L. Chen　**[14（SH）]，（该属1种）**

草本；滇东北队626，（KUN），永善县马楠乡。产于大关、彝良、昭通、东川、贡山、德钦、香格里拉、兰坪、丽江、鹤庆、宾川、大理、漾濞、昆明、保山；生于海拔2100～3500m的林缘、灌丛或草坡。分布西藏、四川、湖北。

驱虫斑鸠菊 *Vernonia anthelmintica*（L.）Willd.　**[2]，（该属2种）**

草本；全县分布。我省除东北部外广泛分布；生于海拔920～2300m的林下、林缘、灌丛中或山坡路旁。广西西部、四川西部和西南部、贵州西南部有分布。

柳叶斑鸠菊 *Vernonia saligna*（Wall.）DC.

木本；ELK–251，永善县马楠乡二龙口云桥水库。产于西双版纳、思茅、澜沧、沧源、芒市、瑞丽、陇川、盈江、龙陵、凤庆、漾濞、景东、元江、石屏、蒙自、绿春、金平、屏边、砚山、弥勒、师宗等；生于海拔（120～）720～1700（～2100）m的疏林下、山坡灌丛、草地、路边和溪旁。广东、广西、贵州有分布。越南、缅甸、泰国、孟加拉国、印度、尼泊尔也有。

异叶黄鹌菜 *Youngia heterophylla*（Hemsl.）Babc. et Stebbins　**[14]，（该属3种）**

草本；XYF–215，永善县朱家坪。产于罗平、蒙自；生于海拔1800～2000m的林下、林缘或荒地。江西、湖北、湖南、陕西、四川和贵州有分布。

黄鹌菜 *Youngia japonica*（Linn.）DC.

草本；全县分布。产于贡山、维西、丽江、大理、漾濞、大姚、腾冲、凤庆、景东、思茅、景洪、勐腊、富民、昆明、澄江、峨山；生于海拔800～3100m的林下、林缘、山坡草地、溪边、路边和荒地。我国华北、华东、华南、华中、西南和陕西、甘肃有分布。朝鲜、日本、菲律宾、印度和马来半岛、中南半岛也有。

川西黄鹌菜 *Youngia pratti*（Babcock）Babcock et Stebbins

草本；全县分布。

239 龙胆科 Gentianaceae（5属8种，[1]）

无柄蔓龙胆 *Crawfurdia sessiliflora*（Marq.）H. Smith　**[11]，（该属1种）**

草本；滇东北队665，（KUN），永善县马楠乡。

头花龙胆 *Gentiana cephalantha* Franch. ex Hemsl. **[1]，（该属2种）**

草本；滇东北队458，（PE），永善县。产于大理、洱源、丽江、维西、香格里拉、德钦、贡山；生于海拔1800～3300m的灌丛边、草地。分布于四川、贵州、广西。模式标本采自洱源。

五岭龙胆 *Gentiana davidii* Franch.

草本；滇东北队458，（KUN），永善县河坝场下场山山棵。

椭圆叶花锚 *Halenia elliptica* D. Don **[8–4]，（该属1种）**

草本；滇东北队608，（KUN），永善县。产于昆明、禄劝、玉溪、双柏、元江、大理、凤庆、丽江、鹤庆、香格里拉、维西、碧江、砚山、屏边、昭通、镇雄、巧家、东川等地；生于山坡林下、草地及灌丛中，海拔1800～3300m。分布于西藏、四川、贵州、青海、新疆、陕西、甘肃、山西、内蒙古、辽宁、湖南、湖北。尼泊尔、不丹、印度等也有。

獐牙菜 *Swertia bimaculata*（Sieb. et Zucc.）Hook. f. et Thoms. ex C. B. Clarke **[8–4]，（该属3种）**

草本；滇东北队657，（KUN），永善县马楠乡。产于彝良、澜沧、南涧、大理、漾濞、洱源、碧江、邓川、芒市、腾冲、广南、文山；生于灌丛草地、林缘、林下，海拔1200～1400m（2700m）。分布于西藏、贵州、四川、甘肃、陕西、山西、河南、河北、湖北、湖南、江西、安徽、江苏、浙江、福建、广东、广西。印度、尼泊尔、不丹、缅甸、越南、马来西亚、日本也有。

大籽獐牙菜 *Swertia macrosperma*（C. B. Clarke）C. B. Clarke

草本；滇西北队469，（PE），永善县河坝场至大关杆林场途中。产于泸水、大理、丽江、碧江、腾冲、景东、元江、永善、大关、彝良等地；生于海拔2000～3150m的山坡草地、水边、路边灌丛、林下。分布于西藏、四川、贵州、湖北、台湾、广西。尼泊尔、不丹、印度、缅甸也有。

紫红獐牙菜 *Swertia punicea* Hemsl.

草本；YS.HZB18，YS.YQ26，永善县蒿枝坝水库，云荞水库途中草地。产于昆明、楚雄、香格里拉、德钦、贡山、维西、宁蒗、洱源、邓川、富民、永仁、景东、砚山等地；生于海拔2100～2900m的山坡草地、灌丛中。分布于西藏、四川、贵州、湖北西部、湖南。

峨眉双蝴蝶 *Tripterospermum cordatum*（Marq.）H. Smith **[14（SH）]，（该属1种）**

草质藤本；全县分布。产于西畴、富宁、马关、麻栗坡、广南、元阳、河口、屏边、腾冲、龙陵、景东、孟连、景洪；生于海拔600～1000m的林下或灌丛中。分布于四川、陕西、湖北、贵州、湖南。

240 报春花科 Primulaceae（1属10种，[1]）

过路黄 *Lysimachia christinae* Hance [1]，（该属10种）

草本；全县分布。产于蒙自、马关、威信、永善、绥江、昆明、嵩明、安宁、富民、峨山、禄劝、景东、大理、漾濞、丽江、泸水、福贡、维西；生于海拔（850～）1300～2500m的山箐边、杂木林下、松林边或草地，通常见于湿润、背阴处。陕西南部、江苏、安徽、浙江、江西、福建、河南、湖北、湖南、广东、广西、四川、贵州也有。

临时救 *Lysimachia congestiflora* Hemsl.

草本；全县分布。产于富宁、西畴、麻栗坡、马关、屏边、金平、元阳、绿春、建水、江川、峨山、安宁、昆明、嵩明、富民、禄劝、威信、镇雄、楚雄、景东、勐腊、勐海、澜沧、凤庆、大理、泸西、福贡、贡山等地；生于海拔700～2200（～3200）m的林内、林缘草地、溪沟边，通常见于湿处。我国北起陕西、甘肃南部，南至长江以南各省区，东至台湾均有。分布于尼泊尔、不丹、印度东北、缅甸、泰国、越南。

锈毛过路黄 *Lysimachia drymarifolia* Franch.

草本；蔡希陶50957，（PE），永善县。产于禄劝、宾川、漾濞、丽江、维西、香格里拉；生于海拔2200～2800m的山箐边、路旁或灌丛下，通常见于湿润处。四川西南部也有。模式标本采于云南西部。

长蕊珍珠菜 *Lysimachia lobelioides* Wall.

草本；全县分布。产于西畴、马关、文山、砚山、屏边、金平、蒙自、建水、思茅（普文）、勐腊（易武）、勐海、澜沧、镇康、凤庆、景东、峨山、昆明、禄丰、禄劝、楚雄、大理、丽江、香格里拉、维西；生于海拔800～2800m的林下、草坡或路边。广西、四川、贵州也有。分布于克什米尔地区及尼泊尔、不丹、缅甸、泰国、老挝、越南。

狭叶落地梅 *Lysimachia paridiformis* var. *stenophylla* Franch.

草本；滇东北队461，（KUN），永善县。产于昭通、彝良、永善、绥江、威信、镇雄；生于海拔1300～1800m的沟边林下或灌丛、密林下，通常生在湿润处。广东、广西、湖南、四川、贵州也有。

巴东过路黄 *Lysimachia patungensis* Hand.-Mazz.

草本；XYF–214，永善县朱家坪。

叶头过路黄 *Lysimachia phyllocephala* Hand.-Mazz.

草本；滇东北队459，（KUN），永善县。产于富宁、西畴、文山、昆明、嵩明、镇雄、彝良、大关、永善、威信；生于海拔1500～2400m的箐沟边、林下、岩石隙、路边草丛，见于阴湿处。江西、浙江、湖北、湖南、广西、贵州、四川也有。

疏头过路黄 *Lysimachia pseudohenryi* Pamp.

草本；YS.SHC06，永善县团结乡花石村、双河村。

显苞过路黄 *Lysimachia rubiginosa* Hemsl.

草本；滇东北队440，（KUN），永善县。产于镇雄、大关、永善；生于海拔1800～1900m的溪流边草丛。浙江、湖北、湖南、广西、四川、贵州也有。

腺药珍珠菜 *Lysimachia stenosepala* Hemsl.

草本；蔡希陶51213，（KUN），永善县。产于嵩明、巧家、镇雄、彝良、大关、水善、威信；生林下、溪旁、灌丛或草地湿润处，海拔1300～1900（2500）m。陕西南部、浙江、湖北、湖南、四川、贵州也有。

242 车前科 Plantaginaceae（1属1种，[1]）

车前 *Plantago asiatica* L. **[1]，（该属1种）**

草本；YS.SHC27，YS.YQSQ09，永善县团结乡花石村、双河村，云荞水库附近。产于昆明、姚安、禄劝、罗平、镇雄、屏边、西畴、砚山、丽江、维西、香格里拉、贡山；生于海拔900～2800m的山坡草地、路边、沟边或灌丛下。我国大部分地区有分布。俄罗斯、日本、印度尼西亚也有分布。

243 桔梗科 Campanulaceae（5属5种，[1]）

西南风铃草 *Campanula colorata* Wall. **[8]，（该属1种）**

草本；YS.YQ01，永善县云荞水库途中草地。产于昆明、禄劝、大理、丽江、邓川、鹤庆、香格里拉、德钦、贡山、泸水、碧江、镇康、景东、屏边、会泽；生于海拔1000～4000m的山坡草地或林缘。西藏、四川、贵州也有。亦分布于老挝、尼泊尔、阿富汗等地。

大花金钱豹 *Campanumoea javanica* Bl. **[7–1]，（该属1种）**

草质藤本；滇东北队，（KUN），永善县。产于贡山、福贡、维西、漾濞、楚雄、昆明、寻甸、临沧、镇康、耿马、景东、盈江、瑞丽、西畴、砚山、丘北、屏边、蒙自、石屏、思茅、西双版纳等地；生于海拔400～1800（～2200）m的山坡草地或灌丛中。贵州西部（清镇）、广东南部、海南、广西（南部也可能有）有分布。中南半岛至印度尼西亚也有。

小花党参 *Codonopsis micrantha* Chipp **[14]，（该属1种）**

草质藤本；滇东北队625，（KUN），永善县马楠乡。产于昆明、富民、大理、丽江、永善；生于海拔1950～2600m的山坡灌丛或林下草丛中。四川西南部（米易、木里）也有。模式标本采自昆明。

细叶蓝钟花 *Cyananthus delavayi* Marq. [14（SH）]，（该属1种）

草本；全县分布。产于洱源、禄劝、昆明、兰坪；生于海拔2540～3000（～3600）m的灌丛草地、疏林或松林下。模式标本采自洱源黑山门。

蓝花参 *Wahlenbergia marginata* Thunb. [2–1]，（该属1种）

草本；全县分布。全省各地均有；生于海拔2800m以下的丘陵、山坡草地或疏林下。长江以南各省至陕西南部均有分布。朝鲜、日本、越南、老挝也有。

244 半边莲科 Lobeliaceae（2属3种，[1]）

江南山梗菜 *Lobelia davidii* Franch. [1]，（该属2种）

草本；YS.SHC52，YS.HZB31，永善县团结乡花石村、双河村，蒿枝坝水库。产于滇东北至滇中、东南；生于海拔1460～2300m的路边灌丛，草坡。我国南部亚热带地区，福建、江西、湖南、广西、广东、四川、贵州等省区广泛分布。

西南山梗菜 *Lobelia sequinii* H. Lév. et Vaniot

草本；全县分布。

铜锤玉带草 *Pratia nummularia*（Lam.）A. Br. et Aschers. [2–1]，（该属1种）

草本；YS.SHC28，永善县团结乡花石村、双河村。云南全省均有分布；生于海拔500～2300m的湿草地、溪沟边、田边地脚草地。我国长江以南各省及西藏、台湾等地均有。印度、马来西亚、越南、老挝、泰国、缅甸、澳大利亚及南美洲亦有分布。

249 紫草科 Boraginaceae（3属7种，[1]）

倒提壶 *Cynoglossum amabile* Stapf et Drumm. [8]，（该属3种）

草本；蔡希陶51006，（KUN），永善县。产滇东、滇中和滇西北；生于海拔1100～3600m的林下、灌丛下、草地、路旁等地。分布于四川西部、贵州西部、甘肃南部、西藏东南部。不丹也有。

小花琉璃草 *Cynoglossum lanceolatum* Forsk.

草本；全县分布。产于滇西北、滇西、滇中和滇南；生于海拔120～2600m的林下、灌丛下、山坡草地和路边。分布于广西、广东、福建、台湾、浙江、湖南、湖北、四川、贵州、陕西、甘肃。亚洲南部和非洲也有。

琉璃草 *Cynoglossum zeylanicum*（Vahl）Brand

草本；全县分布。产滇西北、滇中、滇西和滇东南；生于海拔900～2850m的林缘、灌丛中、山坡草地和路旁。广布于我国自西南、华南、台湾、安徽、河南、陕西和甘肃南部。阿富汗、印度至菲律宾、日本也有。

两头毛 *Incarvillea arguta*（Royle）Royle [13–2]，（该属1种）

木本；蔡希陶51140，（NWAFU），永善县。产于滇东北、滇东、滇中至滇西、滇西北；生长于海拔1400～2700（～3400）m的地区，澜沧江、金沙江流域的干热河谷地带，路边、灌丛中。分布四川东南部、贵州西部及西北部、甘肃、西藏。印度及喜马拉雅山区各国也有。

西南附地菜 *Trigonotis cavaleriei*（Lévl.）Hand.-Mazz. [11]，（该属3种）

草本；蔡希陶51103，（KUN），永善县。产于永善、大关等地；生于海拔1800～2300m的潮湿地。贵州、四川也有。

毛脉附地菜 *Trigonotis microcarpa*（Wall.）Benth. ex C. B. Clarke.

草本；蔡希陶，（SCUM），永善县。产于滇西、滇中和滇南；生于海拔1300～2200（～2850）m的林下、灌丛下、草坡或路边。西藏亦有分布。尼泊尔、印度也有。

附地菜 *Trigonotis peduncularis*（Trev.）Benth. ex Baker et Moore

草本；全县分布。产于丽江、兰坪、漾濞、寻甸、昆明、易门、景东、砚山、广南等地；生于海拔1200～2300m的林下、草坡、田边或水沟边。四川、贵州、广西、广东、福建、江西、江苏、安徽、陕西、山西、河北、东北、新疆、西藏亦有。欧洲东部、亚洲温带地区也有分布。

250 茄科 Solanaceae（3属4种，[1]）

曼陀罗 *Datura stramonium* Linn. [2]，（该属1种）

草本；全县分布。云南各地均有；常见于海拔1100～3300m的村边、路旁、草地。我国各省、区均有分布。世界各大洲广布。

假酸浆 *Nicandra physalodes*（Linn.）Gaertn. [2]，（该属1种）

草本；全县分布。见于云南丽江、香格里拉、鹤庆、腾冲、昆明、西双版纳（勐混）等地区；生于海拔1200～2400m的村边路旁。全国均有栽培，也有逸为野生。原产秘鲁。

喀西茄 *Solanum aculeatissimum* Jacquin. [1]，（该属2种）

草本；全县分布。云南除东北及西北部外均有；喜生于海拔1300～2300m的沟边、路旁、灌丛、荒地、草坡或疏林中。广西亦偶有发现。印度喀西山区有分布。

龙葵 *Solanum nigrum* L.

草本；全县分布。云南广为分布；生于海拔450～3400m的田边、荒地及村庄附近。几乎全国均有。国外广泛分布于欧洲、亚洲、美洲的温带至热带地区。

251 旋花科 Convolvulaceae（2属2种，[1]）

马蹄金 *Dichondra micrantha* Urb. [2]，（该属1种）

草本；全县分布。云南全省均有分布；生于海拔1300～1980m的山坡草地、路旁或沟边。我国长江以南各省均有。广布于热带亚热带地区。

圆叶牵牛 *Ipomoea purpurea* （Linnaeus）Roth （Linn.）Voigt [2]，（该属1种）

草本；全县分布。我省大部分地区有分布，栽培或逸生；多生于海拔1000～2800m房前屋后或路旁。本种原产热带美洲，广泛引植于世界各地，或已成为归化植物。我国大部分省区均有，栽培或沦为野生。

252 玄参科 Scrophulariaceae（5属14种，[1]）

鞭打绣球 *Hemiphragma heterophyllum* Wall. [14（SH）]，（该属1种）

草本；全县分布。产于全省（除河谷地区外）各县；生于海拔1800～3500（～4100）m的高山草坡灌丛、林缘、竹林、裸露岩石、沼泽草地、湿润山坡。分布于西藏、四川、贵州、湖北、陕西、浙江、福建、甘肃及台湾。尼泊尔、不丹、印度（阿萨姆）、菲律宾、泰国北部、印度尼西亚（苏拉威西）也有。

长蔓通泉草 *Mazus longipes* Bonati [5]，（该属1种）

草本；蔡希陶50952，（PE），永善县。产于砚山；生海拔2100m的干田中、路边及草地上。分布于贵州。

尼泊尔沟酸浆 *Mimulus tenellus* var. *Nepalensis* (Benth). Tsoong [1]，（该属3种）

草本；蔡希陶51050，（SCUM）。产于镇雄、寻甸、广南、富宁、文山、屏边、蒙自、西畴、峨山、嵩明、昆明、师宗、富民、大理、绿春、景东、凤庆、保山、丽江、香格里拉、贡山、泸水；生于海拔600～3400m的路旁，溪边潮湿处及山坡岩石上。分布于西藏、甘肃、四川、贵州、湖北、湖南、河南、江苏、浙江及台湾。越南、尼泊尔、印度（阿萨姆）和日本也有分布。

四川沟酸浆 *Mimulus szechuanensis* Pai

草本；滇东北队466，（KUN），永善县，YS.XLD10；YS.HZB22；YS.YQ34，永善县溪洛渡街道富庆村向阳三组，蒿枝坝水库。产于彝良、永善、大关、泸水、福贡、保山、丽江；生于海拔2200～2800m的林下阴湿处。分布于湖南、湖北、陕西、甘肃和四川。

南红藤 *Mimulus tenellus* var. *platyphyllus* （Franch.）Tsoong

草本；蔡希陶51050，（PE），永善县。产于丽江、维西、贡山、泸水；生于海拔约2600m的路边湿处及阔叶林中。分布于四川。

狐尾马先蒿 *Pedicularis alopecuros* Franch. ex Maxim. **[8]，（该属4种）**

草本；蔡希陶51116，（KUN），永善县。

纤细马先蒿 *Pedicularis gracilis* Wall.

草本；滇东北队603，（KUN），永善县 马楠乡。

尖果马先蒿 *Pedicularis oxycarpa* Franch. ex Maxim.

草本；蔡希陶51049，（KUN），永善县。

穗花马先蒿 *Pedicularis spicata* Pall.

草本；YS.YQ18，永善县云荞水库途中草地。

直立婆婆纳 *Veronica arvensis* L. **[2]，（该属5种）**

草本；全县分布。

婆婆纳 *Veronica didyma* Tenore

草本；YS.YQ04，永善县云荞水库途中草地。产于东川、昆明、丽江；生于海拔约2500m的水边潮湿地。四川、贵州、湖北、陕西、甘肃、青海、新疆、河北、河南、湖南、江西、江苏、安徽、浙江和台湾也有。亚洲西南部地区也有分布。

多枝婆婆纳 *Veronica javanica* Bl.

草本；Anonymous，（KUN），永善。产于昭通、师宗、广南、昆明、景东、绿春、贡山；生于海拔600～2550m的草地，河谷、水边及灌丛中。分布于西藏南部、四川、陕西南部、贵州、广西、广东、湖南、江西、福建、浙江和台湾。非洲及亚洲南部广布。

疏花婆婆纳 *Veronica laxa* Benth.

草本；蔡希陶50984，（PE），永善县。产于绥江、大关、彝良、镇雄、巧家、会泽、东川、罗平、文山、马关、禄劝、大理、凤庆、腾冲、兰坪、福贡、维西；生于海拔950～3400m的路旁、溪谷潮湿处及山坡林下。分布于甘肃东南部、四川、贵州、陕西、湖北、湖南及广西。日本、巴基斯坦、印度、克什米尔也有。

水苦荬 *Veronica undulata* Wall.

草本；全县分布。产于大关、会泽、昆明、安宁、澄江、江川、石屏、元江、双柏、景东、大理、漾濞、鹤庆、永胜、丽江、香格里拉、德钦；生于海拔480～2900m的路旁、田边、河滩及高山松栎林下。在我国除内蒙古、宁夏、青海和西藏外，其他各省区均有分布。朝鲜、日本、越南、老挝、泰国、尼泊尔、印度北部、巴基斯坦及阿富汗东部也有。

256 苦苣苔科 Gesneriaceae（1属1种，[3]）

吊石苣苔 *Lysionotus pauciflorus* Maxim. [14（SH）]，（该属1种）

草本；蔡希陶51143，（NWAFU），永善县。产于永善、彝良、屏边、砚山；生于海拔300～2000m的丘陵或山地沟谷林中树上或阴处石崖上。分布于陕西南部、四川、贵州、广西、广东、福建、台湾、浙江、江苏南部、江西、安徽、湖南、湖北。越南北部、日本也有。

259 爵床科 Acanthaceae（2属2种，[2]）

狗肝菜 *Dicliptera chinensis*（L.）Juss. [2]，（该属1种）

草本；全县分布。产于易门、景洪、勐腊；生于海拔1800m以下疏林下、溪边、路旁。贵州、四川、广西、广东、海南、福建、台湾、香港、澳门等地广泛分布。

爵床 *Rostellularia procumbens*（L.）Nees [4–1]，（该属1种）

草本；全县分布。产于大理、昆明、凤庆、西畴、屏边、蒙自、楚雄、景东、景洪、勐腊、勐海、砚山、罗平；生于海拔2200～2400m的山坡林间草丛中，为习见野草。我国秦岭以南，东至江苏、台湾，南至广东，西南至云南、西藏（吉隆）广泛分布。

263 马鞭草科 Verbenaceae（4属7种，[3]）

紫珠 *Callicarpa bodinieri* Levl. [2]，（该属3种）

木本；全县分布。产于云南西部至西南部、南部（包括西双版纳）及西畴、富民、镇雄等地；生于海拔600～2300m的疏林、林缘及次生灌丛中。我国陕西（南部）、河南（南部）至长江以南各省广布。

华紫珠 *Callicarpa cathayana* H. T. Chang

木本；李锡文260，（KUN），永善县果马口区。产于西畴；生于海拔1100～1200m的石灰岩山地疏林中。我国广西、广东、湖北、江西、浙江、江苏均产。我国云南新纪录。

黄腺紫珠 *Callicarpa luteopunctata* H. T. Chang

木本；蔡希陶51132，（NWAFU），永善县。产于永善；生于海拔1400m的峡谷中。我国四川（西南部至南部）、贵州（西南部）亦有。永善为副模式标本产地。

兰香草 *Caryopteris incana*（Thunb.）Miq. [14]，（该属1种）

草本；李锡文260，（IBSC），永善县码口区。

臭牡丹 *Clerodendrum bungei* Steud. [2]，（该属2种）

木本；全县分布。产于维西、香格里拉、丽江、腾冲、漾濞、大理、禄丰、昆明、屏边、麻栗坡、文山、砚山、盐津等地；生于海拔（520～）1300～2600m的山坡杂木林缘或路边。分布于我国华北、陕西至江南各省。越南北部（老街沙坝）也有。Pavetta esquirolii Levl. 的副模式采自云南Hong-lou，600m。

海州常山 *Clerodendrum trichotomum* Thunb.

草本；蔡希陶51184，（NWAFU），永善县，YS.XLD22，永善县溪洛渡街道富庆村向阳三组。产于海州常山，分布于我国辽宁、华北至长江以南各省。日本、朝鲜及菲律宾北部也有。大多分布在海拔1000m以下的地方。

马鞭草 *Verbena officinalis* L. [2]，（该属1种）

草本；全县分布。广布于云南全省各地；生于海拔（350～）500～2500（～2900）m的荒地上。我国黄河以南各省均产之。广布于全球的温带至热带地区。

264 唇形科 Labiatae（15属27种，[1]）

风轮菜 *Clinopodium chinense*（Benth.）O. Ktze. [8]，（该属4种）

草本；全县分布。云南东北部有分布（未见标本）。产于我国山东至江南各省；生于海拔1000m以下的山坡、草丛、路旁、沟边、灌丛、林下。日本亦有。

异色风轮菜 *Clinopodium discolor*（Diels）C. Y. Wu et Hsuan ex H. W. Li

草本；滇东北队446，（KUN），永善县河坝场大场尖。产于云南西北部（大理、兰坪、贡山）；生于海拔1600～3000m的林下、林缘、路边、荒地上。我国西藏东部有分布。模式标本采自云南大理苍山。

寸金草 *Clinopodium megalanthum*（Diels）C. Y. Wu et Hsuan ex H. W. Li

草本；ML-278，YS.YQ31，永善县马楠乡，云荞水库途中草地。产于云南中部、南部、西北部及东北部；生于海拔1300～3500m的山坡草地、路边、疏林下。我国四川南部及西南部、湖北西南部、贵州北部有分布。模式标本采自丽江。

匍匐风轮菜 *Clinopodium repens*（Buch.-Ham. ex D. Don）Wall ex Benth

草本；YS.HZB11，永善县蒿枝坝水库。产于云南全省各地，海拔高达3400m；生于山坡草地，林下、路边、沟边。我国陕西、甘肃及长江以南、南岭以北各省均有。尼泊尔、不丹、印度、斯里兰卡、缅甸、越南北部、印度尼西亚（苏门答腊，小巽他）、菲律宾、日本亦有。

紫花香薷 *Elsholtzia argyi* Levl. [10]，（该属6种）

草本；全县分布。

香薷 *Elsholtzia ciliata*（Thunb.）Hyland.

草本；全县分布。云南各地均有分布；常见于海拔1250～3450m的路旁、河谷两岸、山坡荒地及林中。我国除新疆、青海外，全国均有分布。西伯利亚、朝鲜、日本、中国、印度、缅甸及中南半岛有分布。欧洲及北美洲也有引入。

毛穗香薷 *Elsholtzia eriostachya*（Benth.）Benth.

草本；XYF-231，永善县朱家坪。见于云南西北部海拔3500～4100m的山坡草地。我国西藏、四川、甘肃也有生长。尼泊尔、印度北部有分布。

鸡骨柴 *Elsholtzia fruticosa*（D.Don）Rehd.

木本；全县分布。云南全省均有分布；常见于海拔1450～3200m的沟边、箐底潮湿地及路边或开旷的山坡草地中。我国甘肃南部、湖北西部、四川、西藏、贵州、广西也产。克什米尔地区、印度、尼泊尔、不丹有分布。

野拔子 *Elsholtzia rugulosa* Hemsl.

木本；全县分布。常见于云南各地海拔1300～2800m的荒坡、草地、路旁及乔灌木丛中，尤其在砍伐后的松林中生长良好。我国四川、贵州、广西均产。模式标本采自普洱。

穗状香薷 *Elsholtzia stachyodes*（Link）C. Y. Wu

草本；ELK-252，永善县马楠乡二龙口云桥水库。从滇西北经澜沧江、红河中游地区而至滇西南及滇南等地；生于海拔800～2800m的林中、荒地及石灰岩山地。我国长江流域以南各地均有分布。自克什米尔地区经喜马拉雅山脉、孟加拉国而至缅甸均有。

异野芝麻 *Heterolamium debile*（Hemsl.）C. Y. Wu **[15]，（该属1种）**

草本；蔡希陶51064，（KUN），永善县。分布于我国湖北西部、四川东部、陕西南部。

绣球防风 *Leucas ciliata* Benth. **[2-2]，（该属1种）**

草本；全县分布。产于云南全省大部分地区；见于海拔（500～）1000～2700m的地段。本种适性强，生于多种生境，如路旁、溪边、灌丛、草坡等。分布于我国四川西南部、贵州西南部、广西西部。尼泊尔、不丹、印度北部、缅甸、老挝、越南北部也有。

华西龙头草 *Meehania fargesii*（Lévl.）C. Y. Wu **[9]，（该属2种）**

草本；蔡希陶51065，（SCUM），永善县。产于滇西北、滇西（大理、丽江、维西及巍山）；生于海拔1900～3500m的针叶阔叶混交林或针叶林下阴处。我国四川（川东、川西）亦有。

龙头草 *Meehania henryi*（Hemsl.）Sun

草本；YS.XYC04，XYF-224，永善县溪洛渡街道富庆村向阳三组，团结乡朱家坪。产于滇西北、滇西（大理、丽江、维西及巍山）；生于海拔1900～3500m的针叶阔叶混交林或针叶林下阴处。我国四川（川东、川西）亦有。

蜜蜂花 *Melissa axillaris*（Benth.）Bakh.f. [10–2]，（该属1种）

草本；YS.TJ09，永善县团结乡纸厂方向。产于云南大部分地区；生于海拔600～2800m的林中、路旁、山坡、谷地。我国陕西南部、湖北西部、湖南西部、广东北部、广西北部、四川、贵州、台湾等地均有。分布尼泊尔、不丹、印度、印度尼西亚（苏门答腊、爪哇）。

南川冠唇花 *Microtoena prainiana* Diels [7–1]，（该属1种）

草本；蔡希陶51139，（PE），永善县。产于云南东北部（永善）；生于海拔1000～2000m的林下、林缘、沟边或荒坡中。我国四川、贵州也有。

小鱼仙草 *Mosla dianthera*（Buch.-Ham.）Maxim. [14]，（该属1种）

草本；全县分布。产于云南西北部（福贡、维西）及东南部（西畴）；生于海拔1500～2300m的山坡路旁及水边。我国陕西至江南各省有分布。克什米尔地区、尼泊尔、不丹、孟加拉国、印度、缅甸、越南、印度尼西亚（苏门答腊）、日本南部也有。

牛至 *Origanum vulgare* L. [10–1]，（该属1种）

草本；蔡希陶，51171ML–267，YS.YQ11，ML–277，永善县马楠乡，云荞水库途中草地。产于云南全省；生于海拔500～3600m的路边、干坡、林下、草地。我国自江苏、河南、陕西、甘肃、新疆以南各省均产。欧洲、亚洲、非洲北部均有分布，北美亦有引种。

绒毛假糙苏 *Paraphlomis albotomentosa* C. Y. Wu [7–1]，（该属2种）

草本；YS.XYC03，永善县溪洛渡街道富庆村向阳三组。

假糙苏 *Paraphlomis javanica*（Bl.）Prain

草本；全县分布。产于云南西南部、中南部、南部及东南部；生于海拔（320～）850～1350（～2400）m的热带林荫下。亦产我国台湾、广东（海南岛）、广西南部。印度、孟加拉国、缅甸、泰国、老挝、越南、马来西亚、印度尼西亚及菲律宾也有。

香茶菜 *Rabdosia amethystoides*（Benth.）Hara [4]，（该属1种）

草本；YS.XYC16，永善县溪洛渡街道富庆村向阳三组。产于巍山、元江、开远、石屏、金屏、个旧；生于海拔700～2500m的干热河谷地区的山坡、路旁、灌丛或林中。我国四川北部亦有记录。模式标本采自开远。

掌叶石蚕 *Rubiteucris palmata*（Benth.）Kudo [14（SH）]，（该属1种）

草本；滇东北队615，（KUN），永善县马楠乡。产于大理、维西、贡山等地；生于海拔2700～3000m的亚高山针叶林或杂木林下。星散分布于我国甘肃东南部、陕西南部、湖北、四川西部、贵州、台湾。亦见于印度。

荔枝草 *Salvia plebeia* R. Br. [1]，（该属3种）

草本；全县分布。云南大部分地区有分布；生于海拔350～2800m的路边、田边或山坡草丛及林下。我国吉林、辽宁、华北、陕西至江南各省均有分布。自阿富汗、印度、缅甸、泰国、越南、马来西亚至大洋洲，东达朝鲜、日本。

长冠鼠尾草 *Salvia plectranthoides* Griff.

草本；蔡希陶51187，（KUN），永善县。产于洱源、鹤庆、大理、宾川、景东、双柏、禄劝、嵩明、澄江、文山、砚山、西畴、麻栗坡、广南、昭通等地；生于海拔1200～1800（～2700）m的石灰岩山杂木林下或林边草坡、路旁灌丛，通常见于荫蔽而湿润的地方。分布于我国陕西、湖北西部、贵州、四川、广西西北部等地。不丹也有。

褐毛甘西鼠尾草 *Salvia przewalskii* var. *mandarinorum*（Diels）Stib.

草本；蔡希陶50939，（KUN），永善县。产于丽江、香格里拉、维西、德钦；生于海拔2200～4300m的山坡、路边、草坡或灌丛下。我国甘肃西部、四川西部及西南部、西藏也有。

筒冠花 *Siphocranion macranthum*（Hook. f.）C. Y. Wu [14（SH）]，（该属1种）

草本；滇东北队474，（KUN），永善县。见于滇西北至滇东南海拔1300～3200m的亚热带常绿林或混交林内。我国四川、贵州、广西均有。印度北部、缅甸北部及越南北部（沙坝）有分布。

血见愁 *Teucrium viscidum* Bl. [1]，（该属1种）

草本；全县分布。产于滇东南、滇南、滇西南；生于海拔120～1530m的灌丛、草坡或林下的湿地，在沟边溪旁较为常见。我国江南各省均有生长。分布于日本、朝鲜、缅甸、印度、菲律宾至印度尼西亚。

267 泽泻科 Alismataceae（1属1种，[1]）

泽泻 *Alisma plantago-aquatica* Linn. [8]，（该属1种）

草本；全县分布。产全省大部分地区（除西双版纳等热带地区外）；生于海拔580～2500m的水田、水沟、湖滨、沼泽地。我国南北各省均有（但不见于台湾、西藏）。欧亚大陆北温带广布。

280 鸭跖草科 Commelinaceae（1属2种，[2]）

竹叶吉祥草 *Spatholirion longifolium*（Gagnep.）Dunn [14（SH）]，（该属2种）

草本；全县分布。本省分布广，从东南、中南、西南、西北、中部至东北部；生于海拔1200～2500m的山坡草地、溪旁及山谷林下。分布于四川、贵州、广西、广东、湖南、湖北、江西、福建及浙江。越南北部也有。模式标本产昆明。

竹叶子 *Streptolirion volubile* Edgew.

草本；XYF-190，永善县顺河椿尖坪。产于勐腊、勐海、勐连、普洱、元江、峨山、临沧、漾濞、鹤庆、泸水、兰坪、贡山、福贡、麻栗坡、文山、江川、安宁、寻甸、会泽等地；生于海拔1100～3000m的山谷、杂林或密林下。分布于我国西南、中南、湖北、浙江、甘肃、陕西、山西、河北及辽宁。不丹、老挝、越南、朝鲜和日本也有。

287 芭蕉科 Musaceae（1属1种，[6]）

香蕉 *Musa nana* Lour. [4]，（该属1种）

草本；全县分布。

291 美人蕉科 Cannaceae （1属1种，[2]）

美人蕉 *Canna indica* L. [3]，（该属1种）

草本；全县分布。云南全省各地均有引种栽培，庭园观赏。原产墨西哥，我国各地均有引种栽培。

293 百合科 Liliaceae（10属11种，[8]）

万寿竹 *Disporum cantoniense*（Lour.）Merr [9]，（该属1种）

草本；全县分布。广布于全省大部分地区（自滇西北至滇南、滇东南、滇东北）；生于海拔640～3100m的原始或次生常绿阔叶林、松林、灌丛、草地、石灰岩山灌丛及火烧迹地。西藏、四川、贵州、陕西、广西、广东、海南、湖南、湖北、安徽，福建、台湾均有。不丹、尼泊尔、印度北部、缅甸北部、泰国北部和越南北部也有分布。

淡黄花百合 *Lilium sulphureum* Baker [8]，（该属1种）

草本；蔡希陶51190，（PE），永善一带。产于景东、洱源、大姚、彝良、文山；生于海拔1300～1900m的落叶阔叶林、杂木林、石灰岩山灌丛及草坡。分布于四川、贵州和广西。模式标本采自洱源摩些营。

宽叶沿阶草 *Ophiopogon platyphyllus* Merr. et Chun [14]，（该属1种）

草本；全县分布。产于贡山、福贡、德钦、香格里拉、维西、丽江、鹤庆、漾濞、洱源、大理、景东、镇康、凤庆、姚安、禄劝、大关、巧家、镇雄、东川、会泽、昆明、宜良、江川、石屏等地；生于海拔1000～4000m的山坡、山谷潮湿处、沟边、灌木丛下和密林下。我国南部和西南部各省区，以及甘肃、陕西、河南的南部地区均有分布。

滇重楼 *Paris polyphylla* var. *yunnanensis*（Franch.）Hand.-Mazz. [10]，（该属1种）

草本；蔡希陶51208，（PE），永善县。全省广布；生于海拔1400～3100m的常绿阔叶林、云南松林、竹林、灌丛或草坡中。四川、贵州也有。缅甸也有分布。

滇黄精 *Polygonatum kingianum* Coll. et Hemsl. [8]，（该属2种）

草本；全县分布。产于勐腊、景洪、思茅、绿春、金平、麻栗坡、蒙自、文山、西畴、双江、临沧、凤庆、景东、双柏、楚雄、师宗、昆明、嵩明、大理、漾濞、云龙、福贡、香格里拉、盐津；生于海拔620～3650m的常绿阔叶林下、竹林下、林缘、山坡阴湿处、水沟边或岩石上。四川、贵州也有。分布于缅甸、越南。

康定玉竹 *Polygonatum prattii* Baker

草本；文道西，（KUN），永善县。产于大理、漾濞、碧江、兰坪、维西、剑川、华坪、丽江、香格里拉、贡山、德钦、禄劝、东川、巧家、永善；生于海拔2000～3500m的林下、草丛中、山坡、路边、岩石缝隙或火烧迹地。四川（西部）也有。

吉祥草 *Reineckea carnea*（Andr.）Kunth [14]，（该属1种）

草本；全县分布。除北回归线以南的热带地区外，全省大部分地区都有分布；生于海拔1000～3200m的密林下、灌丛中或草地。分布于秦岭以南各省区，但不到南部热带地区（如海南、台湾）。也广布于日本。大江南北常栽培供观赏，与万年青均作为吉祥物。

管花鹿药 *Smilacina henryi*（Baker）Wang et Tang [9]，（该属1种）

草本；YS.SHC38，永善县团结乡花石村、双河村。产于贡山、德钦、香格里拉、丽江、维西、大理、漾濞、禄劝；生于海拔2580（维西）～3900m的落叶阔叶林、黄栎林、高山松林、云杉林、冷杉林、红杉林、箭竹林、杜鹃灌丛、高山草甸、流石滩上，在高山针叶林带的采伐迹地及沟边湿地常成片生长。西藏南部、东南部、四川（西部广布）、甘肃东南部、湖南西部、湖北西部、河南西南部、陕西南部、山西南部均有分布，在北方生长海拔可下降到1300m。

油点草 *Tricyrtis macropoda* Miq. [14]，（该属1种）

草本；全县分布。产于滇西北（贡山、泸水）；生于海拔1100～2300m的山坡、草地、林下。四川、贵州、陕西、甘肃、河北、河南、湖北、湖南都有。分布于尼泊尔，不丹和印度东北部。

开口剑 *Tupistra chinensis* Baker [14（SH）]，（该属1种）

草本；全县分布。产于贡山、景东、思茅、双柏；生于海拔1100～2600m的竹林、混交林、山谷疏林中。分布于四川（泸定），广西、广东、湖南、湖北、江西、福建、台湾、浙江、安徽、河南、陕西。

丫蕊花 *Ypsilandra thibetica* Franch. [15]，（该属1种）

草本；全县分布。产于昭通、彝良；生于海拔1800m的林下、路旁湿地或沟边。分布于四川中部至东南部、湖南南部和广西东北部。本种系云南新纪录。

293B 天门冬科 Asparagaceae （2属2种，[4]）

羊齿天门冬 *Asparagus filicinus* Ham. ex D. Don [4]，（该属1种）

草本；全县分布。产于盐津、巧家、宣威、禄劝、嵩明、昆明、大姚、大理、宁蒗、丽江、维西、鹤庆、德钦、香格里拉、贡山等地；生于海拔（700～）1200～3500m的云南松林、栎林、灌丛或草坡。分布于西藏、四川、青海、甘肃、陕西、山西、河南、湖北、贵州、湖南、浙江。缅甸、印度、不丹亦有。

蜘蛛抱蛋 *Aspidistra elatior* Blume [14]，（该属1种）

草本；XYF–191，永善县顺河椿尖坪。产于罗平、曲靖、临沧、思茅；生于海拔1100m的阔叶林下，昆明有栽培。分布于四川屏山至贵州（凤岗），我国各地公园常栽培。日本也有。

297 菝葜科 Smilacaceae（1属4种，[2]）

小果菝葜 *Smilax davidiana* A. DC. [2]，（该属4种）

攀缘灌木；全县分布。

长托菝葜 *Smilax ferox* Wall. ex Kunth

攀缘灌木，蔡希陶50964，（PE），永善县。产于彝良、漾濞、邓川、宾川、丽江、兰坪、鹤庆、维西、贡山、泸水、景东、新平、峨山、昆明、寻甸、禄劝、澄江、富宁、石屏、勐海、勐腊、腾冲；生于海拔810～3500m的林下及灌丛中。四川、贵州、湖北、广东、广西有分布。尼泊尔、不丹、印度、缅甸和越南也有。

土茯苓 *Smilax glabra* Roxb.

攀缘状灌木；全县分布。产于云南省大部分地区（除怒江州、迪庆州外）均有；生于海拔800～2200m的路旁、林内、林缘。甘肃南部和长江流域以南各省区，直到台湾、海南有分布。越南、泰国和印度也有。

粗糙菝葜 *Smilax lebrunii* Levl.

攀缘灌木；全县分布。产于漾濞、西畴、景东、凤庆、龙陵；生于海拔1600～2900m的林内及山坡灌丛。甘肃、四川、贵州、湖南、广西有分布。

302 天南星科 Araceae （1属1种，[2]）

一把伞南星 *Arisaema erubescens*（Wall.）Schott [8]，（该属1种）

草本；YS.TJ11，永善县团结乡纸厂方向。产于全省大部分地区；生于海拔1100～3200m的林下、灌丛、草坡或荒地。除东北、内蒙古、新疆、江苏外，全国各省都有。分布于印度、尼泊尔、缅甸、泰国。

303 浮萍科 Lemnaceae（1属1种，[1]）

浮萍 *Lemna minor* L. [1]，（该属1种）

草本；全县分布。产于云南省各地；生于水田、池沼或其他静水水域。我国南北各省都有，但不见于台湾。全球温带地区和热带地区广布，但不见于马来西亚和日本。

307 鸢尾科 Iridaceae（2属2种，[2–2]）

扁竹兰 *Iris confusa Sealy* [8]，（该属1种）

草本；全县分布。产于昆明、景东、富民、双柏、西畴、宾川、凤庆；生于疏林下、林缘、沟谷湿地或山坡草地。广西、四川也有。

庭菖蒲 *Sisyrinchium rosulatum* Bickn. [3]，（该属1种）

草本；YS.SHC29，永善县团结乡花石村、双河村。云南省有栽培；我国南方各省常用它装饰花坛，现已逸为半野生。原产于北美洲。

311 薯蓣科 Dioscoreaceae（1属4种，[2]）

粘山药 *Dioscorea hemsleyi* Prain et Burkill [2]，（该属4种）

草质藤本；全县分布。产于云南大部分地区（除西双版纳）；生于海拔1000～3100m的山坡或沟谷的松林、松栎林、灌丛及草地，攀于灌木或草丛上。四川西部至南部，贵州、广西也有。越南老街有分布。

黑珠芽薯蓣 *Dioscorea melanophyma* Prain et Burkill

草质藤本；全县分布。产于腾冲、景东、思茅、丽江、姚安、宾川、双柏、江川、昆明、富民、蒙自、屏边、文山；生于海拔1300～2100m的山谷或山坡林缘、灌丛中。分布于喜马拉雅西部［克什米尔地区、印度北部（昌巴、西姆拉）］至喜马拉雅东部（尼泊尔、不丹、印度喀西山）。

薯蓣 *Dioscorea oppositifolia* L.

草质藤本；YS.XLD04，永善县溪洛渡街道富庆村向阳三组。产于云南西北部（贡山、德钦、丽江）；生于海拔1600～2500m的路旁、山坡灌丛或沟谷阔叶林下。我国各省区有野生或栽培。朝鲜、日本也有。

毛胶薯蓣 *Dioscorea subcalva* Prain et Burkill

草质藤本；蔡希陶，（SCUM），永善县。产于丽江、永胜、鹤庆、保山、宾川、洱源、元江、双柏、禄丰、嵩明、昆明、个旧、蒙自、文山等地；生于海拔700～2600m的疏林、林缘和灌丛中。四川、贵州、广西、湖南也有。模式标本采自鹤庆。

314 棕榈科 Arecaceae（1属1种，[2]）

棕榈 *Trachycarpus fortunei*（Hook.）H. Wendl. [14]，（该属1种）

木本；全县分布。产云南西北部、西部、中部至东南部的中海拔（2000m以下）地区；通常栽培于四旁，也有成片栽培的；野生于疏林中。多分布于长江以南各省区，最北至湖北南漳。日本也有分布。

326 兰科 Orchidaceae（7属9种，[1]）

黄花白及 *Bletilla ochracea* Schltr. [14]，（该属1种）

草本；蔡希陶51205，（PE），永善县，务基后山。产于香格里拉、大理、鹤庆、景东、昆明、禄劝（模式标本产地）、安宁、昭通、绥江、西畴、屏边；生于海拔400～2350m的石灰岩山林下、松林、灌丛下、草坡、路边草丛中或沟边。

虾脊兰 *Calanthe discolor* Lindl. [2]，（该属3种）

草本；YS.XLD23，永善县溪洛渡街道富庆村向阳三组。产于香格里拉、丽江、大理、洱源、云县；生于海拔2700～3450m的山谷溪边或混交林下。分布于四川和甘肃。模式标本采自云南。

三棱虾脊兰 *Calanthe tricarinata* Lindl.

草本；蔡希陶50971，（PE），永善县梅家村。产于德钦、香格里拉、维西、丽江、剑川、宁蒗、临沧、景东、彝良、蒙自；生于海拔1700～3500m的山坡草地或混交林下。分布于西藏、贵州、四川、湖北、陕西、甘肃、台湾。克什米尔地区、尼泊尔、不丹、印度和日本也有。

反瓣虾脊兰 *Calanthe reflexa*（Kuntze） Maxim.

草本；永善县团结乡上厂。产于安徽（黄山）、浙江（临安、文成）、江西（庐山）、台湾（宜兰、桃园、南投、高雄）、湖北、湖南（永顺、宜章）、广东北部（乳源、乐昌）、广西北部（融水）、四川（都江堰市、天全、峨眉山、雷波、峨边、马边）、贵州（榕江、梵净山）和云南东北部（昭通）。生于海拔600~2500m的常绿阔叶林下、山谷溪边或生有苔藓的湿石上。

杜鹃兰 *Cremastra appendiculata*（D. Don）Makino [14]，（该属1种）

草本；滇东北队450，（KUN），永善县河坝场下场梁子。产于贡山、腾冲、鹤庆、漾濞、凤庆、玉溪、永善、昭通、西畴；生于海拔2900m以下的湿地或沟边湿地上以及山坡林下阴湿处。分布于西藏、贵州、四川、广东北部、湖南、湖北、河南、台湾、江西、浙江、安徽、江苏、甘肃南部、陕西南部、山西南部。尼泊尔、不丹、印度、越南、泰国和日本也有分布。

天麻 *Gastrodia elata* Bl. [5]，（该属1种）

草本；蔡希陶51084，（PE），永善县。产于云南各地。分布于黄河流域及长江流域各省区。

也见于朝鲜半岛和日本。

光萼斑叶兰 *Goodyera henryi* Rolfe [7]，（该属1种）

草本；滇东北队453，（KUN），永善县河坝场下常山山梁。产于贡山、福贡、维西；生于海拔1800～2400m的山坡常绿阔叶林下。分布于四川、贵州、广西、广东、湖南、湖北、江西、浙江、台湾、甘肃。朝鲜半岛南部、日本也有分布。

独蒜兰 *Pleione bulbocodioides*（Franch.）Rolfe [7–2]，（该属1种）

草本；孙必兴等362，（PE），永善县。产于香格里拉、维西、丽江、剑川、大理、景东、孟连、大姚、嵩明、禄劝、东川、大关、镇雄、文山；生于海拔1850～3400m的常绿阔叶林下、林缘或岩石上。分布于西藏、贵州、四川、广西、广东、湖南、湖北、安徽、陕西、甘肃。

绶草 *Spiranthes sinensis*（Pers.）Ames [8]，（该属1种）

草本；蔡希陶51199，（PE），永善县，YS.YQ17，永善县云荞水库途中草地。产于云南大部分地区；生于海拔3400m以下的山坡、田边、草地、灌丛中、沼泽、路边或沟边草丛中。分布于全国各省区。俄罗斯西伯利亚、克什米尔地区及蒙古国、朝鲜、日本、阿富汗、不丹、印度、缅甸、泰国、马来西亚、菲律宾、澳大利亚均有分布。

327 灯芯草科 Juncaceae（1属2种，[8–4]）

灯芯草 *Juncus effusus* Linn. [1]，（该属2种）

草本；蔡希陶51024，（PE），永善县。产于昆明、景东、元江、屏边、广南、西畴、麻栗坡、临沧、盈江、剑川、维西、香格里拉；生于海拔1200～3400m的沼泽地。吉林、辽宁、陕西、山西、湖北、湖南、江西、广西、广东、四川、贵州、西藏也有。

野灯芯草 *Juncus setchuensis* Buchen.

草本；滇东北队617，（KUN），永善县。云南广布；生于海拔1100～3500m的山谷溪边、林中湿处以及田边、水塘边。分布于甘肃、陕西、湖北、湖南、四川、西藏。欧洲、非洲也有。

331 莎草科 Cyperaceae（2属6种，[1]）

浆果薹草 *Carex baccans* Nees [1]，（该属5种）

草本；全县分布。产于贡山、福贡、大理、巍山、漾濞、宾川、昆明、禄劝、武定、江川、砚山、麻栗坡、屏边、景东、普洱、西双版纳、保山、瑞丽；生于海拔760～2400m的山谷、林下、灌丛中、河边及村旁。分布于福建、台湾、广东、广西、海南、四川、贵州。马来西亚、越南、尼泊尔、印度也有。

十字薹草 *Carex cruciata* Wahlenb.

草本；YS.TJ01，永善县团结乡纸厂方向。产于师宗、罗平、维西、贡山、福贡、大理、漾濞、巍山、昆明、禄劝、易门、西畴、屏边、金平、河口、景东、景洪、勐腊、凤庆、临沧、保山；生于海拔330～2500m的林边或沟边草地、路旁、火烧迹地。分布于浙江、江西、福建、台湾、湖北、湖南、广东、广西、海南、四川、贵州、西藏。喜马拉雅山地区（克什米尔地区）、印度、马达加斯加、印度尼西亚、中南半岛和日本南部也有。

二峨薹草 *Carex ereica* Tang et Wang ex L. K. Dai

草本；滇东北队673，（KUN），永善县马楠乡。产于富宁；生于海拔700m的林下和林缘。广西、海南、广东、台湾、福建也有。分布于越南、泰国、马来半岛、印度尼西亚、菲律宾、澳大利亚（昆士兰）。

刺囊薹草 *Carex souliei* Franch.

草本；Anonymous，（KUN），永善县。产于砚山（模式标本产地）、昆明；生于海拔1200～2300m的山坡草地、松林下、杂木林下岩石缝中或沟边石缝。

藏薹草 *Carex thibetica* Franch.

草本；Anonymous，（KUN），永善县。产于彝良、昭通；生于海拔1430m的灌丛中或林下湿地。四川、贵州、广西、湖南、湖北、河南、浙江、陕西也有。

砖子苗 *Mariscus sumatrensis*（Retz）T. Koyama [1]，（该属1种）

草本；全县分布。产于勐海、屏边、马关、蒙自、临沧、楚雄、昆明、漾濞、鹤庆、华坪、丽江、永胜、维西、宁蒗、贡山、保山；生于海拔200～3200m的山坡阳处、路旁草地、松林下或溪边。除东北、华北、西北和西藏未见分布外，广泛分布于其他各省区。也分布于尼泊尔、印度、缅甸、越南、马来西亚、印度尼西亚、菲律宾、美国夏威夷、朝鲜、日本、澳大利亚和南美洲。

332 禾本科 Poaceae（27属35种，[1]）

穗序野古草 *Arundinella anomala* Steud. [8]，（该属2种）

草本；全县分布。产于镇雄、罗平、盈江（昔马）等县；生于海拔2000m以下的山坡草地、灌丛或林缘，更常见于田地边或水沟旁。我国除新疆、西藏及青海外，全国各省区均有分布。俄罗斯远东地区、朝鲜、日本、中南半岛北部及印度东北部（阿萨姆）都有。

西南野古草 *Arundinella hookeri* Munro ex Keng

草本；滇东北队611，（KUN），永善县马楠乡。全省海拔1800～3200m的山坡草地及疏林中常见。西藏东南部、四川西部及西南部、贵州西部都有。尼泊尔、不丹、印度东北部、缅甸北部也有。

孝顺竹 *Bambusa multiplex*（Lour.）Raeusch. ex Schult. **[2-2]，（该属1种）**

乔木状；YS.YQ09，永善县云荞水库途中草地。全省各地有栽培，或呈野生状。我国南部各省有分布。越南有栽培。多种植以作绿篱或供观赏。

臭根子草 *Bothriochloa bladhii*（Retz.）S. T. Blake **[2]，（该属1种）**

草本；昆植地植物组51，（KUN），永善县。产于陆良、罗平、东川、兰坪、永仁、易门、麻栗坡、文山、建水、石屏、耿马、保山；常见于海拔2500m以下的山坡草地、旷野及道旁草丛中。分布于四川、贵州、广东、广西、湖南、福建及台湾。旧大陆热带及亚热带地区都有。

拂子草 *Calamagrostis epigejos*（L.）Roth **[8]，（该属1种）**

草本；YS.YQ19，永善县云荞水库途中草地。

刺竹子 *Chimonobambusa pachystachys* Hsueh et Yi **[7]，（该属3种）**

乔木状；YS.XYC02，永善县溪洛渡街道富庆村向阳三组。产于彝良、富民；生于海拔1000～2000m的常绿阔叶林下。四川（古兰、叙永、长宁、峨眉、乐山、雷波）和贵州（绥阳、沿河）也有分布。

方竹 *Chimonobambusa quadrangularis*（Fenzi）Makino

乔木状；XYF-199，YS.CJP03，永善县顺河椿尖坪。产于永善、盐津、威信等地；生于海拔1300～1450m地区。四川也有分布。模式标本采自永善桧溪区细沙乡小洞子。

永善方竹 *Chimonobambusa tuberculata* Hsuch et L. Z. Gao

乔木状；易同培88160，（N）；永善、盐津、威信等县，本次调查期间未采集到标本。产永善、盐津、威信等地；生于海拔1300～1450m地区。四川也有分布。模式标本采自永善桧溪区细沙乡小洞子。

扭鞘香茅 *Cymbopogon tortilis*（J. Presl）A. Camus **[6]，（该属1种）**

草本；李锡文256，（IBSC），永善县码口区。产于罗平、东川、永胜、大理、元谋、易门、个旧、芒市；多生于干燥山坡草地及丘陵灌丛。分布于西南、华南及台湾。越南、菲律宾也有。

鸭茅 *Dactylis glomerata* Linn. **[8]，（该属1种）**

草本；蔡希陶51107，（SCUM），永善县。产于全省海拔1500～4000m的丘陵、平地、灌丛、林缘、山坡草地、亚高山草甸。广布于欧亚温带，已引入许多温带国家和地区。

黑穗画眉草 *Eragrostis nigra* Nees ex Steud. **[8]，（该属1种）**

草本；ML-272，永善县马楠乡。全省各地有分布；生于海拔1400～2700m的山坡草地、路边、田边、地中、宅旁，为常见的野生杂草。贵州、四川、广西、江西、河南、陕西、甘肃等省区也有。分布于东南亚、印度等地。

短叶金茅 *Eulalia brevifolia* Keng ex Keng f. [4]，（该属2种）

草本；蔡希陶50902，（KUN），永善县。仅见于中部及东南部；常生于山坡疏林或灌丛中。模式标本采自昆明（刘慎谔16857）。云南特有种。

白健秆 *Eulalia pallens*（Hack.）Kuntze

草本；全县分布。产于罗平、师宗、路南、大理、昆明、呈贡、禄劝、禄丰、澄江、广南、砚山、丘北、建水、石屏、沧源；生于海拔1000～2300m的山坡草丛、林下及河滩。贵州西部及西南部、广西西北部可能也有。也见于印度东北部。

拟金茅 *Eulaliopsis binate*（Retz.）C. E. Hubb. [4]，（该属1种）

草本；蔡希陶，（SCUM），永善县。产于昭通、嵩明、陆良、东川、永胜、华坪、香格里拉、剑川、昆明、晋宁、澄江、文山、砚山、开远、建水；生于海拔1500～2500m较干燥的山坡草地；疏林或灌丛中。分布于四川、贵州、广西、湖南、湖北、台湾、陕西等省区。阿富汗、巴基斯坦、印度东北部、缅甸及菲律宾也有。

箭竹 *Fargesia spathacea* Franch [15]，（该属1种）

乔木状；XYF-200，永善县顺河椿尖坪。产于双江、凤庆、永仁、大姚、宁蒗、丽江、宾川、洱源、大理、昆明；生于海拔1700～2430m的地带，多为栽培，也有少量见于云南松林或阔叶林下野生。四川西南部也产。模式标本采自丽江；花部描述根据采自永仁白马河林场的标本。

羊茅 *Festuca ovina* L. [8]，（该属1种）

草本；全县分布。产于巧家、昭通、香格里拉、丽江；生于海拔2700～4000m的山坡灌丛草甸。分布于新疆、西藏、青海、四川、甘肃、内蒙古、吉林。塔吉克斯坦、吉尔吉斯斯坦、哈萨克斯坦、克什米尔地区、巴基斯坦北部、尼泊尔也有。

卵花甜茅 *Glyceria tonglensis* C. B. Clarke [1]，（该属1种）

草本；蔡希陶51115，（PE），永善县。产于德钦、香格里拉、丽江、永胜、剑川、洱源、安宁、昆明、大姚、临沧、双江；生于海拔2000～3500m水边湿地。分布于我国南部。西喜马拉雅至印度东北部及日本也有。

白茅 *Imperata cylindrica*（Linn.）Beauv. [2]，（该属1种）

草本；全县分布。全省各地常见，分布几乎遍全国；多生于平原、荒地、山坡道旁，溪边或山谷湿地生长更佳。旧世界热带及亚热带，常延伸至温带。

广序臭草 *Melica onoei* Franch. et Sav. [8-4]，（该属1种）

草本；滇东北队645，（KUN），永善县。产于香格里拉、剑川、昆明；生于海拔2000～3300m的山坡疏林草地和岩石间。分布于四川、贵州、西藏、湖北、山东、安徽、浙江、河北、山西、陕西。巴基斯坦北部、印度西北部、日本也有。

竹叶茅 *Microstegium nudum*（Trin.）A. Camus [6]，（该属1种）

草本；滇东北队622，（KUN），永善县。产于昭通、罗平、师宗、东川、丽江、兰坪、剑川、昆明、禄丰、禄劝、绿春、河口、易门、孟连、景东、景洪、临沧、镇康；生于海拔2800m以下的林缘、沟边、路边、山坡草丛等稍阴湿的地方。分布于我国西南、中南、华东及台湾。尼泊尔、巴基斯坦、印度、日本、朝鲜、东南亚各国、热带非洲及澳大利亚都有。

五节芒 *Miscanthus floridulus*（Lab.）Warb. ex Schum. et Laut. [6]，（该属1种）

乔木状；YS.SHC08，永善县团结乡花石村、双河村。产于昭通、盐津、罗平、马关、广南、富宁、建水、河口、蒙自、开远、江城、西双版纳；生于海拔1700m以下的山坡、草地、河岸两旁或丘陵边缘。分布于西南、华南、海南、华中及河南、安徽、台湾、山西、陕西。日本、菲律宾、印度尼西亚及南太平洋诸岛均有。

竹叶草 *Oplismenus compositus*（L.）Beauv. [2]，（该属2种）

草本；YS.SHC43，永善县团结乡花石村、双河村。产于全省大部分地区；生于海拔100～2500m的灌丛、疏林和阴湿处。分布于西南、华南及台湾。东非、南亚、东南亚至大洋洲，墨西哥、委内瑞拉、厄瓜多尔均有。

求米草 *Oplismenus undulatifolius*（Arduino）Beauv.

草本；全县分布。产于昭通、贡山、昆明、文山、富宁；常生于海拔740～2000m的山坡疏林下。分布于我国南北各省区。北半球的温带地区、非洲南部及澳大利亚均有。

白草 *Pennisetum centrasiaticum* Tzvel. [2]，（该属1种）

草本；YS.YQ21，永善县云荞水库途中草地。产于德钦、香格里拉、兰坪、大理、昆明、腾冲；常生于海拔1600～3100m较干燥的山坡草地或灌丛边缘，有时也见于道旁及田野。分布于西藏（沿雅鲁藏布江流域）、四川西部及贵州西部。尼泊尔、印度西北部、巴基斯坦北部，向西到达阿富汗、伊朗均有。

桂竹 *Phyllostachys bambusoides* Sieb. et Zucc. [14]，（该属4种）

乔木状；经济林81，（SWFC），永善县， YS.SHC03，永善县团结乡花石村、双河村。产于个旧、昆明、永善、昭通、大关等地。黄河流域及其以南各地，从武夷山脉向西经五岭山脉至西南各省区均有自然分布。

水竹 *Phyllostachys heteroclada* Oliver.

乔木状；经济林81，（SWFC），永善县。产于勐海；生于海拔1200m的地带，多生于河流两岸及山谷中。黄河流域及其以南各地均有分布，为长江流域及其以南最常见的野生竹种之一。

紫竹 *Phyllostachys nigra*（Lodd. ex Lindl.）Munro

乔木状；经济林81，（SWFC），永善县。产于景洪、勐海、马关、广南、丽江、昆明、永善；生于海拔800～2200m的地带。我国南北各地多有栽培，在湖南南部与广西交界处可见有野生的紫竹林。印度、日本及欧美许多国家均引种栽培。

刚竹 *Phyllostachys sulphurea* var. *viridis* R.A.Young

乔木状；全县分布。

苦竹 *Pleioblastus amarus*（Keng）keng f. [14（SJ）]，（该属1种）

乔木状；经济林81，（SWFC），永善县。产于昆明、玉溪地区。常见于庭院栽培。四川、贵州、湖南、湖北、安徽、浙江、江苏、福建等省也产。

草地早熟禾 *Poa pratensis* Linn. [1]，（该属1种）

草本；YS.YQ20，永善县云荞水库途中草地。产于香格里拉、德钦、维西、兰坪、剑川；生于海拔2300～3600m山坡道旁、林缘或疏林下。分布于西藏、四川及西北、华北、东北。广布于旧大陆温带。

棒头草 *Polypogon fugax* Nees ex Steud. [2]，（该属1种）

草本；YS.YQ22，永善县云荞水库途中草地。产于全省海拔1300～3900m的田野、道旁、河岸沙滩及湿地沼泽，通常是田间杂草。全国除东北及内蒙古外，大部分地区都有。俄罗斯、朝鲜、日本、印度东北部、缅甸北部、尼泊尔均有。

筇竹 *Qiongzhuea tumidinoda* Hsueh et Yi [15]，（该属1种）

乔木状；经济林81，（SWFC），永善县， YS.SHC48，YS.TJ07，永善县全县广布，凭证标本采集地为团结乡花石村、双河村［注：筇竹的学名发生多次改变，包括*Chimonobambusa tumidissinoda* Hsueh & T. P. Yi ex Ohrnberger（*Flora of China*），*Qiongzhuea tumidissinoda*（Hsueh & T. P. Yi ex Ohrnberger）Hsueh & T. P. Yi.，*Chimonobambusa tumidinoda*（《中国植被》）等，本专著采用《中国植物志》的名称。］产于大关、绥江、威信、彝良；生于海拔1650～2200m的中山常绿阔叶林中。本种还自然分布于四川宜宾地区，即云贵高原东北缘向四川盆地过渡的亚高山地带。

甜根子草 *Saccharum spontaneum* L. [2]，（该属1种）

草本；全县分布。产于永胜、香格里拉、剑川、昆明、禄丰、武定、元谋、澄江、富宁、河口、景洪、镇康等县；生于海拔2000m以下阳光充足，水分条件好的河岸、沟边、谷底，常形成以它为优势的高草群落。分布于我国西南、华南、华中及台湾。旧大陆的温暖地带也有。

皱叶狗尾草 *Setaria plicata*（Lam.）T. Cooke [2]，（该属1种）

草本；YS.XYC19，永善县溪洛渡街道富庆村向阳三组。全省2400m以下的田野、沟边、道旁、灌丛、林缘及各种较湿润的生境都常见。省外分布待查。分布于尼泊尔、印度、缅甸北部。

慈竹 *Sinocalamus affinis*（Rendle）McClure [7-2]，（该属1种）

乔木状；经济林81，（SWFC），永善县。产于滇西、滇中和滇东北，以及思茅、红河和文山地区北部。在我国西南及广西、湖南和陕西等各省区有栽培。

*：栽培植物。标本馆代码，IBk：广西中国科学院植物研究所；NAS：江苏省中国科学院植物研究所；N：南京大学植物标本室；SCUM：四川大学标本馆；NWAFU：西北农林科技大学；WNNU：西北师范大学；SWFC，西南林学院；PYU：云南大学；IBSC：中国科学院华南植物园；KUN：中国科学院昆明植物研究所；PE：中国科学院植物研究所。

第五章　动　物

2019年7—8月，专题组开展了永善五莲峰市级自然保护区陆栖脊椎动物调查。通过野外考察、社区访谈调查和文献查阅，保护区共记录陆栖脊椎动物25目，70科，155属，217种，其中：哺乳纲动物共录有8个目，22个科，32个属，44个种；鸟类13目，34科，92属，134种；两栖类动物2目，8科，15属，18种；爬行类动物2目，6科，16属，21种。通过对保护区分布的193种当地繁殖的物种进行区系分析（排除非本地繁殖的鸟类物种9种），发现该区域的陆栖脊椎动物的地理区系中，东洋种为118种，占61.14%；广布种为54种，占27.98%；古北种为21种，占10.88%，表明主要以东洋种为主构成的动物区系成分。

第一节　总　论

通过野外考察、社区访谈调查和文献查阅，保护区共记录陆栖脊椎动物动物217种，分属155属，70科，25目，即有尾目（CAUDATA）、无尾目（ANURA）、蛇目（SERPENTES）、蜥蜴目（LACERTILIA）、鹳形目（CICONIFORMES）、隼形目（FALCONIFORMES）、鸡形目（GALLIFORMES）、鹤形目（GRUIFORMES）、鸻形目（CHARDRIFORME）、鸽形目（COLUMBIFORMES）、佛法僧目（CORACIIFORMES）、鹃形目（CUCULIFORMES）、鸮形目（STRIGIFORMES）、䴕形目（PICIFORMES）、雀形目（PASSERIFORMES）、夜鹰目（CAPRIMULGIFORMES）、雨燕目（APODIFORMES）、食虫目（INSECTIVORA）、翼手目（CHIROPTERA）、偶蹄目（ARTIODACTYLA）、灵长目（PRIMATES）、食肉目（CARNIVORA）、啮齿目（RODENTIA）、兔形目（LAGOMORPHA）、攀鼩目（SCANDENTIA）。

在陆栖脊椎动物各纲中，种类最多的是鸟纲，有134种，归属于92属，34科，13目，即鹳形目（CICONIFORMES）、隼形目（FALCONIFORMES）、鸡形目（GALLIFORMES）、鹤形目（GRUIFORMES）、鸻形目（CHARDRIFORME）、鸽形目（COLUMBIFORMES）、佛法僧目

（CORACIIFORMES）、鹃形目（CUCULIFORMES）、鸮形目（STRIGIFORMES）、䴕形目（PICIFORMES）、雀形目（PASSERIFORMES）、夜鹰目（CAPRIMULGIFORMES）、雨燕目（APODIFORMES）；本纲物种数占全部陆栖脊椎动物种数的61.75%。哺乳纲种类数其次，有44种，归属于32属，22科，8目，即食虫目（INSECTIVORA）、翼手目（CHIROPTERA）、偶蹄目（ARTIODACTYLA）、灵长目（PRIMATES）、食肉目（CARNIVORA）、啮齿目（RODENTIA）、兔形目（LAGOMORPHA）、攀鼩目（SCANDENTIA）；本纲物种数占全部陆栖脊椎动物种数的20.28%。爬行纲种类数居第三，有21种，归属于16属，6科，2目，即蛇目（SERPENTES）、蜥蜴目 （LACERTILIA）；本纲物种数占全部陆栖脊椎动物种数的9.68%。种类数最少的是两栖类，只有18种，归属于15属，8科，2目，即有尾目（CAUDATA）、无尾目（ANURA）；本纲物种数占全部陆栖脊椎动物种数的8.29%（图5-1）。

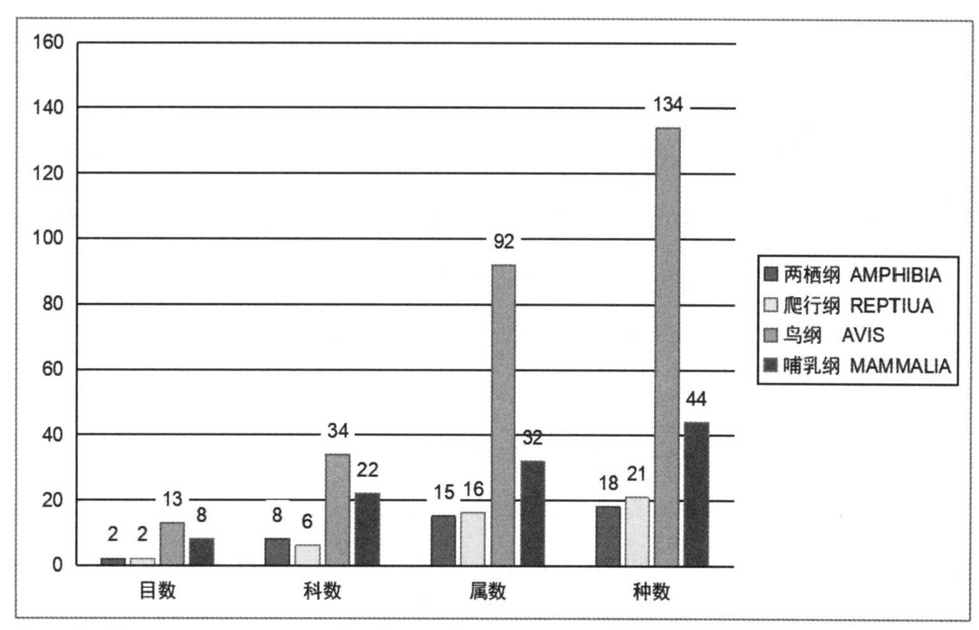

图5-1 永善五莲峰市级自然保护区陆栖脊椎动物各纲物种多样性比较

保护区内野生动物资源较丰富，并且具有重要的保护价值。本次记录的陆栖脊椎动物物种中，有23种珍稀保护物种。其中，有22种国家保护物种，2种省级保护物种，14种CITES附录物种，3种IUCN红色物种名录受威胁物种。

保护区记录的陆栖脊椎动物物种中，有1种国家Ⅰ级保护动物，即林麝（*Moschus berezovskii*）；有21种国家Ⅱ级保护动物，即毛冠鹿（*Elaphodus cephalophus*）、中华斑羚（*Naemorhedus griseus*）、藏酋猴（*Macaca thibetana*）、貉（*Nyctereutes procyonoides*）、黑熊（*Selenarctos thibetanus*）、青鼬（*Martes flavigula*）、豹猫（*Prionailurus bengalensis*）、红隼（*Falco tinnunculus*）、普通鵟（*Buteo japonicus*）、鹊鹞（*Circus melanoleucos*）、松雀鹰（*Accipiter virgatus*）、白鹇（*Lophura nycthemera*）、

白腹锦鸡（*Chrysolophus amherstiae*）、红腹角雉（*Tragopan temminckii*）、斑头鸺鹠（*Glaucidium cuculoides*）、灰林鸮（*Strix aluco*）、画眉（*Garrulax canorus*）、红嘴相思鸟（*Leiothrix lutea*）、白胸翡翠（*Halcyon smyrnensis*）、大噪鹛（*Garrulax maximus*）和贵州疣螈（*Tylototriton kweichowensis*）。

保护区记录的陆栖脊椎动物物种中，有2种云南省级保护动物，即眼镜蛇（*Naja naja*）、毛冠鹿（*Elaphodus cephalophus*）。

保护区记录的陆栖脊椎动物物种中，有2种CITES附录Ⅰ物种，即中华斑羚（*Naemorhedus griseus*）、黑熊（*Selenarctos thibetanus*）；有12种CITES附录Ⅱ物种，即红隼（*Falco tinnunculus*）、普通鵟（*Buteo japonicns*）、鹊鹞（*Circus melanoleucos*）、松雀鹰（*Accipiter virgatus*）、斑头鸺鹠（*Glaucidium cuculoides*）、灰林鸮（*Strix aluco*）、画眉（*Garrulax canorus*）、红嘴相思鸟（*Leiothrix lutea*）、林麝（*Moschus berezovskii*）、藏酋猴（*Macaca thibetana*）、豹猫（*Prionailurus bengalensis*）、树鼩（*Tupaia belangeri*）。

保护区记录的陆栖脊椎动物物种中，没有IUCN红色物种名录中列为“CR”的物种，没有IUCN红色物种名录中列为“EN”的物种，有3种IUCN红色物种名录中列为“VU”的物种，即林麝（*Moschus berezovskii*）、中华斑羚（*Naemorhedus griseus*）、黑熊（*Selenarctos thibetanus*）。

保护区分布的陆栖脊椎动物中，特有物种也十分丰富，共有25种特有物种。其中有24种中国特有物种，即贵州疣螈（*Tylototriton kweichowensis*）、蓝尾蝾螈（*Cynops cyanurus*）、昭觉林蛙（*Rana chaochiaoensis*）、四川湍蛙（*Amolops mantzorum*）、棘指角蟾（*Megophrys spinata*）、大蹼铃蟾（*Bombina maxima*）、多疣狭口蛙（*Kaloula verrucosa*）、八线腹链蛇（*Amphiesma octolineata*）、丽纹腹链蛇（*Amphiesma optata*）、乌梢蛇（*Zaocys dhumnades*）、粗疣壁虎（*Gekko scabridus*）、丽纹攀蜥（*Japalura splendida*）、四川攀蜥（*Japalura szechwanensis*）、山滑蜥（*Scincella monticola*）、白腹锦鸡（*Chrysolophus amherstiae*）、领雀嘴鹎（*Spizixos semitorques*）、酒红朱雀（*Carpodacus vinaceus*）、白领凤鹛（*Yuhina diademata*）、大噪鹛（*Garrulax maximus*）、棕头雀鹛（*Alcippe ruficapilla*）、画眉（*Garrulax canorus*）、藏酋猴（*Macaca thibetana*）、大绒鼠（*Eothenomys miletus*）、西南兔（*Lepus comus*）；有1种云南省特有物种，即昭通绒鼠（*Eothenomys olitor*），没有保护区特有物种。

保护区分布的陆栖脊椎动物物种中，还有十分丰富的国家“三有动物”名录物种，合计达144种，占四纲物种总数的66.36%。三有动物包括如下物种：蓝尾蝾螈（*Cynops cyanurus*）、昭觉林蛙（*Ranachao chiaoensis*）、滇侧褶蛙（*Pelophylax pleuraden*）、棘腹蛙（*Paa boulengeri*）、双团棘胸蛙（*Paa yunnanensis*）、四川湍蛙（*Amolops mantzorum*）、黑斑侧褶蛙（*Pelophylax nigromaculatus*）、无指盘臭蛙（*Odorrana grahami*）、棘指角蟾（*Megophrys spinata*）、大蹼铃蟾（*Bombina maxima*）、中华蟾蜍（*Bufo gargarizans*）、黑眶蟾蜍（*Bufo melanostictus*）、斑腿泛树蛙（*Polypedates megacephalus*）、多疣狭口蛙（*Kaloula verrucosa*）、饰纹姬蛙（*Microhyla ornata*）、八线腹链蛇（*Amphiesma octolineata*）、丽纹腹链蛇（*Amphiesma optata*）、缅北腹链蛇（*Amphiesma venningi*）、赤链蛇（*Dinodon rufozonatus*）、王锦蛇（*Elaphe carinata*）、紫灰锦蛇（*Elaphe porphyracea*）、黑眉锦蛇（*Elaphe taeninura*）、斜鳞蛇（*Pseudoxenodon macrops*）、红脖颈槽蛇（*Rhabdophis subminiatus*）、乌梢蛇（*Zaocys dhumnades*）、山烙铁头蛇（*Ovophis monticola*）、菜花原矛头蝮（*Protobothrops jerdonii*）、竹叶青（*Trimeresurus stejnegeri*）、云南半叶趾虎（*Hemiphyllodactylus yunnanensis*）、丽纹攀蜥（*Japalura splendida*）、四川攀蜥（*Japalura szechwanensis*）、蓝尾石龙子（*Eumeces elegans*）、山滑蜥（*Scincella monticola*）、印度蜓蜥（*Sphenomorphus indicus*）、白鹭（*Egretta garzetta*）、池鹭（*Ardeola bacchus*）、环颈雉（*Phasianus colchicus*）、棕胸竹鸡（*Bambusicola fytchii*）、白胸苦恶鸟（*Amaurornis phoenicurus*）、金斑鸻（*Pluvialis dominica*）、凤头麦鸡（*Vanellus vanellus*）、林鹬（*Tringa glareola*）、矶鹬（*Tringa hypoleucos*）、针尾沙锥（*Gallinago stenura*）、山斑鸠（*Streptopelia orientalis*）、珠颈斑鸠（*Streptopelia chinensis*）、岩鸽（*Columba rupestris*）、火斑鸠（*Oenopopelia tranquebarica*）、普通翠鸟（*Alcedoa tthis*）、戴胜（*Upupa epops*）、八声杜鹃（*Cuculus merulinus*）、大杜鹃（*Cuculus canorus*）、噪鹃（*Eudynamy sscolopacea*）、鹰鹃（*Cuculus sparverioides*）、乌鹃（*Surniculus lugubris*）、小杜鹃（*Cuculus poliocephalus*）、四声杜鹃（*Cuculus micropterus*）、斑姬啄木鸟（*Picumnus innominatus*）、星头啄木鸟（*Dendrocopos canicapillus*）、蚁䴕（*Jynx torquilla*）、大斑啄木鸟（*Dendrocopos major*）、黑枕绿啄木鸟（*Picus canus*）、棕腹啄木鸟（*Dendrocopos hyperythrus*）、大拟啄木鸟（*Megalaima virens*）、领雀嘴鹎（*Spizixos semitorques*）、黄臀鹎（*Pycnonotus xanthorrhous*）、黑鹎（*Hypsipetes madagascariensis*）、棕背伯劳（*Lanius schach*）、虎纹伯劳（*Lanius tigrinus*）、红尾伯劳（*Lanius cristatus*）、白鹡鸰（*Motacilla alba*）、灰鹡鸰（*Motacilla cinerea*）、田鹨（*Anthus novaeseelandiae*）、树鹨（*Anthus hodgsoni*）、山鹡鸰（*Dendronanthus indicus*）、黄鹡鸰（*Motacilla flava*）、黑卷尾（*Dicrurus macrocercus*）、灰卷尾（*Dicrurus leucophaeus*）、发冠卷尾（*Dicrurus hottentottus*）、丝光椋鸟（*Sturnus sericeus*）、灰喉山椒鸟（*Pericrocotus solaris*）、长尾山椒鸟（*Pericrocotus ethologus*）、暗灰鹃鵙（*Coracina melaschistos*）、大山雀（*Parus major*）、红头长尾山雀（*Aegithalos concinnus*）、绿背山雀（*Parus monticolus*）、黑头长尾山雀（*Aegithalos iouschistos*）、蓝喉太阳鸟（*Aethopyga gouldiae*）、白颊噪鹛（*Garrulax sannio*）、北红尾鸲（*Phoenicurus auroreus*）、大噪鹛（*Garrulax maximus*）、黑喉石䳭（*Saxicola torquata*）、矛纹草鹛（*Babax lanceolatus*）、鹊鸲（*Copsychus saularis*）、棕腹柳莺（*Phylloscopus subaffinis*）、棕头雀鹛（*Alcippe ruficapilla*）、黄腹柳莺（*Phylloscopus affinis*）、褐柳莺（*Phylloscopus fuscatus*）、红尾歌鸲（*Luscinia sibilans*）、白腹鸫（*Turdus pallidus*）、白喉噪鹛（*Garrulax albogularis*）、画眉（*Garrulax canorus*）、红嘴相思鸟（*Leiothrix lutea*）、棕翅缘鸦雀（*Paradoxornis webbianus*）、棕眉柳莺（*Phylloscopus armandii*）、极北柳莺（*Phylloscopus borealis*）、红喉姬鹟（*Ficedula parva*）、暗绿绣眼鸟（*Zosterops japonica*）、喜鹊（*Pica pica*）、红嘴蓝鹊（*Urocissa erythrorhyncha*）、家燕（*Hirundo rustica*）、金腰燕（*Hirundo daurica*）、烟腹毛脚燕（*Delichon dasypus*）、山麻雀（*Passer rutilans*）、树麻雀（*Passer montanus*）、小鹀（*Emberiza pusilla*）、戈氏岩鹀（*Emberiza cia*）、燕雀（*Fringilla montifringilla*）、酒红朱雀（*Carpodacus vinaceus*）、黄喉鹀（*Emberiza elegans*）、小云雀（*Alauda gulgula*）、普通夜鹰（*Caprimulgus indicus*）、白腰雨燕（*Apus pacificus*）、赤麂（*Muntiacus muntjak*）、毛冠鹿（*Elaphodus cephalophus*）、野猪（*Sus scrofa*）、果子狸（*Paguma larvata*）、豹猫（*Prionailurus bengalensis*）、鼬獾（*Melogale moschata*）、黄鼬（*Mustela sibirica*）、黄腹鼬（*Mustela kathiah*）、猪獾（*Arctonyx collaris*）、貉（*Nyctereutes procyonoides*）、豪猪（*Hystrix hodgsoni*）、赤腹松鼠（*Callosciurus erythraeus*）、隐纹花松鼠（*Tamiops swinhoei*）、红颊长吻松鼠（*Dremomys rufigenis*）、红腿长吻松鼠（*Dremomys pyrrhomerus*）、红白鼯鼠（*Petaurista alborufus*）、棕鼯鼠（*Petaurista petaurista*）、银星竹鼠（*Rhizomys pruinosus*）、西南兔（*Lepus comus*）、树鼩（*Tupaia belangeri*）。

保护区分布的202种陆栖脊椎动物中，对193种当地繁殖的物种进行区系分析（排除非本地繁殖的鸟类物种），发现该区域的陆栖脊椎动物的地理区系中，东洋种为118种，占61.14%；广布种为54种，占27.98%；古北种为21种，占10.88%（图5-2）。

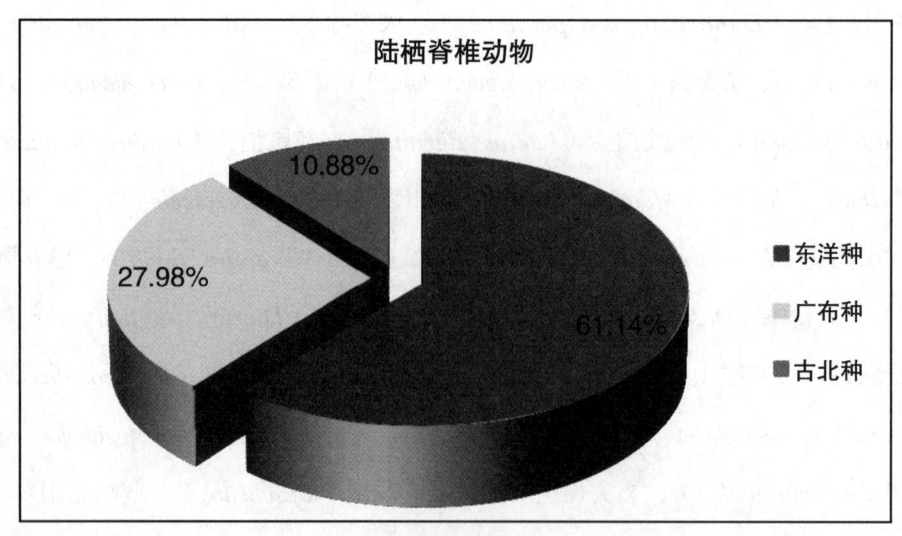

图5-2　永善五莲峰市级自然保护区陆栖脊椎动物地理区系组成

第二节　哺乳动物

一、 调查方法

专题组于2019年7—8月，到永善县溪洛渡街道、水竹乡、团结乡等地，对保护区的哺乳动物进行实地调查。调查方法主要为样线法、社区访谈法。野外样线调查中，共设置5条样线，每条长约2~3km。调查内容为样线上所遇到的动物实体，并对样线内野生动物留下的各种痕迹，如动物足迹、动物粪便、卧迹、体毛、动物的擦痕和抓痕，以及残留在树干上的体毛、动物的洞穴及残留在周围的体毛等遗留物进行观察和记录。此外，还观察了保护区内影响哺乳动物分布的自然要素，如栖息地植被类型、海拔高度范围、坡度坡向、水源位置、人为干扰情况。同时，还采取了非诱导访谈法，对当地村民以及保护区管理人员等进行走访调查。通过彩色图谱的辨认，确认当地哺乳动物的各种相关信息，以确定当地和周边地区哺乳动物的分布情况。

永善县林业和草原局提供了保护区近期内对野生动物开展红外相机监测调查所获的数据，专题组对图像中的哺乳动物进行了识别，其成果直接服务于本底资源的调查。此外，专题组曾于2015年3—6月，在永善县进行过兽类、鸟类、两栖爬行类等陆栖脊椎动物资源调查，调查结果也为本次保护区兽类动物本底调查提供了重要的参考。

哺乳动物分布目录，根据本次野外样线调查和实地访问调查结果以及红外相机监测数据，参考往次调查成果，并查阅相关文献，结合现地生境状况，确定保护区内的哺乳动物分布。

二、调查结果与分析

1. 目科属构成

本次保护区野生动物调查，通过野外考察、社区访谈调查和文献查阅，共记录哺乳纲（MAMMALIA）动物44种，分属32属，22科，8目，即食虫目（INSECTIVORA）、翼手目（CHIROPTERA）、偶蹄目（ARTIODACTYLA）、灵长目（PRIMATES）、食肉目（CARNIVORA）、啮齿目（RODENTIA）、兔形目（LAGOMORPHA）、攀鼩目（SCANDENTIA）；本纲物种数占全部陆栖脊椎动物种数的20.28%（表5-1）。

保护区内哺乳动物各类群物种多样性组成中，最大的目为啮齿目（RODENTIA），含6科，11属，20种，占本纲物种数的45.45%；其次为食肉目（CARNIVORA），含5科，8属，9种，占本纲物种数的20.45%；第三为偶蹄目（ARTIODACTYLA），含4科，5属，5种，占本纲物种数的11.36%；第四位为翼手目（CHIROPTERA），含2科，2属，4种，占本纲物种数的9.09%；第五位为食虫目（INSECTIVORA），含2科，3属，3种，占本纲物种数的6.82%；种类最少的为兔形目（LAGOMORPHA）、灵长目PRIMATES、攀鼩目（SCANDENTIA），各只有1属，1种，分别各占本纲种类数的2.27%。

哺乳纲各科中，最大的科为鼠科（Muridae），含4属，10种，占本纲物种数的22.73%；其次为鼬科（MUSTELIDAE），含4属，5种，占本纲物种数的11.36%；再其次为松鼠科（Sciuridae），含3属，4种，占本纲物种数的9.09%；第四位为蝙蝠科（Vespertilionidae），含1属，3种，占本纲物种数的6.82%；第五位为鼩鼱科（Soricidae）、鹿科（Cervidae），各含2属，2种，鼯鼠科（Petauristidae）、仓鼠科（Cricetidae），各含1属，2种，分别占本纲物种数的4.55%；其余各科均只有1种，各占本纲种类数的2.27%。

2. 物种多样性

保护区哺乳动物物种多样性见表5–1。

表5–1　永善五莲峰市级自然保护区内分布的哺乳动物多样性

目	科	属数	种数
食虫目 INESCTIVORA	鼩鼱科 Soricidae	2	2
	鼹科 Talpidae	1	1
翼手目 CHIROPTERA	菊头蝠科 Rhinolophidae	1	1
	蝙蝠科 Vespertilionidae	1	3
食肉目 CARNIVORA	猫科 Felidae	1	1
	灵猫科 Viverridae	1	1
	鼬科 Mustelidae	4	5
	犬科 Canidae	1	1
	熊科 Ursidae	1	1
啮齿目 RODENTIA	鼠科 Muridae	4	10
	松鼠科 Sciuridae	3	4
	豪猪科 Hystricidae	1	1
	鼯鼠科 Petauristidae	1	2
	仓鼠科 Cricetidae	1	2
	竹鼠科 Rhizomyidae	1	1
兔形目 LAGOMORPHA	兔科 Leporidae	1	1
灵长目 PRIMATES	猴科 Cercopithecidae	1	1
偶蹄目 ARTIODACTYLA	鹿科 Cervidae	2	2
	猪科 Suidae	1	1
	麝科 Moschidae	1	1
	牛科 Bovidae	1	1
攀鼩目 SCANDENTIA	树鼩科 Tupaiidae	1	1
合计		32	44

3. 区系组成

保护区分布的上述44种哺乳动物中，从区系成分上看，以东洋种占优势。东洋种为22种，占50%；广布种为16种，占36.36%；古北种为6种，占13.64%（图5-3）。

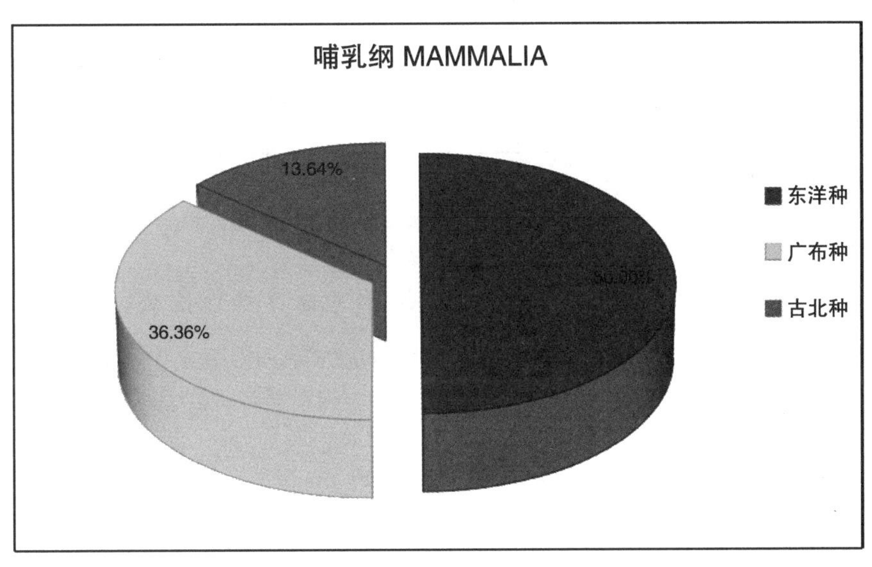

图5-3 永善五莲峰市级自然保护区分布的哺乳类地理区系组成

4. 珍稀濒危保护物种

保护区分布的珍稀濒危保护哺乳动物有9种，即林麝（*Moschus berezovskii*）、毛冠鹿（*Elaphodus cephalophus*）、中华斑羚（*Naemorhedus griseus*）、藏酋猴（*Macaca thibetana*）、豹猫（*Prionailurus bengalensis*）、黑熊（*Selenarctos thibetanus*）、青鼬（*Martes flavigula*）、貉（*Nyctereutes procyonoides*）树鼩（*Tupaia belangeri*），见表5-2。

表5-2 永善五莲峰市级自然保护区分布的哺乳类保护物种

目	物种	国内保护级别	CITES附录	IUCN红色名录
偶蹄目 ARTIODACTYLA	毛冠鹿*Elaphodus cephalophus*	Ⅱ		
	林麝 *Moschus berezovskii*	Ⅰ	Ⅱ	VU
	中华斑羚 *Naemorhedus griseus*	Ⅱ	Ⅰ	VU
食肉目 CARNIVORA	豹猫*Prionailurus bengalensis*	Ⅱ	Ⅱ	
	青鼬 *Martes flavigula*	Ⅱ		
	貉*Nyctereutes procyonoides*	Ⅱ		
	黑熊 *Selenarctos thibetanus*	Ⅱ	Ⅰ	VU

续表5-2

目	物种	国内保护级别	CITES附录	IUCN红色名录
攀鼩目 SCANDENTIA	树鼩 *Tupaia belangeri*		Ⅱ	
灵长目 PRIMATES	藏酋猴 *Macaca thibetana*	Ⅱ	Ⅱ	
保护种数		8	6	3

注：CITES的附录依2021版。

（1）国家级保护物种

五莲峰市级自然保护区分布的哺乳动物中，有1种国家Ⅰ级保护动物，即林麝（*Moschus berezovskii*）、有7种国家Ⅱ级保护动物，即毛冠鹿（*Elaphodus cephalophus*）、中华斑羚（*Naemorhedus griseus*）、藏酋猴（*Macaca thibetana*）、貉（*Nyctereutes procyonoides*）、黑熊（*Selenarctos thibetanus*）、青鼬（*Martes flavigula*）和豹猫（*Prionailurus bengalensis*）。

（2）云南省级保护物种

保护区分布的哺乳动物中，有1种云南省级保护动物，即毛冠鹿（*Elaphodus cephalophus*）。

（3）CITES附录物种

保护区分布的兽类中，有2种CITES附录Ⅰ物种，即中华斑羚（*Naemorhedus griseus*）、黑熊（*Selenarctos thibetanus*）；有4种CITES附录Ⅱ物种，即林麝（*Moschus berezovskii*）、藏酋猴（*Macaca thibetana*）、豹猫（*Prionailurus bengalensis*）、树鼩（*Tupaia belangeri*）。

（4）IUCN红色名录物种

保护区分布的哺乳动物中，没有IUCN红色物种名录中列为“CR”的物种，没有IUCN红色物种名录中列为“EN”的物种，但是有3种IUCN红色物种名录中列为“VU”的物种，即林麝（*Moschus berezovskii*）、中华斑羚（*Naemorhedus griseus*）、黑熊（*Selenarctos thibetanus*）。

5. 特有物种

在保护区分布的哺乳动物当中，共4种特有的种，其中有3种中国特有物种，即藏酋猴（*Macaca thibetana*）、大绒鼠（*Eothenomys miletus*）、西南兔（*Lepus comus*）；有1种云南省特有物种，即昭通绒鼠（*Eothenomys olitor*）；没有保护区特有物种。

6. 三有物种

保护区分布的哺乳纲物种中，有20种三有动物，占本纲物种数的45.45%。

哺乳纲三有动物包括：赤麂（*Muntiacus muntjak*）、毛冠鹿（*Elaphodus cephalophus*）、野猪（*Sus scrofa*）、果子狸（*Paguma larvata*）、豹猫（*Prionailurus bengalensis*）、鼬獾（*Melogale moschata*）、

黄鼬（*Mustela sibirica*）、黄腹鼬（*Mustela kathiah*）、猪獾（*Arctonyx collaris*）、貉（*Nyctereutes procyonoides*）、豪猪（*Hystrix hodgsoni*）、赤腹松鼠（*Callosciurus erythraeus*）、隐纹花松鼠（*Tamiops swinhoei*）、红颊长吻松鼠（*Dremomys rufigenis*）、红腿长吻松鼠（*Dremomys pyrrhomerus*）、红白鼯鼠（*Petaurista alborufus*）、棕鼯鼠（*Petaurista petaurista*）、银星竹鼠（*Rhizomys pruinosus*）、西南兔（*Lepus comus*）、树鼩（*Tupaia belangeri*）。

第三节　鸟　类

一、调查方法

2019年7—8月，专题组到永善县溪洛渡街道、水竹乡、团结乡等地，对保护区的鸟类进行实地调查。调查方法主要为样线法和社区访谈法。实地调查共设置5条样线，每条长约2~3km，与哺乳动物样线相同。每条调查路线做一次往返调查。在上述区域内，对所有能见到或能通过叫声识别的鸟类进行了详细记录。调查时的行走速度约为2km/h；使用10mm×35mm双筒望远镜对样线两侧和周围出现的鸟类进行观察。

社区访谈调查主要是对当地村民、保护区管理人员等进行访问，通过彩色图谱等的辨认，确定鸟类的分布状况等信息，尤其是珍稀濒危物种分布信息。针对调查对象的不同，分别采取形态、习性描述、图片确认等方法进行访问。

永善县林业和草原局提供了保护区近期内对野生动物开展红外相机监测调查所获的数据，专题组对图像中的鸟类进行了识别，其成果直接服务于本次本底资源的调查。此外，专题组曾于2015年3—6月，在昭通市永善县进行过兽类、鸟类、两栖爬行类等陆栖脊椎动物资源调查，调查结果也为本次五莲峰保护区鸟类动物本底调查提供了重要的参考。

保护区内的鸟类分布目录，根据本次野外样线调查和实地访问调查结果以及红外相机监测数据，参考以往各次调查成果，并查阅相关文献，结合现地生境状况，确定永善五莲峰市级自然保护区内鸟类分布。

二、调查结果与分析

1. 目科属构成

本次永善五莲峰市级自然保护区野生动物调查，通过野外考察、社区访谈调查和文献查阅，共记录鸟纲AVIS动物即鹳形目（CICONIFORMES）、隼形目（FALCONIFORMES）、鸡形目（GALLIFORMES）、鹤形目（GRUIFORMES）、鸻形目（CHARDRIFORME）、鸽形目（COLUMBIFORMES）、佛法僧目（CORACIIFORMES）、鹃形目（CUCULIFORMES）、鸮形目（STRIGIFORMES）、䴕形目（PICIFORMES）、雀形目（PASSERIFORMES）、夜鹰目（CAPRIMULGIFORMES）、雨燕目（APODIFORMES）；本纲物种数占全部陆栖脊椎动物种数的61.75%（表5–3）。

本区域内鸟类各类群种类多样性组成见表5–3。鸟纲各目中，占第一位的目为雀形目（PASSERIFORMES），含18科，58属，92种，占本纲物种数的68.66%；第二位为䴕形目（PICIFORMES），含2科，5属，7种，鹃形目（CUCULIFORMES），含1科，3属，7种，均占本纲物种数的5.22%；第三位为鸻形目（CHARDRIFORME），含2科，4属，5种，鸡形目（GALLIFORMES），含1科，5属，5种，均占本纲物种数的3.73%；第四位为隼形目（FALCONIFORMES），含2科，4属，4种，鸽形目（COLUMBIFORMES），含1科，3属，4种，均占本纲物种数的2.99%；第五位为佛法僧目（CORACIIFORMES），含2科，3属，3种，占本纲物种数的2.24%；其余各目，均只有1～2种，各占本纲种类数的0.75%～1.49%。

本纲各科中，占第一位的科为鹟科（Muscicapidae），含28属，46种，占本纲物种数的34.33%；第二位为杜鹃科（Cuculidae），含3属，7种，占本纲物种数的5.22%；第三位为雀科（Fringillidae）、啄木鸟科（Picidae），各含4属，6种，鹡鸰科（Motacillidae），含3属，6种，均占本纲物种数的4.48%；第四位为雉科（Phasianidae），含5属，5种，鸦科（Corvidae），含4属，5种，均占本纲物种数的3.73%；第五位为鹎科（Pycnontidae）、鸠鸽科（Columbidae），各含3属，4种，山雀科（Paridae），含2属，4种，均占本纲物种数的2.99%；第六位为鹰科（Accipitridae），含3属，3种，山椒鸟科（Campephagidae）、燕科（Hirundinidae）、鹬科（Scolopacidae），各含2属，3种，伯劳科（Laniidae）、卷尾科（Dicruridae），各含1属，3种，均占本纲物种数的2.24%；其余各科均只有1~2种，各占本纲种类数的0.75%～1.49%。

2. 物种多样性

保护区分布的鸟类物种多样性见表5–3。

表5-3 永善五莲峰市级自然保护区分布的鸟类多样性

目	科	属数	种数
雀形目 PASSERIFORMES	雀科 Fringillidae	4	6
	鹎科 Pycnontidae	3	4
	伯劳科 Laniidae	1	3
	河乌科 Cinclidae	1	1
	鹡鸰科 Motacillidae	3	6
	卷尾科 Dicruridae	1	3
	椋鸟科 Sturnidae	1	1
	山椒鸟科 Campephagidae	2	3
	山雀科 Paridae	2	4
	太阳鸟科 Nectariniidae	1	1
	鹟科 Muscicapidae	28	46
	绣眼鸟科 Zosteropidae	1	1
	鸦科 Corvidae	4	5
	燕科 Hirundinidae	2	3
	文鸟科 Ploceidae	1	2
	鹪鹩科 Troglodytidae	1	1
	岩鹨科 Prunellidae	1	1
	百灵科 Alaudidae	1	1
鹳形目 CICONIFORMES	鹭科 Ardeidae	2	2
隼形目 FALCONIFORMES	隼科 Falconidae	1	1
	鹰科 Accipitridae	3	3
鸡形目 GALLIFORMES	雉科 Phasianidae	5	5
鹤形目 GRUIFORMES	秧鸡科 Rallidae	1	1
鸻形目 CHARDRIFORME	鸻科 Charadriidae	2	2
	鹬科 Scolopacidae	2	3
鸽形目 COLUMBIFORMES	鸠鸽科 Columbidae	3	4
佛法僧目 CORACIIFORMES	翠鸟科 Alcedinidae	2	2
	戴胜科 Upupidae	1	1
鹃形目 CUCULIFORMES	杜鹃科 Cuculidae	3	7
鸮形目 STRIGIFORMES	鸱鸮科 Strigidae	2	2
䴕形目 PICIFORMES	啄木鸟科 Picidae	4	6
	须䴕科 Capitonidae	1	1
雨燕目 APODIFORMES	雨燕科 Apodidae	1	1
夜鹰目 CAPRIMULGIFORMES	夜鹰科 Caprimulgidae	1	1
合计		92	134

3. 区系组成

保护区分布134种鸟类中，繁殖鸟为110种，占82.09%。在繁殖鸟中，从区系成分上看，以东洋种占优势。东洋种为69种，占62.73%；广布种为28种，占25.45%；古北种为13种，占11.82%（图5–4）。

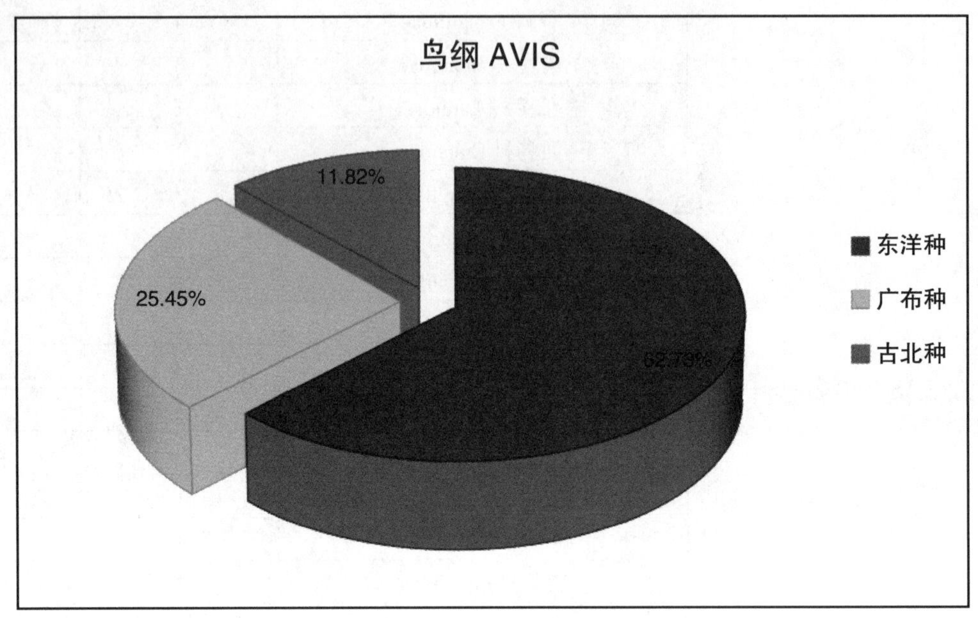

图5–4　永善五莲峰市级自然保护区分布的繁殖鸟地理区系组成

4. 珍稀濒危保护物种

保护区分布的鸟纲AVIS动物中，珍稀濒危保护鸟类有13种，即红隼（*Falco tinnunculus*）、普通鵟（*Buteo japonicus*）、鹊鹞（*Circus melanoleucos*）、松雀鹰（*Accipiter virgatus*）、白鹇（*Lophura nycthemera*）、白腹锦鸡（*Chrysolophus amherstiae*）、红腹角雉（*Tragopan temminckii*）、斑头鸺鹠（*Glaucidium cuculoides*）、灰林鸮（*Strix aluco*）、画眉（*Garrulax canorus*）、红嘴相思鸟（*Leiothrix lutea*）、白胸翡翠（*Halcyon smyrnensis*）、大噪鹛（*Garrulax maximus*），见表5–4。

表5–4　永善五莲峰市级自然保护区分布的鸟类保护物种

目	物种	国内保护级别	CITES附录	IUCN红色名录
隼形目 FALCONIFORMES	红隼 *Falco tinnunculus*	Ⅱ	Ⅱ	
	普通鵟 *Buteo japonicus*	Ⅱ	Ⅱ	
	鹊鹞 *Circus melanoleucos*	Ⅱ	Ⅱ	
	松雀鹰 *Accipiter virgatus*	Ⅱ	Ⅱ	
鸡形目 GALLIFORMES	白鹇 *Lophura nycthemera*	Ⅱ		
	白腹锦鸡 *Chrysolophus amherstiae*	Ⅱ		
	红腹角雉 *Tragopan temminckii*	Ⅱ		
佛法僧目 CORACIIFORMES	白胸翡翠 *Halcyon smyrnensis*	Ⅱ		

续表5-4

目	物种	国内保护级别	CITES附录	IUCN红色名录
鸮形目 STRIGIFORMES	斑头鸺鹠 *Glaucidium cuculoides*	Ⅱ	Ⅱ	
	灰林鸮 *Strix aluco*	Ⅱ	Ⅱ	
雀形目 PASSERIFORMES	大噪鹛 *Garrulax maximus*	Ⅱ		
	画眉 *Garrulax canorus*	Ⅱ	Ⅱ	
	红嘴相思鸟 *Leiothrix lutea*	Ⅱ	Ⅱ	
保护种数		13种	8种	

注：CITES的附录依2021版。

（1）国家级保护物种

保护区分布的鸟类中，没有国家Ⅰ级保护动物，有13种国家Ⅱ级保护动物，即红隼（*Falco tinnunculus*）、普通鵟（*Buteo japonicus*）、鹊鹞（*Circus melanoleucos*）、松雀鹰（*Accipiter virgatus*）、白鹇（*Lophura nycthemera*）、白腹锦鸡（*Chrysolophus amherstiae*）、红腹角雉（*Tragopan temminckii*）、斑头鸺鹠（*Glaucidium cuculoides*）、灰林鸮（*Strix aluco*）、画眉（*Garrulax canorus*）、红嘴相思鸟（*Leiothrix lutea*）、白胸翡翠（*Halcyon smyrnensis*）、大噪鹛（*Garrulax maximus*），见表5-4。

（2）云南省级保护物种

保护区分布的鸟类中，无云南省级保护物种。

（3）CITES附录物种

保护区分布的鸟类中，没有CITES附录Ⅰ物种，有8种CITES附录Ⅱ物种，即红隼（*Falco tinnunculus*）、普通鵟（*Buteo japonicus*）、鹊鹞（*Circus melanoleucos*）、松雀鹰（*Accipiter virgatus*）、斑头鸺鹠（*Glaucidium cuculoides*）、灰林鸮（*Strix aluco*）、画眉（*Garrulax canorus*）、红嘴相思鸟（*Leiothrix lutea*）。

（4）IUCN红色名录物种

记录的鸟纲物种中，没有IUCN红色物种名录受威胁物种。

5. 特有物种

保护区分布的鸟类当中，7种中国特有物种，即白腹锦鸡（*Chrysolophus amherstiae*）、领雀嘴鹎（*Spizixos semitorques*）、酒红朱雀（*Carpodacus vinaceus*）、白领凤鹛（*Yuhinadia demata*）、大噪鹛（*Garrulax maximus*）、棕头雀鹛（*Alcippe ruficapilla*）、画眉（*Garrulax canorus*）；没有云南省特有物种，没有保护区特有物种。

6. 三有物种

保护区分布的鸟纲物种中，有89种三有动物，占本纲物种数的66.42%。

鸟纲三有动物包括：白鹭（*Egretta garzetta*）、池鹭（*Ardeola bacchus*）、环颈雉（*Phasianus colchicus*）、棕胸竹鸡（*Bambusicola fytchii*）、白胸苦恶鸟（*Amaurornis phoenicurus*）、金斑鸻（*Pluvialis dominica*）、凤头麦鸡（*Vanellus vanellus*）、林鹬（*Tringa glareola*）、矶鹬（*Tringa hypoleucos*）、针尾沙锥（*Gallinago astenura*）、山斑鸠（*Streptopelia orientalis*）、珠颈斑鸠（*Streptopelia chinensis*）、岩鸽（*Columba rupestris*）、火斑鸠（*Oenopopelia tranquebarica*）、普通翠鸟（*Alcedo atthis*）、戴胜（*Upupa epops*）、八声杜鹃（*Cuculus merulinus*）、大杜鹃（*Cuculus canorus*）、噪鹃（*Eudynamys scolopacea*）、鹰鹃（*Cuculus sparverioides*）、乌鹃（*Surniculus lugubris*）、小杜鹃（*Cuculus poliocephalus*）、四声杜鹃（*Cuculus micropterus*）、斑姬啄木鸟（*Picumnus innominatus*）、星头啄木鸟（*Dendrocopos canicapillus*）、蚁䴕（*Jynx torquilla*）、大斑啄木鸟（*Dendrocopos major*）、黑枕绿啄木鸟（*Picus canus*）、棕腹啄木鸟（*Dendrocopos hyperythrus*）、大拟啄木鸟（*Megalaima virens*）、领雀嘴鹎（*Spizixos semitorques*）、黄臀鹎（*Pycnonotus xanthorrhous*）、黑鹎（*Hypsipetes madagascariensis*）、棕背伯劳（*Lanius schach*）、虎纹伯劳（*Lanius tigrinus*）、红尾伯劳（*Lanius cristatus*）、白鹡鸰（*Motacilla alba*）、灰鹡鸰（*Motacilla cinerea*）、田鹨（*Anthus novaeseelandiae*）、树鹨（*Anthus hodgsoni*）、山鹡鸰（*Dendronanthus indicus*）、黄鹡鸰（*Motacilla flava*）、黑卷尾（*Dicrurus macrocercus*）、灰卷尾（*Dicrurus leucophaeus*）、发冠卷尾（*Dicrurus hottentottus*）、丝光椋鸟（*Sturnus sericeus*）、灰喉山椒鸟（*Pericrocotus solaris*）、长尾山椒鸟（*Pericrocotus ethologus*）、暗灰鹃䴗（*Coracina melaschistos*）、大山雀（*Parus major*）、红头长尾山雀（*Aegithalos concinnus*）、绿背山雀（*Parus monticolus*）、黑头长尾山雀（*Aegithalos iouschistos*）、蓝喉太阳鸟（*Aethopyga gouldiae*）、白颊噪鹛（*Garrulax sannio*）、北红尾鸲（*Phoenicurus auroreus*）、大噪鹛（*Garrulax maximus*）、黑喉石䳭（*Saxicola torquata*）、矛纹草鹛（*Babax lanceolatus*）、鹊鸲（*Copsychus saularis*）、棕腹柳莺（*Phylloscopus subaffinis*）、棕头雀鹛（*Alcippe ruficapilla*）、黄腹柳莺（*Phylloscopus affinis*）、褐柳莺（*Phylloscopus fuscatus*）、红尾歌鸲（*Luscinia sibilans*）、白腹鸫（*Turdus pallidus*）、白喉噪鹛（*Garrulax albogularis*）、画眉（*Garrulax canorus*）、红嘴相思鸟（*Leiothrix lutea*）、棕翅缘鸦雀（*Paradoxornis webbianus*）、棕眉柳莺（*Phylloscopus armandii*）、极北柳莺（*Phylloscopus borealis*）、红喉姬鹟（*Ficedula parva*）、暗绿绣眼鸟（*Zosterops japonica*）、喜鹊（*Pica pica*）、红嘴蓝鹊（*Urocissa erythrorhyncha*）、家燕（*Hirundo rustica*）、金腰燕（*Hirundo daurica*）、烟腹毛脚燕（*Delichon dasypus*）、山麻雀（*Passer rutilans*）、树麻雀（*Passer montanus*）、小鹀（*Emberiza pusilla*）、戈氏岩鹀（*Emberiza cia*）、

燕雀（*Fringilla montifringilla*）、酒红朱雀（*Carpodacus vinaceus*）、黄喉鹀（*Emberiza elegans*）、小云雀（*Alauda gulgula*）、普通夜鹰（*Caprimulgus indicus*）、白腰雨燕（*Apus pacificus*）。

第四节 两栖爬行类

一、调查方法

2019年7—8月，专题组到永善县溪洛渡街道、水竹乡、团结乡等地，对保护区的两栖爬行动物进行实地调查。调查方法主要为样线法、社区访谈法。野外样线调查中，共设置5条样线，每条长约2~3km。在行进中，如遇到水沟、池塘及水库等水体，则重点对两栖爬行类进行扩展搜索。在调查区域内，如遇到两栖、爬行动物，就地观察鉴定种类，予以记录。同时对调查区域的村民进行了走访调查。调查方法是以图谱、照片等资料请村民、林业部门工作人员以及保护区管理局技术和管理人员进行辨认。

专题组曾于2015年3—6月，在昭通市永善县进行过兽类、鸟类、两栖爬行类等陆栖脊椎动物资源调查，调查结果也为本次保护区两栖爬行动物本底调查提供了重要的参考。

根据保护区野外样线调查和实地访问调查结果，参考以往调查成果，并查阅相关文献，结合现地生境状况，确定保护区内两栖、爬行动物的分布名录。

二、调查结果与分析

1. 目科属构成

通过野外考察、社区访谈调查和文献查阅，共记录两栖纲（AMPHIBIA）即有尾目（CAUDATA）、无尾目（ANURA）；本纲物种数占全部陆栖脊椎动物种数的8.29%（表5-5）。

两栖纲各类群种类多样性组成见表5-5。本纲中只含两个目，较大的目为无尾目（ANURA），含7科，13属，16种，占本纲物种数的88.89%；较小的目为有尾目（CAUDATA），含1科，2属，2种，占本纲物种数的11.11%。

本纲各科中，物种最多的科为蛙科（Ranidae），含5属，7种，占本纲物种数的38.89%；其次为树蛙科（Rhacophoridae）、姬蛙科（Microhylidae）、蝾螈科（Salamandridae），各含2属，2种，蟾蜍科（Bufonidae），含1属，2种，分别占本纲物种数的11.11%；物种最少的科为角蟾科

（Megopyryidae），含1属，1种，占本纲物种数的5.56%。

通过野外考察、社区访谈调查和文献查阅，共记录爬行纲（REPTILIA）动物21种，分属16属，6科，2目，即蛇目（SERPENTES）、蜥蜴目（LACERTILIA）；本纲物种数占全部陆栖脊椎动物种数的9.68%。

爬行纲各类群种类多样性组成见表5-5。本纲只有两个目，其中，物种较多的目为蛇目（SERPENTES），含3科，10属，14种，占本纲物种数的66.67%；较少的目为蜥蜴目（LACERTILIA），含3科，6属，7种，占本纲物种数的33.33%。

爬行动物各科中，物种最多的科为游蛇科（Colubridae），含6属，10种，占本纲物种数的47.62%；其次为蝰科（Viperidae）、石龙子科（Scincidae），含3属，3种，均占本纲物种数的14.29%；再次为壁虎科（Gekkonidae），含2属，2种，鬣蜥科（Agamidae），含1属，2种，均占本纲物种数的9.52%；物种最少的科为眼镜蛇科（Elapidae），含1属，1种，占本纲物种数的4.76%。

2. 物种多样性

保护区分布的两栖爬行类物种多样性见表5-5。

表5-5　永善五莲峰市级自然保护区分布的两栖爬行类多样性

<table>
<tr><th>纲</th><th>目</th><th>科</th><th>属数</th><th>种数</th></tr>
<tr><td rowspan="8">两栖纲 AMPHIBIA</td><td rowspan="7">无尾目 ANURA</td><td>角蟾科 Megopyryidae</td><td>1</td><td>1</td></tr>
<tr><td>蛙科 Ranidae</td><td>5</td><td>7</td></tr>
<tr><td>盘舌蟾科 Discoglossidae</td><td>1</td><td>1</td></tr>
<tr><td>蟾蜍科 Bufonidae</td><td>1</td><td>2</td></tr>
<tr><td>雨蛙科 Hylidae</td><td>1</td><td>1</td></tr>
<tr><td>树蛙科 Rhacophoridae</td><td>2</td><td>2</td></tr>
<tr><td>姬蛙科 Microhylidae</td><td>2</td><td>2</td></tr>
<tr><td>有尾目 CAUDATA</td><td>蝾螈科 Salamandridae</td><td>2</td><td>2</td></tr>
<tr><td>合计</td><td></td><td></td><td>15</td><td>18</td></tr>
<tr><td rowspan="6">爬行纲 REPTILIA</td><td rowspan="3">蛇目 SERPENTES</td><td>游蛇科 Colubridae</td><td>6</td><td>10</td></tr>
<tr><td>眼镜蛇科 Elapidae</td><td>1</td><td>1</td></tr>
<tr><td>蝰科 Viperidae</td><td>3</td><td>3</td></tr>
<tr><td rowspan="3">蜥蜴目 LACERTILIA</td><td>壁虎科 Gekkonidae</td><td>2</td><td>2</td></tr>
<tr><td>鬣蜥科 Agamidae</td><td>1</td><td>2</td></tr>
<tr><td>石龙子科 Scincidae</td><td>3</td><td>3</td></tr>
<tr><td>合计</td><td></td><td></td><td>16</td><td>21</td></tr>
</table>

3. 区系组成

保护区分布的18种两栖动物中，从区系成分上看，以东洋种占优势。东洋种为15种，占83.33%；广布种为2种，占11.11%；古北种为1种，占5.56%（图5-5）。

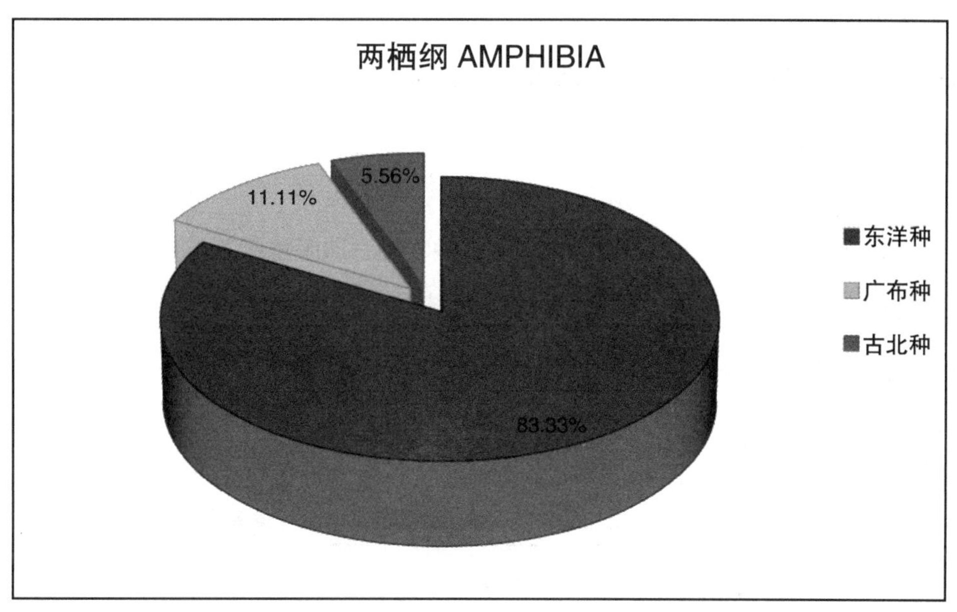

图5-5 永善五莲峰市级自然保护区分布的两栖类地理区系组成示意图

保护区分布的21种爬行动物中，从区系成分上看，以东洋种占优势。东洋种为12种，占57.14%；广布种为8种，占38.1%；古北种为1种，占4.76%（图5-6）。

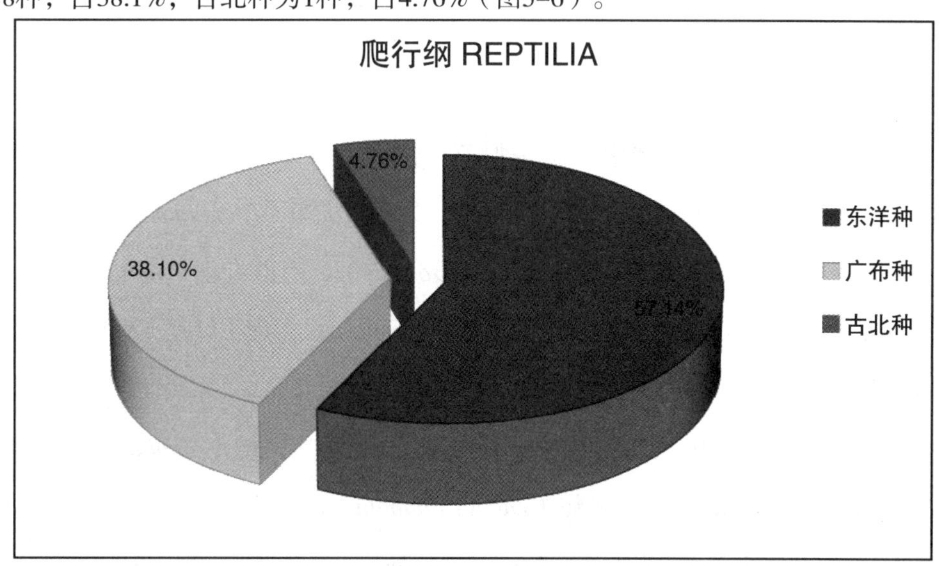

图5-6 永善五莲峰市级自然保护区分布的爬行类地理区系组成示意图

4. 珍稀濒危保护物种

保护区分布的两栖爬行类中，有2种珍稀濒危保护物种（表5-6），即贵州疣螈（*Tylototriton kweichowensis*）和眼镜蛇（*Naja naja*）。

（1）国家级保护物种

保护区分布的两栖爬行类中，没有国家Ⅰ级保护动物，有1种国家Ⅱ级保护动物，即贵州疣螈（*Tylototriton kweichowensis*）。

（2）云南省级保护物种

保护区分布的两栖爬行类中，有1种云南省级保护物种，即眼镜蛇（*Naja naja*）。

（3）CITES附录物种

保护区分布的两栖爬行类中，没有CITES附录物种。

（4）IUCN红色名录物种

保护区记录的两栖爬行类物种中，没有IUCN红色物种名录中列为受威胁级别的物种。

表5–6　永善五莲峰市级自然保护区分布的两栖爬行类保护物种

纲	目	物种	国内保护级别	CITES附录	IUCN红色名录
两栖纲 AMPHIBIA	有尾目 CAUDATA	贵州疣螈 *Tylototriton kweichowensis*	Ⅱ		
爬行纲 REPTILIA	蛇目 SERPENTES	眼镜蛇 *Naja naja*	YN		
保护种数			1种		

注：CITES的附录依2021版。

5. 特有物种

在保护区分布的两栖爬行动物当中，有14种特有物种。

保护区记录的两栖纲物种中，有7种中国特有物种，即贵州疣螈（*Tylototriton kweichowensis*）、蓝尾蝾螈（*Cynops cyanurus*）、昭觉林蛙（*Rana chaochiaoensis*）、四川湍蛙（*Amolops mantzorum*）、棘指角蟾（*Megophrys spinata*）、大蹼铃蟾（*Bombina maxima*）、多疣狭口蛙（*Kaloula verrucosa*），没有云南省特有物种和保护区特有物种。

保护区记录的爬行纲物种中，有7种中国特有物种，即八线腹链蛇（*Amphiesma octolineata*）、丽纹腹链蛇（*Amphiesma optata*）、乌梢蛇（*Zaocys dhumnades*）、粗疣壁虎（*Gekko scabridus*）、丽纹攀蜥（*Japalura splendida*）、四川攀蜥（*Japalura szechwanensis*）、山滑蜥（*Scincella monticola*），没有云南省特有物种和保护区特有物种。

6. 三有物种

保护区分布的两栖纲物种中，有15种三有动物,占本纲物种数的83.33%。15种三有动物即：蓝尾蝾螈（*Cynops cyanurus*）、昭觉林蛙（*Rana chaochiaoensis*）、滇侧褶蛙（*Pelophylax pleuraden*）、棘腹蛙（*Paa boulengeri*）、双团棘胸蛙（*Paa yunnanensis*）、四川湍蛙（*Amolops mantzorum*）、黑斑侧褶蛙（*Pelophylax nigromaculatus*）、无指盘臭蛙（*Odorrana grahami*）、棘指角蟾（*Megophrys *spinata*）、大蹼铃蟾（*Bombina maxima*）、中华蟾蜍（*Bufo gargarizans*）、黑眶蟾蜍（*Bufo melanostictus*）、斑腿泛树蛙（*Polypedates megacephalus*）、多疣狭口蛙（*Kaloula verrucosa*）、饰纹姬蛙（*Microhyla ornata*）。

保护区分布的爬行纲物种中，有19种三有动物,占本纲物种数的90.48%。19种三有动物即：八线腹链蛇（*Amphiesma octolineata*）、丽纹腹链蛇（*Amphiesma optata*）、缅北腹链蛇（*Amphiesma venningi*）、赤链蛇（*Dinodon rufozonatus*）、王锦蛇（*Elaphe carinata*）、紫灰锦蛇（*Elaphe porphyracea*）、黑眉锦蛇（*Elaphe taeninura*）、斜鳞蛇（*Pseudoxenodon macrops*）、红脖颈槽蛇（*Rhabdophis subminiatus*）、乌梢蛇（*Zaocys dhumnades*）、山烙铁头蛇（*Ovophis monticola*）、莱花原矛头蝮（*Protobothrops jerdonii*）、竹叶青（*Trimeresurus stejnegeri*）、云南半叶趾虎（*Hemiphyllodactylus yunnanensis*）、丽纹攀蜥（*Japalura splendida*）、四川攀蜥（*Japalura szechwanensis*）、蓝尾石龙子（*Eumeces elegans*）、山滑蜥（*Scincella monticola*）、印度蜓蜥（*Sphenomorphus indicus*）。

第五节　野生动物生境特征

一、气候条件

保护区属亚热带湿润季风气候区，气候温和湿润，四季不明显，雨量相对集中，雨季雨量充沛，昼夜温差变化较大，日照尚差。这一地区的地形在高度上有很大的变化。在太阳辐射、地形的综合作用下，区域气候具有显著的垂直差异。保护区山体的最高峰海拔2979m，最低点海拔930m，相对高差2040m。共发育5个山地垂直气候带。以南亚热带（800～1400m）为其水平气候带（基带），其上为正向垂直带谱，依次有山地中亚热带（1400～1700m）、山地北亚热带（1700～2000m）、山地南温带（2000～2400m）和山地中温带（2400～2979m）。

气候差异、海拔差异和气候带的多样化，明显增加了景观异质性，有利于野生动物多样性的维持。保护区日平均气温小于零度的天数较少，夏无酷暑，冬无严寒，对林木的生长发育有利。同时，保护区年温差小，日温差大，白天温度高，有利于光合作用，夜间降温多，减少了植物同化作用对能量的消耗，这有利于森林生物量的有效积累，昼夜温差大对促进花芽分化也极为有利，具有较高的光合气候生产潜力。有利的气候条件，对植物、植被的生长具有促进作用，同时也有利于野生动物的生存和繁衍。

二、植被条件

野生动物的生存，十分依赖于植被。植被为野生动物提供了食物来源、隐蔽条件和活动的环境。对于两栖动物来说，其生活与繁殖活动更离不开溪流、池塘等水体。茂密的森林，是水环境得以维持的保障，同时也是两栖动物多样性的源泉。保护区植被属“亚热带常绿阔叶林区域”，本区的地带性植被，主要是栲类–木荷林，森林上层树种以栲属和木荷属占优势，其次是石栎属和青冈属。

本区域内海拔300～1200m范围，原生植被为湿性常绿阔叶林，目前破坏相对较多，土地多为农业生产所利用，残存物种包括伊桐（*Itoa orientalis*）、柏那参（*Brassaiopsis glomerulata*）、银鹊树（*Tapiscia sinensis*）、野鸭椿（*Euscaphis japonica*）、红皮树（*Styrax suberifolia*）等。在低海拔河谷、低丘和台地，原生植被的破坏也较为严重，由于气温较高，表土冲刷严重，生境比较干燥，目前常见一些耐旱的成分，如楝（*Melia azedarach*）、木棉（*Bombax malabaricum*）、小漆树（*Toxicodendron wilsonii*）等。海拔1200～2000m范围，多为山地湿性常绿阔叶林，物种以仍以常绿树种为主，但混交有落叶种类。常绿树种主要为栲属、石栎属、木兰属、樟属、木荷属、杜鹃花属等，落叶树种主要为山毛榉属、栎属、五加属和桦木属等。

由上述可见，保护区主要植被类型以常绿阔叶林为主，这样的森林类型物种较丰富，为野生动物提供了较好的生长繁衍条件，有利于脊椎动物多样性的孕育与维持。但是，一方面，原生植被的破坏严重，意味着人类活动已经深刻地改变了当地的生态环境，而作为依赖于植被等自然条件而生存的野生动物而言，其整体群落结构和区系成分，必然也较原始生态条件下有较大的差异。表现在物种构成上，就是对人类活动干扰以及植被改变相对不敏感的物种较多，如啮齿目、食虫目以及翼手目等小型兽类。另一方面，依赖于稳定的生态系统结构而获得稳定食物来源的生物链顶级物种则难以生存，如大型猫科动物（云豹、金钱豹等）。

第六节　野生动物保护措施

目前，保护区的管理机构尚不健全，对野生动物的保护力度较弱，难以实现对珍稀濒危野生动物的有效管理和保育增殖。在野外考察过程中，了解到大多数社区群众具有一定的保护意识，保护区护林员也知道对野生动物进行保护的重要性。但是，仍有少数社区群众存在保护意识淡薄的情况。为此，提出以下保护建议：

（1）尽快建立健全保护区管理机构，配齐工作人员，足额拨付经费，并赋予保护保护区生物多样性的庄严责任。

（2）依据自然保护区保护管理条例制定保护区生物多样性保护管理办法，依法依规开展保护工作。

（3）对保护区周边社区群众开展保护野生动物的宣传教育活动，以宣传图册、标语广告、专题讲座等方式，让保护野生动物的观念深入人心，让遵纪守法的法治观念得到大力弘扬。

（4）借鉴、吸收我国其他自然保护区的先进经验，开展自然保护区生物多样性的社区共管探索，让自然保护区周边的广大社区群众积极参与自然保护区管理，并从中获得相应的收益，实现资源的可持续利用。

（5）动员各级政府部门和社会各界力量，群策群力，帮助自然保护区周边社区群众开展替代生计，以环境友好的方式发展经济，脱贫致富，实现人与自然和谐共处和生物多样性的永续利用。

附表5-1 永善五莲峰市级自然保护区哺乳类名录

序号	中名	拉丁名	区系从属			三有动物	保护等级			特有性	资料来源
			东洋种	古北种	广布种		国内	CITES	IUCN		
C4	哺乳纲	MAMMALIA									
O1	食虫目	INSECTIVORA									
F1	鼹科	Talpidae									
1	长尾鼩鼹	*Scaptonyx fusicaudus*	●							☆	S
F2	鼩鼱科	Soricidae									
2	短尾鼩	*Anourosorex squamipes*	●								S
3	喜马拉雅水麝鼩	*Chimarrogale himalayica*			●						S
O2	攀鼩目	SCANDENTIA									
F3	树鼩科	Tupaiidae									
4	树鼩	*Tupaia belangeri*	●			△		Ⅱ			S
O3	翼手目	CHIROPTERA									
F4	菊头蝠科	Rhinolophidae									
5	暗褐菊头蝠	*Rhinolophus ferrumequinum*			●						S
F5	蝙蝠科	Vespertilionidae									
6	普通伏翼	*Pipistrellus abramus*		●							S
7	茶褐伏翼	*Pipistrellus affinis*	●								S
8	棒茎伏翼	*Pipistrellus paterculus*	●							●	S
O4	灵长目	PRIMATES									
F6	猴科	Cercopithecidae									
9	藏酋猴	*Macaca thibetana*	●				Ⅱ	Ⅱ		★	S
O5	食肉目	CARNIVORA									
F7	犬科	Cadidae									
10	貉	*Nyctereutes procyonoides*		●		△	Ⅱ				S
F8	熊科	Ursidae									
11	黑熊	*Selenarctos thibetanus*		●			Ⅱ	Ⅰ	VU		S
F9	鼬科	Mustelidae									
12	青鼬	*Martes flavigula*			●		Ⅱ				S
13	黄腹鼬	*Mustela kathiah*			●	△					S
14	黄鼬	*Mustela sibirica*		●		△					S
15	鼬獾	*Melogale moschata*	●			△					S
16	猪獾	*Arctonyx collaris*			●	△					S
F10	灵猫科	Viverridae									
17	果子狸	*Paguma larvata*			●	△					S

续附表5-1

序号	中名	拉丁名	区系从属			三有动物	保护等级			特有性	资料来源
			东洋种	古北种	广布种		国内	CITES	IUCN		
F11	猫科	Felidae									
18	豹猫	*Prionailurus bengalensis*			●	△	Ⅱ	Ⅱ			S
06	偶蹄目	ARTIODACTYLA									
F12	猪科	Suidae									
19	野猪	*Sus scrofa*			●	△					S
F13	麝科	Moschidae									
20	林麝	*Moschus berezovskii*			●		Ⅰ	Ⅱ	VU	☆	S
F14	鹿科	Cervidae									
21	赤麂	*Muntiacus muntjak*	●			△					
22	毛冠鹿	*Elaphodus cephalophus*			●	△	Ⅱ ，YN			☆	S
F15	牛科	Bovidae									S
23	中华斑羚	*Naemorhedus griseus*		●			Ⅱ	Ⅰ	VU		S
07	啮齿目	RODENTIA									
F16	松鼠科	Sciuridae									
24	赤腹松鼠	*Callosciurus erythraeus*	●			△					S
25	隐纹花松鼠	*Tamiops swinhoei*	●			△					S
26	红颊长吻松鼠	*Dremomys rufigenis*	●			△					S
27	红腿长吻松鼠	*Dremomys pyrrhomerus*	●			△					S
F17	鼯鼠科	Petauristidae									
28	棕鼯鼠	*Petaurista petaurista*	●			△					S
29	红白鼯鼠	*Petaurista alborufus*	●			△				☆	S
F18	仓鼠科	Cricetidae									
30	大绒鼠	*Eothenomys miletus*	●							★	S
31	昭通绒鼠	*Eothenomys olitor*	●							★●	S
F19	鼠科	Muridae									
32	黑线姬鼠	*Apodemus agrarius*		●							S
33	齐氏姬鼠	*Apodemus chevrieri*	●								S
34	黄胸鼠	*Rattus flavipectus*			●						S
35	大足鼠	*Rattus nitidus*			●						S
36	褐家鼠	*Rattus norvegicus*			●					F	S
37	青毛鼠	*Rattus bowersi*	●								S
38	小泡灰鼠	*Rattus manipulus*	●								S
39	北社鼠	*Niviventer confucianus*			●						S

续附表5-1

序号	中名	拉丁名	区系从属			三有动物	保护等级			特有性	资料来源
			东洋种	古北种	广布种		国内	CITES	IUCN		
40	小家鼠	*Mus musculus*			●					F	S
41	锡金小家鼠	*Mus pahari*	●								S
F20	竹鼠科	Rhizomyidae									
42	银星竹鼠	*Rhizomys pruinosus*	●			△					S
F21	豪猪科	Hystricidae									
43	豪猪	*Hystrix hodgsoni*			●	△					S
O8	兔形目	LAGOMORPHA									
F22	兔科	Leporidae									
44	西南兔	*Lepus comus*	●			△				★	S

注：①三有动物："△"表示国家三有动物名录物种。

②保护等级："Ⅰ"表示国家Ⅰ级保护动物；"Ⅱ"表示国家Ⅱ级保护动物；"YN"表示云南省级保护动物。在濒危野生动植物种国际贸易公约（CITES）中，"Ⅰ"表示CITES附录Ⅰ物种；"Ⅱ"表示CITES附录Ⅱ物种；"VU"表示IUCN易危。

③特有性："★"表示中国特有；"●"表示中国仅分布于云南；"F"表示外来种。

④数据来源："S"表示实地调查；"V"表示访问调查；"R"表示文献资料；"P"表示以往调查资料。

附表5-2 永善五莲峰市级自然保护区鸟类名录

序号	中名	拉丁名	区系从属			居留类型	三有动物	保护等级			特有性	资料来源
			东洋种	古北种	广布种			国内	CITES	IUCN		
C3	鸟纲	AVIS										
01	鹳形目	CICONIFORMES										
F1	鹭科	Ardeidae										
1	池鹭	*Ardeola bacchus*	●			R	△					R
2	白鹭	*Egretta garzetta*	●			R	△					R
02	隼形目	FALCONIFORMES										
F2	鹰科	Accipitridae										
3	松雀鹰	*Accipiter virgatus*			●	R		Ⅱ	Ⅱ			R
4	普通鵟	*Buteo japonicus*			●	W		Ⅱ	Ⅱ			R
5	鹊鹞	*Circus melanoleucos*		●		M		Ⅱ	Ⅱ			R
F3	隼科	Falconidae										
6	红隼	*Falco tinnunculus*			●	R		Ⅱ	Ⅱ			R
03	鸡形目	GALLIFORMES										
F4	雉科	Phasianidae										
7	棕胸竹鸡	*Bambusicola fytchii*	●			R	△					R
8	红腹角雉	*Tragopan temminckii*	●			R		Ⅱ				R
9	白鹇	*Lophura nycthemera*	●			R		Ⅱ				R
10	环颈雉	*Phasianus colchicus*			●	R	△					R
11	白腹锦鸡	*Chrysolophus amherstiae*	●			R		Ⅱ			★	R
04	鹤形目	GRUIFORMES										
F5	秧鸡科	Rallidae										
12	白胸苦恶鸟	*Amaurornis phoenicurus*	●			R	△					R
05	鸻形目	CHARDRIFORME										
F6	鸻科	Charadriidae										
13	凤头麦鸡	*Vanellus vanellus*		●		W	△					R
14	金斑鸻	*Pluvialis dominica*		●		W	△					R
F7	鹬科	Scolopacidae										
15	林鹬	*Tringa glareola*		●		W	△					R
16	矶鹬	*Tringa hypoleucos*		●		W	△					R
17	针尾沙锥	*Gallinago stenura*		●		W	△					R
06	鸽形目	COLUMBIFORMES										
F8	鸠鸽科	Columbidae										
18	岩鸽	*Columba rupestris*		●		R	△					R

续附表5-2

序号	中名	拉丁名	区系从属			居留类型	三有动物	保护等级			特有性	资料来源
			东洋种	古北种	广布种			国内	CITES	IUCN		
19	山斑鸠	*Streptopelia orientalis*		●		R	△					R
20	珠颈斑鸠	*Streptopelia chinensis*	●			R	△					R
21	火斑鸠	*Oenopopelia tranquebarica*			●	R	△					R
O7	鹃形目	CUCULIFORMES										
F9	杜鹃科	Cuculidae										
22	鹰鹃	*Cuculus sparverioides*	●			S	△					R
23	四声杜鹃	*Cuculus micropterus*			●	S	△					R
24	大杜鹃	*Cuculus canorus*			●	S	△					R
25	小杜鹃	*Cuculus poliocephalus*			●	S	△					R
26	八声杜鹃	*Cuculus merulinus*	●			R	△					R
27	乌鹃	*Surniculus lugubris*	●			S	△					R
28	噪鹃	*Eudynamys scolopacea*	●			S	△					R
O8	鸮形目	STRIGIFORMES										
F10	鸱鸮科	Strigidae										
29	斑头鸺鹠	*Glaucidium cuculoides*	●			R		Ⅱ	Ⅱ			R
30	灰林鸮	*Strix aluco*			●	R		Ⅱ	Ⅱ			R
O9	夜鹰目	CAPRIMULGIFORMES										
F11	夜鹰科	Caprimulgidae										
31	普通夜鹰	*Caprimulgus indicus*			●	R	△					R
O10	雨燕目	APODIFORMES										
F12	雨燕科	Apodidae										
32	白腰雨燕	*Apus pacificus*		●		S	△					R
O11	佛法僧目	CORACIIFORMES										
F13	翠鸟科	Alcedinidae										
33	普通翠鸟	*Alcedo atthis*			●	R	△					R
34	白胸翡翠	*Halcyon smyrnensis*	●			R		Ⅱ				R
F14	戴胜科	Upupidae										
35	戴胜	*Upupa epops*			●	R	△					R
O12	鴷形目	PICIFORMES										
F15	须鴷科	Capitonidae										
36	大拟啄木鸟	*Megalaima virens*	●			R	△					R
F16	啄木鸟科	Picidae										
37	蚁鴷	*Jynx torquilla*			●	W	△					

续附表5-2

序号	中名	拉丁名	区系从属			居留类型	三有动物	保护等级			特有性	资料来源
			东洋种	古北种	广布种			国内	CITES	IUCN		
38	斑姬啄木鸟	*Picumnus innominatus*	●			R	△					R
39	黑枕绿啄木鸟	*Picus canus*			●	R	△					R
40	大斑啄木鸟	*Dendrocopos major*			●	R	△					R
41	棕腹啄木鸟	*Dendrocopos hyperythrus*			●	R	△					R
42	星头啄木鸟	*Dendrocopos canicapillus*			●	R	△					R
O13	雀形目	PASSERIFORMES										
F17	百灵科	Alaudidae										R
43	小云雀	*Alauda gulgula*	●			R	△					R
F18	燕科	Hirundinidae										
44	家燕	*Hirundo rustica*		●		R	△					R
45	金腰燕	*Hirundo daurica*			●	S	△					R
46	烟腹毛脚燕	*Delichon dasypus*			●	S	△					R
F19	鹡鸰科	Motacillidae										
47	山鹡鸰	*Dendronanthus indicus*		●		S	△					R
48	黄鹡鸰	*Motacilla flava*		●		W	△					R
49	灰鹡鸰	*Motacilla cinerea*		●		R	△					R
50	白鹡鸰	*Motacilla alba*		●		R	△					R
51	田鹨	*Anthus novaeseelandiae*		●		W	△					R
52	树鹨	*Anthus hodgsoni*		●		W	△					R
F20	山椒鸟科	Campephagidae										
53	暗灰鹃鵙	*Coracina melaschistos*	●			R	△					R
54	灰喉山椒鸟	*Pericrocotus solaris*	●			R	△					R
55	长尾山椒鸟	*Pericrocotus ethologus*	●			R	△					R
F21	鹎科	Pycnontidae										
56	领雀嘴鹎	*Spizixos semitorques*	●			R	△				★	R
57	黄臀鹎	*Pycnonotus xanthorrhous*	●			R	△					P
58	绿翅短脚鹎	*Hypsipetes mcclellandii*	●			R						V
59	黑鹎	*Hypsipetes madagascar-iensis*	●			R	△					V
F22	伯劳科	Laniidae										
60	虎纹伯劳	*Lanius tigrinus*		●		W	△					V
61	红尾伯劳	*Lanius cristatus*		●		W	△					V
62	棕背伯劳	*Lanius schach*	●			R	△					V

续附表5-2

序号	中名	拉丁名	区系从属			居留类型	三有动物	保护等级			特有性	资料来源
			东洋种	古北种	广布种			国内	CITES	IUCN		
F23	卷尾科	Dicruridae										
63	黑卷尾	*Dicrurus macrocercus*	●			R	△					V
64	灰卷尾	*Dicrurus leucophaeus*			●	S	△					V
65	发冠卷尾	*Dicrurus hottentottus*	●			R	△					V
F24	椋鸟科	Sturnidae										
66	丝光椋鸟	*Sturnus sericeus*	●			R	△					V
F25	鸦科	Corvidae										
67	红嘴蓝鹊	*Urocissa erythrorhyncha*			●	R	△					V
68	喜鹊	*Pica pica*		●		R	△					V
69	塔尾树鹊	*Temnurus temnura*	●			R						V
70	大嘴乌鸦	*Corvus macrorhynchos*		●		R						P
71	小嘴乌鸦	*Corvus corone*		●		R						P
F26	河乌科	Cinclidae										
72	褐河乌	*Cinclus pallasii*			●	R						P
F27	鹪鹩科	Troglodytidae										
73	鹪鹩	*Troglodytes troglodytes*			●	R						P
F28	岩鹨科	Prunellidae										
74	栗背岩鹨	*Prunella immaculata*	●			R						P
F29	鹟科	Muscicapidae										
75	红尾歌鸲	*Luscinia sibilans*		●		W	△					P
76	鹊鸲	*Copsychus saularis*	●			R	△					P
77	北红尾鸲	*Phoenicurus auroreus*		●		W	△					P
78	红尾水鸲	*Rhyacornis fuliginosus*			●	R						P
79	白腹短翅鸲	*Hodgsonius phoenicuroides*	●			R						P
80	白尾蓝地鸲	*Cinclidium leucurum*	●			R						P
81	斑背燕尾	*Enicurus maculatus*	●			R						P
82	黑喉石䳭	*Saxicola torquata*			●	R	△					P
83	灰林䳭	*Saxicola ferrea*	●			R						S
84	白顶溪鸲	*Chaimarrornis leucocephalus*	●			B						S
85	蓝矶鸫	*Monticola solitarius*		●		R						S
86	紫啸鸫	*Myiophoneus caeruleus*	●			R						S

续附表5-2

序号	中名	拉丁名	区系从属			居留类型	三有动物	保护等级			特有性	资料来源
			东洋种	古北种	广布种			国内	CITES	IUCN		
87	灰翅鸫	*Turdus boulboul*	●			O						S
88	白腹鸫	*Turdus pallidus*		●		O	△					S
89	斑胸钩嘴鹛	*Pomatorhinus erythrocnemis*	●			R						S
90	棕颈钩嘴鹛	*Pomatorhinus ruficollis*	●			R						S
91	红头穗鹛	*Stachyris ruficeps*	●			R						S
92	矛纹草鹛	*Babax lanceolatus*	●			R	△					S
93	白喉噪鹛	*Garrulax albogularis*	●			R	△					S
94	大噪鹛	*Garrulax maximus*	●			R	△	Ⅱ			★	S
95	画眉	*Garrulax canorus*	●			R	△	Ⅱ	Ⅱ		★	S
96	白颊噪鹛	*Garrulax sannio*	●			R	△					S
97	红嘴相思鸟	*Leiothrix lutea*	●			R	△	Ⅱ	Ⅱ			S
98	火尾希鹛	*Minla ignotincta*	●			R						S
99	棕头雀鹛	*Alcippe ruficapilla*	●			R	△				★	S
100	褐头雀鹛	*Alcippe cinereiceps*	●			R						S
101	褐胁雀鹛	*Alcippe dubia*	●			R						S
102	灰眶雀鹛	*Alcippe morrisonia*	●			R						S
103	纹喉凤鹛	*Yuhina gularis*	●			R						S
104	白领凤鹛	*Yuhina diademata*	●			R					★	S
105	棕翅缘鸦雀	*Paradoxornis webbianus*			●	R	△					S
106	黄腹柳莺	*Phylloscopus affinis*	●			B	△					S
107	棕腹柳莺	*Phylloscopus subaffinis*	●			W	△					S
108	褐柳莺	*Phylloscopus fuscatus*		●		W	△					S
109	棕眉柳莺	*Phylloscopus armandii*		●		W	△					S
110	极北柳莺	*Phylloscopus borealis*		●		R	△					S
111	长尾缝叶莺	*Orthotomus sutorius*	●			R						S
112	褐头鹪莺	*Prinia subflava*	●			R						S
113	山鹪莺	*Prinia criniger*	●			R						S
114	褐山鹪莺	*Prinia polychroa*	●			R						S
115	红喉姬鹟	*Ficedula parva*		●		W	△					S
116	橙胸姬鹟	*Ficedula strophiata*	●			B						S
117	灰蓝姬鹟	*Ficedula tricolor*	●			W						S
118	铜蓝鹟	*Muscicapa thalassina*	●			R						S
119	方尾鹟	*Culicicapa ceylonensis*	●			R						S

续附表5-2

序号	中名	拉丁名	区系从属			居留类型	三有动物	保护等级			特有性	资料来源
			东洋种	古北种	广布种			国内	CITES	IUCN		
120	白喉扇尾鹟	*Rhipidura albicollis*	●			R						S
F30	山雀科	Paridae										
121	大山雀	*Parus major*			●	R	△					S
122	绿背山雀	*Parus monticolus*	●			R	△					S
123	红头长尾山雀	*Aegithalos concinnus*	●			R	△					S
124	黑头长尾山雀	*Aegithalos iouschistos*	●			R	△					S
F31	太阳鸟科	Nectariniidae										
125	蓝喉太阳鸟	*Aethopyga gouldiae*	●			R	△					S
F32	绣眼鸟科	Zosteropidae										
126	暗绿绣眼鸟	*Zosterops japonica*	●			R	△					S
F33	文鸟科	Ploceidae										
127	树麻雀	*Passer montanus*			●	R	△					S
128	山麻雀	*Passer rutilans*			●	R	△					S
F34	雀科	Fringillidae										
129	燕雀	*Fringilla montifringilla*		●		W	△					S
130	黑头金翅雀	*Carduelis ambigua*	●			R						S
131	酒红朱雀	*Carpodacus vinaceus*	●			R	△				★	S
132	黄喉鹀	*Emberiza elegans*		●		R	△					S
133	戈氏岩鹀	*Emberiza cia*		●		R	△					S
134	小鹀	*Emberiza pusilla*		●		W	△					S

注：①居留类型："B"表示繁殖鸟；"S"表示夏候鸟；"W"表示冬候鸟；"R"表示居留鸟；"M"表示旅鸟。

①三有动物："△"表示国家三有动物名录物种。

②保护等级："Ⅰ"表示国家Ⅰ级保护动物；"Ⅱ"表示国家Ⅱ级保护动物；"YN"表示云南省级保护动物。在濒危野生动植物种国际贸易公约（CITES）中，"Ⅰ"表示CITES附录Ⅰ物种；"Ⅱ"表示CITES附录Ⅱ物种；"VU"表示IUCN易危。

③特有性："★"表示中国特有；"●"表示中国仅分布于云南；"F"表示外来种。

④数据来源："S"表示实地调查；"V"表示访问调查；"R"表示文献资料；"P"表示以往调查资料。

附表5-3　永善五莲峰市级自然保护区两栖类名录

序号	中名	拉丁名	区系从属			三有动物	保护等级			特有性	资料来源
			东洋种	古北种	广布种		国内	CITES	IUCN		
C1	两栖纲	AMPHIBIA									
O1	有尾目	CAUDATA									
F1	蝾螈科	Salamandridae									
1	贵州疣螈	*Tylototriton kweichowensis*	●				Ⅱ			★	R
2	蓝尾蝾螈	*Cynops cyanurus*	●			△				★	R
O2	无尾目	ANURA									
F2	盘舌蟾科	Discoglossidae									
3	大蹼铃蟾	*Bombina maxima*	●			△				★	R
F3	角蟾科	Megopyryidae									
4	棘指角蟾	*Megophrys spinata*	●			△				★	R
F4	蟾蜍科	Bufonidae									
5	中华蟾蜍	*Bufo gargarizans*			●	△					R
6	黑眶蟾蜍	*Bufo melanostictus*	●			△					R
F5	雨蛙科	Hylidae									
7	华西雨蛙	*Hyla annectans*	●								R
F6	蛙科	Ranidae									
8	昭觉林蛙	*Rana chaochiaoensis*	●			△				★	R
9	黑斑侧褶蛙	*Pelophylax nigromaculatus*		●		△					R
10	滇侧褶蛙	*Pelophylax pleuraden*	●			△					R
11	无指盘臭蛙	*Odorrana grahami*	●			△					R
12	棘腹蛙	*Paa boulengeri*			●	△					R
13	双团棘胸蛙	*Paa yunnanensis*	●			△					R
14	四川湍蛙	*Amolops mantzorum*	●			△				★	R
F7	树蛙科	Rhacophoridae									
15	斑腿泛树蛙	*Polypedates megacephalus*	●			△					R
16	峨眉树蛙	*Rhacophorus omeimontis*	●								R
F8	姬蛙科	Microhylidae									
17	多疣狭口蛙	*Kaloula verrucosa*	●			△				★	R
18	饰纹姬蛙	*Microhyla ornata*	●			△					R

注：①三有动物："△"表示国家三有动物名录物种。

②保护等级："Ⅰ"表示国家Ⅰ级保护动物；"Ⅱ"表示国家Ⅱ级保护动物；"YN"表示云南省级保护动物。在濒危野生动植物种国际贸易公约（CITES）中，"Ⅰ"表示CITES附录Ⅰ物种；"Ⅱ"

表示CITES附录Ⅱ物种；“VU”表示IUCN易危。

③特有性：“★”表示中国特有；“●”表示中国仅分布于云南；“F”表示外来种。

④数据来源：“S”表示实地调查；“V”表示访问调查；“R”表示文献资料；“P”表示以往调查资料。

附表5-4　永善五莲峰市级自然保护区爬行类名录

序号	中名	拉丁名	区系从属			三有动物	保护等级			特有性	资料来源
			东洋种	古北种	广布种		国内	CITES	IUCN		
C2	爬行纲	REPTILIA									
O1	蜥蜴目	LACERTILIA									
F1	壁虎科	Gekkonidae									
1	粗疣壁虎	*Gekko scabridus*	●							★	R
2	云南半叶趾虎	*Hemiphyllodactylus yunnanensis*			●	△					R
F2	鬣蜥科	Agamidae									
3	丽纹攀蜥	*Japalura splendida*	●			△				★	R
4	四川攀蜥	*Japalura szechwanensis*	●			△				★	R
F3	石龙子科	Scincidae									
5	蓝尾石龙子	*Eumeces elegans*			●	△					R
6	山滑蜥	*Scincella monticola*	●			△				★	R
7	印度蜓蜥	*Sphenomorphus indicus*	●			△					R
O2	蛇目	SERPENTES									
F4	游蛇科	Colubridae									
8	八线腹链蛇	*Amphiesma octolineata*	●			△				★	R
9	丽纹腹链蛇	*Amphiesma optata*	●			△				★	R
10	缅北腹链蛇	*Amphiesma venningi*	●			△				●	R
11	赤链蛇	*Dinodon rufozonatus*		●		△					R
12	王锦蛇	*Elaphe carinata*			●	△					R
13	紫灰锦蛇	*Elaphe porphyracea*	●			△					R
14	黑眉锦蛇	*Elaphe taeninura*			●	△					R
15	斜鳞蛇	*Pseudoxenodon macrops*			●	△					R
16	红脖颈槽蛇	*Rhabdophis subminiatus*			●	△					R
17	乌梢蛇	*Zaocys dhumnades*			●	△				★	R
F5	眼镜蛇科	Elapidae									
18	眼镜蛇	*Naja naja*	●				YN				R
F6	蝰科	Viperidae									
19	山烙铁头蛇	*Ovophis monticola*	●			△					R
20	菜花原矛头蝮	*Protobothrops jerdonii*			●	△					R
21	竹叶青	*Trimeresurus stejnegeri*	●			△					R

注：①三有动物："△"表示国家三有动物名录物种。

②保护等级："Ⅰ"表示国家Ⅰ级保护动物；"Ⅱ"表示国家Ⅱ级保护动物；"YN"表示云南省级保护动物。在濒危野生动植物种国际贸易公约（CITES）中，"Ⅰ"表示CITES附录Ⅰ物种；"Ⅱ"

表示CITES附录Ⅱ物种；“VU”表示IUCN易危。

③特有性：“★”表示中国特有；“●”表示中国仅分布于云南；“F”表示外来种。

④数据来源：“S”表示实地调查；“V”表示访问调查；“R”表示文献资料；“P”表示以往调查资料。

第六章　生物多样性评价

保护区位于乌蒙山脉西北面的金沙江南岸，地理位置独特，区内的中山湿性常绿阔叶林、常绿落叶阔叶混交林、暖性针叶林、温性针叶林和草甸等植被类型，且保存较为完好，为动植物提供了良好的栖息环境，生物多样性较高。按照《云南植被》的分类系统，保护区的自然植被初步划分为5个植被型、5个植被亚型、6个群系和8个群落。珍稀濒危特有物种较多，稀有性和特有性较高，其中：国家Ⅰ级保护植物有2种，国家Ⅱ级保护植物有3种，中国特有植物属11属；动物列入CITES附录物种14种，IUCN红色物种3种，国家保护物种22种，其中：国家Ⅰ级保护动物1种，国家Ⅱ级保护动物21种。同时，保护区还发挥了涵养水源、减缓地表径流、防止水土流失、固碳释氧、净化空气等生态服务功能，且潜在保护价值较高。但保护区地理位置独特，受地质地貌条件的影响与制约，一旦植被遭到破坏再难恢复，故保护区又具有脆弱性。因此，保护区具有潜在的经济、生态、保护与科研等价值。

第一节　生物多样性属性评价

一、多样性

保护区位于乌蒙山脉西北面的金沙江南岸，地理位置独特，保护区内的中山湿性常绿阔叶林、常绿落叶阔叶混交林、暖性针叶林、温性针叶林和草甸等多种植被类型，且保存较为完好，为动植物提供了良好的栖息环境，生物多样性较高。

按照《云南植被》的分类系统，保护区的自然植被初步划分为5个植被型（常绿阔叶林、常绿落叶阔叶混交林、暖性针叶林、温性针叶林、草甸），5个植被亚型（中山湿性常绿阔叶林、山地常绿落叶阔叶混交林、暖性针叶林、温性针叶林、寒温草甸），6个群系（石栎–栲类林、水青冈林、杉木林、柳杉林、日本落叶松林、羊茅草甸），8个群落（峨眉栲–华木荷群落、峨眉栲–筇竹群落、峨眉栲–珙桐群落、水青冈–峨眉栲群落、杉木群落、柳杉群落、日本落叶松群落、羊茅–毛秆野古草群落）。相对于自然生态系统类别的中型自然保护区，植被的多样性较为丰富。

保护区记录共有维管植物814种（含种下等级），隶属于138科435属。其中：蕨类植物15科，27属，43种；裸子植物3科，4属，4种；被子植物120科，404属，767种。保护区记录有陆栖脊椎动物25目，70科，155属，217种。其中：哺乳纲动物共录有8目，22科，32属，44种；鸟类13目，34科，92属，134种；两栖类动物2目，8科，15属，18种；爬行类动物2目，6科，16属，21种。

二、稀有性和特有性

保护区分布的珍稀濒危特有物种较多，保护区记录有维管束植物814种（其中包括部分人工栽培植物），其中：国家Ⅰ级保护植物2种，即珙桐（*Davidia involucrata*）、红豆杉（*Taxus chinensis*）；国家Ⅱ级保护植物3种，水青树（*Tetracentron sinense*）、红椿（*Toona ciliata*）和中华猕猴桃（*Actinidia chinensis*）；珍稀濒危植物领春木（*Euptelea pleiospermum*）、筇竹（*Qiongzhuea tumidinoda*）2种。

保护区记录陆栖脊椎动物217种，有22种国家保护物种，2种省级保护物种，14种CITES附录物种，3种IUCN红色物种名录受威胁物种。其中：1种国家Ⅰ级保护动物，即林麝；21种国家Ⅱ级保护动物，即毛冠鹿、中华斑羚、藏酋猴、貉、黑熊、青鼬、豹猫、红隼、普通鵟、鹊鹞、松雀鹰、白鹇、白腹锦鸡、红腹角雉、斑头鸺鹠、灰林鸮、画眉、红嘴相思鸟、白胸翡翠、大噪鹛和贵州疣螈。2种云南省级保护动物，即眼镜蛇、毛冠鹿；列入CITES附录物种14种，即中华斑羚、黑熊、红隼、普通鵟、鹊鹞、松雀鹰、斑头鸺鹠、灰林鸮、画眉、红嘴相思鸟、林麝、藏酋猴、豹猫、树鼩；列入IUCN红色物种3种，即林麝、中华斑羚和黑熊。

三、典型性和代表性

保护区位于乌蒙山脉西北面的金沙江南岸，气候属于亚热带湿润季风气候，具有气候温和湿润、四季不明显、雨量相对集中、雨季雨量充沛、昼夜温差变化较大和日照尚差等特点，这种气候类型影响下发育的典型植被则以中山湿性常绿阔叶林和常绿落叶阔叶混交林为主要植被类型，这是我国出现的这种气候区内发育的一类典型的常绿阔叶林。因此，保护区由于受地形、雨量足和部分河谷局部环境影响而形成常绿阔叶林和常绿落叶阔叶混交林，也是云南山地特殊条件下形成的典型山地植被类型，其群落外貌整齐，层次结构丰富，生境特点以林内阴暗、潮湿为特点。保护区的植被景观具有典型性与代表性。

四、自然性

保护区内有保存较完整的中山湿性常绿阔叶林、常绿落叶阔叶混交林、暖性针叶林、温性针叶林和草甸，受到人为活动干扰较少，保留有较完整的植被垂直带谱，森林覆盖率高。虽然部分区域由于生产生活等人为活动较频繁，局部区域存在人工林和耕地，区域植被偶有破碎化现象，但经过长期的保护管理，天然林的采伐得到有效控制，天然次生林也随着保护力度的加强逐步呈现正向演替，野生动物种群数量也呈逐年上升趋势。

五、脆弱性

保护区位于乌蒙山脉西北面的金沙江南岸，地理位置独特，受地质地貌条件的影响与制约，有其脆弱性的一面，某些资源或某种生境条件，一经破坏，恢复极为困难。保护区沿金沙江南岸一侧地势陡峭，一旦植被遭到破坏，容易造成水土流失发生，再难恢复以常绿阔叶林为主体的原生植被，从而造成分布于保护区内的野生动植物因生境或栖息地丧失而减少。同时，保护区范围内及其周边人口众多，周边社区的群众长期以来对保护区资源的依赖性较强，在社区产业未得到全面扶持和发展，区内资源受到各种威胁依然存在，将在一定程度上加剧保护区的脆弱性。

六、面积适宜性

保护总面积18705.73hm^2，其中：核心面积6681.68hm^2，占保护区面积的35.72%；缓冲区面积5331.07hm^2，占保护区总面积的28.50%；实验区面积6692.98hm^2，占保护区总面积的35.78%。作为保护区主要保护对象的分布区的中山湿性常绿阔叶林、山地常绿落叶阔叶混交林及分布其间的珍稀保护动植物物种等为代表的珍稀濒危野生动植物资源，结合主要保护对象的分布或活动特征以及生态系统的特点，保护区面积足以有效维持生态系统的结构和功能，能够保证生态系统内各物种正常繁衍的空间。因此，保护区的面积是适宜的。保护区保护管理的关键在于加强现有面积内自然环境和资源的保护和管理，并在区窝拖地片区和拆除的电站区域范围内对一些已退化的生境进行恢复，逐步扩大主要保护对象的适宜生境以及提高森林生态服务功能，尤其是森林的水源涵养能力。

七、生态区位

保护区属金沙江水系，地理位置独特。保护区良好的森林植被能有效地减少洪涝灾害和泥石流，对于河流削洪补枯、减少水土流失等具有重要作用，对于保障周边居民生存发展、维持区域和金沙江流域地区生态安全等意义重大。另外，保护区位于滇东北和乌蒙山区接合部，特殊的地理位置、复杂的地貌类型、多样的山地气候、优越的土壤条件，不仅为生物种类提供了良好的生存繁衍条件，同时对滇东北乃至全省自然环境也具有一定的影响。

八、潜在保护价值

保护区森林植被对涵养水源、减缓地表径流、防止水土流失、固碳释氧、净化空气等具有重大意义。另外，保护区中山湿性常绿阔叶林、常绿落叶阔叶混交林、暖性针叶林为区域内分布的野生动植物提供了良好的生存繁衍条件，对维持生物多样性具有重要的作用，保护区潜在保护价值较高。

第二节　生物多样性综合价值评价

一般将生物多样性的价值分为直接价值、间接价值、选择价值、存在价值和科学价值。有的学者将生物多样性的价值，分为经济价值、文化价值、生态服务价值、科研价值和保护价值，即生物多样性的五大价值。本专著主要从保护区内生物多样性的经济价值、生态服务价值、科研与保护价值三个方面进行简述。

一、经济价值

生物多样性的经济价值是指“生态复合体以及与此相关的各种生态过程”所提供的具有经济意义的价值。它与生态系统的功能相似，但更强调基因、物种、生态系统和各个层次的作用、价值。保护区丰富的植被类型与景观，以及与保护区生物多样性协同演化所形成的特色民族文化，具有极高的生态旅游景观价值，是永善县最具吸引力的生态旅游景观资源，现在或将来可为当地社区带来可观的收入。

（1）保护区蕴藏着丰富的生物和旅游等重要资源。在保护的前提下，科学合理地利用和开发自然资源，既可保护本地区的生物多样性，又将使保护区本身和周边社区获得较大的经济效益，促进地方经济快速发展。

（2）保护区直接经济收入主要来自生态旅游和自然资源经营利用项目。在有效保护的前提下，利用实验区的森林景观、江河风光等旅游资源，结合当地民族文化、民俗风情，在社区参与下科学合理地开展生态旅游和自然资源经营利用项目，既可为人们提供“回归自然，返璞归真”的好去处，又能带动其他服务行业的发展，不仅能提高保护区的自养能力，也将促进保护区周边社区经济的发展。

（3）保护区的野生动植物资源本身具有不可估量的潜在经济价值。通过保护措施的实施，可有效保护野生动植物及其栖息地，使其种群得到恢复和发展，为我国提供充足的资源储备，其潜在经济价值不可估量。

二、生态服务价值

生态服务价值指生物多样性在维护地球自然环境（固碳释氧、保土肥土、涵养水源、净化空气、防风固沙、调节气候等）和维护生物多样性（提供生物栖息环境、食物网与提供生物进化的环境）方面的能力与作用。

保护区的森林生态系统服务功能主要体现在森林本身具有的涵养水源、固土保肥、净化大气、固碳释氧等方面。加强保护区建设与管理，保护森林生态系统。一方面，充分发挥森林所具有的涵养水源、保持水土、防止水土流失、改良土壤、调节气候、防止污染、美化环境等多种生态效能，并且为周边社区提供长久稳定的生活和生产用水；另一方面，保护区的森林植被将得到迅速恢复和发展，林分结构也更趋复杂，将为各种野生动植物提供良好的生存、栖息环境。

三、科研与保护价值

保护区保存着比较原始的森林生态系统和完整的森林垂直带谱，以及种类繁多的珍稀濒危动植物，是集生物多样性、水资源保护、科研、教学、生产、旅游等多功能为一体的森林生态类型自然保护区。同时，保护区生物物种及其遗传的多样性，有利于保护森林生态类型的多样性，有利于保护动植物区系起源的古老性和生物群落地带的特殊性，有利于保护和改善野生生物的生存栖息环境，特别是有利于对珙桐、红豆杉、水青树、筇竹、林麝等珍稀濒危动植物进行有效的保护。

保护区的保护与发展将使珙桐、红豆杉、水青树、筇竹、林麝等珍稀濒危野生动植物物种，各类生物群落、森林植被及生境得到有效保护，并促其迅速恢复和发展，尽最大可能保持生物多样性，使本保护区成为野生动植物的避难所、自然博物馆、野生生物物种的基因库、重要的科研基地，为人类保护自然、认识自然、改造自然、合理利用自然提供科学依据。

第七章 土地利用

保护区总面积为18705.73hm²，其中：国有土地面积15999.49hm²，占总面积85.53%，集体土地面积2706.24hm²，占总面积14.47%。按土地利用结构分，一级地类有8个，二级地类有19个。其中：耕地面积344.14hm²，占保护区面积的1.84%；林地面积15658.07hm²，占保护区面积的83.71%；草地面积2482.33hm²，占保护区面积的13.27%；工矿仓储用地面积4.34hm²，占保护区面积的0.02%；住宅用地面积1.65hm²，占保护区面积的0.01%；交通运输用地面积75.11hm²，占保护区面积的0.40%；水域及水利设施用地面积57.87hm²，占保护区面积的0.31%；其他土地面积82.21hm²，占保护区面积的0.44%。土地利用中呈现出土地资源以林地为主、草地占比较大、耕地以旱地为主等特点。土地资源中天然林地、草地、耕地等发展和改造的潜力很大。土地利用中存在毁林开荒与采伐、放牧、保护与利用矛盾等问题，针对矛盾突出问题，为实现人与自然和谐统一，提出了实施生态治理与修复、确保生态功能结构稳定；逐步由放养改为圈养，以减少对林地、草地的破坏；推广节能措施，减少对林木的消耗；发挥保护区优势，实施林业碳汇项目；发展保护区周边社区经济，协调保护区内相关利益群体关系的建议。同时，也提出保护的措施，一是建立森林资源动态监测体系；二是强化宣传工作；三是加大执法打击力度；四是加强火灾和有害生物防控；五是加强巡护队伍管理；六是实施极小种群的保护。

第一节 土地利用现状

一、土地资源与权属

保护区总面积为18705.73hm²，按土地所有权统计，国有土地面积15999.49hm²，占总面积85.53%，集体土地面积2706.24hm²，占总面积14.47%。

二、地类构成与利用程度

保护区按土地利用结构分，一级地类有8个，二级地类有19个。其中：耕地面积344.14hm²，占保护区面积的1.84%；林地面积15658.07hm²，占保护区面积的83.71%；草地面积2482.33hm²，占保护区面积的13.27%；工矿仓储用地面积4.34hm²，占保护区面积的0.02%；住宅用地面积1.65hm²，占保护区面积的0.01%；交通运输用地面积75.11hm²，占保护区面积的0.40%；水域及水利设施用地面积57.87hm²，占保护区面积的0.31%；其他土地面积82.21hm²，占保护区面积的0.44%。一级、二级分类统计见表7–1。

表7–1　永善五莲峰市级自然保护区土地利用现状统计表

土地利用分类		合计（hm²）	占保护区总面积百分比（%）
一级地	二级地		
合计		18705.73	100.00
耕地	计	344.14	1.84
	旱地	344.14	1.84
林地	计	15658.07	83.71
	灌木林地	2017.67	10.79
	其他林地	31.37	0.17
	乔木林地	13339.78	71.31
	竹林地	269.25	1.44
草地	计	2482.33	13.27
	其他草地	798.15	4.27
	天然牧草地	1679.00	8.98
	沼泽草地	5.18	0.03
工矿仓储用地	计	4.34	0.02
	采矿用地	3.77	0.02
	工业用地	0.58	0.00
住宅用地	计	1.65	0.01
	农村宅基地	1.65	0.01
交通运输用地	计	75.11	0.40
	公路用地	16.29	0.09
	农村道路	58.82	0.31
水域及水利设施用地	计	57.87	0.31
	河流水面	54.72	0.29
	坑塘水面	0.09	0.00
	水工建筑用地	3.06	0.02

续表7-1

土地利用分类		合计（hm²）	占保护区总面积百分比（%）
一级地	二级地		
其他土地	计	82.21	0.44
	裸土地	7.87	0.04
	裸岩石砾地	73.94	0.40
	设施农用地	0.39	0.00

第二节　土地利用分析

一、土地利用特点

1. 土地资源以林地为主

保护区总面积18705.73hm^2，保护区内林地面积15658.07hm^2，占保护区面积的83.71%，其中：乔木林地面积13339.78hm^2，占保护区面积的71.31%；竹林地面积269.25hm^2，占保护区面积的1.44%；灌木林地面积2017.67hm^2，占保护区面积的10.79%；其他林地面积31.37hm^2，占保护区面积的0.17%。林地面积大，物种丰富，有利于野生动植物的繁衍生息和生物多样性的保护。

2. 草地占比较大

保护区总面积18705.73hm^2，保护区内草地面积2482.33hm^2，占保护区面积的13.27%，其中：天然牧草地面积1679.00hm^2，占保护区面积的8.98%；其他草地面积798.15hm^2，占保护区面积的4.27%；沼泽草地面积5.18hm^2，占保护区面积的0.03%。主要以天然牧草地和其他草地为主，保护区内草地为禾草草甸，植物种类和组成比较丰富，草甸植被的植物区系成分也比较特殊。

3. 耕地以坡耕旱地为主

保护区总面积18705.73hm^2，保护区内耕地面积344.14hm^2，占保护区面积的1.84%。耕地均为旱地，主要是坡耕地，局部区域坡度较大，属于高寒山区，主要种植土豆、荞子、燕麦、蔬菜及少量玉米等作物，种植产量不高。

二、土地资源潜力分析

1. 林地

保护区内乔木林地面积中，中、幼龄林面积比例较大，近、成、过熟林面积比例较小，林地的单位面积活立木蓄积量为41.48m^3/hm^2，乔木林地单位面积活立木蓄积量为48.70m^3/hm^2，与全省单位面积活立木蓄积量105.89m^3/hm^2（2018年第九次全国森林资源清查成果）水平相比，还存在较大差距。可以看出，保护区内的林地生产力潜力较大，提升空间依然存在。因此，发挥森林生态服务功能的潜力较大，另外，保护区内非木材林产品资源丰富，主要有竹笋、食用菌类、药用菌类、药材、野菜、观赏植物、野果等，资源潜力较大。

2. 草地

草地占比较大、类型多，以天然牧草地和其他草地为主，主要集中在燕子岩—龙家山、洗马溪—和尚岩、木鱼山—火生坪、壕子口—姜家山、纸厂沟昭永公路东面等海拔2500m以上区域。由于经常放牧的原因，草层比较低矮，常常只有一个结构层，是在放牧中牲畜啃食践踏所形成较为低矮的结构，也导致了部分草地形成退化草地，一旦放牧强度减轻，草层就能长高。同时，应该加大退化草地改良工作，根据退化草地的生态区位、气候、土壤类型、立地条件、经营利用方向，优先选择适应当地生态环境、促进当地草地植被恢复、产量高、品质好、固土保水能力强的草种进行草地的改良修复。

3. 耕地

根据实地调查，保护区内的耕地主要是坡耕旱地，部分区域坡度大。没有相配套的水利设施，属于相对的高寒山区，耕地的利用率不高。农作物主要种类有：土豆、荞子、燕麦、蔬菜及少量玉米等作物。

4. 天然林

保护区内林地面积15658.07hm^2，其中：天然林面积15351.02hm^2，占保护区林地面积的98.04%，天然林面积占比大。由于历史原因，保护区及周边区域受人为干扰，生态系统受到一定程度的破坏，但保护区的核心区、缓冲区仍然保持着原始性，是永善县境内保存较完好的绿洲。另外，21世纪初，实施天然林保护工程，建立保护区，对森林严加管理。保护区内典型的中山湿性常绿阔叶林等主要植被类型保存完整，原始性强。所以，加强保护区内的资源管理，对维持保护区内生物多样性、涵养水源、调节区域气候具有重要作用。

三、土地利用存在的问题

1. 毁林开荒与采伐

保护区内和周边村庄存在部分毁林开荒现象，砍伐林木和开垦土地以蚕食的方式扩大耕地及其他种植面积。另外，为满足取暖、做饭、建设等日常生活需要，保护区内及其周边社区居民采伐保护区内的林木，对林木资源有一定的消耗。

2. 放牧

保护区总面积18705.73hm^2，区内林地、草地面积18103.60hm^2，占保护区面积的96.98%，分布较大，区内部分村寨周围林地、草地内存在牲畜放养现象。牲畜放养会对森林植被和草地造成一定影响，特别是对林下植被的破坏，不利于生物多样性和生态群落的保护。同时，由于牲畜的放养，容易使草地退化，形成退化草地。

3. 保护与利用矛盾突出

保护区主要保护对象以林麝（*Moschus berezovskii*）、藏酋猴（*Macaca thibetana*）、中华斑羚（*Naemorhedus griseus*）等为代表的珍稀濒危野生动物资源及其栖息地，保护以峨眉栲林为主的亚热带中山湿性常绿阔叶林、以水青冈林为主的常绿落叶阔叶林的森林生态系统，包括：峨眉栲-华木荷群落、峨眉栲-筇竹群落、峨眉栲-珙桐群落、水青冈-峨眉栲群落等森林生态系统。但由于历史原因，保护区内及周边村寨较多，开垦、砍伐、放牧、林下采集等人为活动较多，近年来由于基础设施建设、城镇化发展等原因，保护与当地群众的生产生活矛盾突出。

第三节　土地利用建议

1. 实施生态治理与修复

对实验区内的天然次生林（主要为灌木林地）实施生态修复，通过人工手段，采取近自然修复方法逐步更替树种，保护原生植被，选择土著树种，逐步更替，恢复生态，逐步提高生态服务功能。

对实验区内由于经常放牧等原因形成的退化草地实施退化草地的生态修复，通过人工手段，采取近自然修复方法逐步修复被破坏的草地，保护原生植被，根据退化草地的立地条件及合理搭配草种的原则，优先选择土著草种，逐步恢复生态，逐步提高生态服务功能。

2. 逐步改变养殖方式

调查中发现部分地区存在牲畜在林中、草地上放养现象，对林地林木和草地破坏较大。建议逐步改变原有养殖方式，由放养改为圈养，并给予农户相应的补偿和技术支持，有效保护森林资源。

3. 推广新能源利用

保护区周边是典型农户聚集的山区，给保护区带来较大的压力，加大推广节能改灶措施，减少薪材的利用和采伐，加大推广太阳能利用和加大用电的措施和补助政策，降低森林资源的消耗，减小对森林资源的依赖和影响。

4. 实施林业碳汇项目

在荒山、耕地上实施林业碳汇项目，特别是低产耕地实施退耕还林，提高补偿力度。项目实施后，扩大森林面积，增加森林资源数量，使林业发展与国家应对气候变化战略相结合，充分发挥森林生态服务功能。

5. 发展保护区周边社区经济

大力发展保护周边社区经济，种植方竹、猕猴桃、楤木、党参、重楼、白及等，以减少周边社区群众对保护区内资源的掠夺和依赖程度，逐步实现协调保护区内相关利益群体关系。

保护区内相关利益群体对保护区有着不同的需求，协调好各方利益有利于从根本上解决保护区内人地矛盾、保护与利用矛盾，从而使保护区步入健康发展道路。

第四节 保护措施

1. 建立森林资源动态监测体系

可借助卫星遥感技术、购置无人机和安装监测装置设备，对保护区内资源形成动态监测管理。

2. 强化宣传工作

在保护区周边社区开展多种形式的宣传教育活动，增强广大群众的保护意识，利用图片、标本等资料宣传野生动植物的品种、数量和保护级别，让广大人民群众知晓保护物种，构建群防群保的社会氛围。

3. 加大执法打击力度

依法严厉打击各种破坏森林资源的违法犯罪行为。结合每年开展的“网剑行动”“利剑行动”“绿盾专项行动”，依法增强对破坏野生动植物资源及毁坏林地的违法犯罪活动进行综合整治，确保保护区资源稳定，有序发展。

4. 强化火灾和有害生物防控

加大对保护区的管控力度，严防森林火灾、有害生物疫情、疫病蔓延等。

5. 加强巡护队伍管理

把保护森林资源的责任落实到山头、人头，形成“有林就有人”的护林管理网络格局。

6. 实施极小种群的保护

加大对极小种群、物种的监测和保护，维护保护区内生物多样性、生态安全和谐。

第八章　社会经济与社区发展

保护区位于云南省永善县境内，保护区共涉及5个乡镇（街道）、6个村（居）民委员会、8个村民小组。永善县历史悠久、民族众多、资源丰富。至2021年年末，全县总人口数47.83万人。主要有汉族、回族、彝族、苗族等34个民族，少数民族人口44962人，占全县总人口的9.40%。2021年，永善县全年实现地区生产总值（GDP）1481462万元，城镇常住居民人均可支配收入31202元，农村常住居民人均可支配收入12276元。近年来，永善县经济发展速度较快，居民物质文化生活水平明显提高。但是总体来看，其经济基础仍很薄弱，主要经济指标低于全省平均水平。保护区内居住有51户154人。受地理区位和环境限制，村民普遍依靠种植业、畜牧业等收入维持生活，经济条件较低。针对保护区周边社会经济主要存在人口压力大、经济结构单一、社区发展资金缺乏、社区居民环保意识不强、对保护区资源依赖较大等问题，建议社区发展扶持项目规划，借助各方力量推动社区经济发展，最终实现自然保护与社区协调发展的目标。

第一节　社会经济

一、行政区域

保护区位于永善县境内，横跨团结、溪洛渡、马楠、水竹、务基和黄华6个乡镇（街道）、71个村民委员会（社区）、1376个村民小组。

二、人口数量与民族组成

据2021年国民经济和社会发展统计公报，全县共辖16个乡镇（街道）、143个村民委员会（社区）、2557个村（居）民小组，有汉族、回族、彝族、苗族等34个少数民族，少数民族人口44962人，占全县总人口的9.4%。2021年末，调查显示，全县总人口478361人，人口出生率为16.08‰，死亡率为7.21‰，自然增长率为8.87‰，城镇化率43.5%。2021年末，全县户籍人口478361人，其中：乡村人口382661人，城镇人口95700人；男性人口255618人，女性人口222743人；少数民族人口44962人（彝族25801人，苗族15776人，回族1690人，其他少数民族人口1695人）。

三、地方经济

截至2021年，全县地区生产总值1481462万元，比上年增长0.8%。其中：第一产业增加值225724万元，增长9.0%；第二产业增加值870655万元，下降4.6%；第三产业增加值385083万元，增长8.7%。三次产业比重为15.2：58.8：26.0，对经济增长的贡献率分别为171.7%、-347.4%、275.7%，分别拉动经济增长1.4个百分点、-2.8个百分点、2.2个百分点。农、林、牧、渔业，全年总产值340920万元，比上年增长11.2%；农、林、牧、渔业增加值228084万元，比上年增长9.1%。农产品面积产量，全年粮食播种面积45216公顷，与上年持平，粮食产量213437吨，比上年增长0.5%；油料面积3747公顷，比上年增长0.1%，产量6731吨，比上年增长2.8%；蔬菜面积10032公顷，比上年增长2.4%，产量161037吨，比上年增长4.1%；水果产量13343吨，比上年增长2.5%。畜牧业，全年牛出栏11068头，比上年增长19.9%，牛存栏41524头，比上年增长20.4%；肥猪出栏343363头，比上年增长35.2%，生猪存栏262523头，比上年增长13.4%；羊出栏132381只，比上年增长20.7%，羊存栏143015只，比上年增长13.4%；家禽出栏611570只，比上年下降6.3%，家禽存栏432659只，比上年增长2.4%；肉蛋奶总产量33642吨，比上年增长32.2%。常住居民人均可支配收入18069元，增长10.1%，其中：城镇常住居民人均可支配收入31202元，增长9.2%；农村常住居民人均可支配收入12276元，增长10.1%。

四、公共基础设施

1. 交通

2021年底，全县公路通车里程5940km，其中国道218km，省道46km，县道712km，乡道790km，村道991km，村组道路3181km，溪洛渡电站专用公路21km。

2. 通信

2021年底，全县电信、移动、联通及固定电话通信网络全面覆盖，完成电信业务总量25960万元，比上年增长10.9%。年末移动电话用户305288户，互联网宽带接入用户72077户。全县加速推进5G扩面，实现县城区覆盖率达75%以上，乡集镇覆盖率达20%以上。行政村和20户以上自然村有线光纤宽带全覆盖。但保护区内部监测监控网络信息系统尚未建设，管护局与管护站、瞭望台、电子监控设备的信息化亟待加强。

3. 教育文化

2021年末，全县共有普通中学在校学生25975人，比上年下降3.7%；小学在校学生32414人，比上年下降3.4%；初中阶段毛入学率111.11%，小学学龄儿童入学率99.92%；普通中学专任教师1995人，比上年下降1.9%；小学专任教师2237人，比上年下降5.3%。

2021年末，全县共有公共图书馆1个。电视节目综合人口覆盖率100%，广播节目综合人口覆盖率100%，有线电视入户率11.85%。

4. 医疗卫生

全县共有医疗卫生机构209个，实有病床2175张；专业卫生技术人员2084人，其中执业医师、执业助理医师630人。

5. 社会保障

2021年末，全县参加养老保险的有323107人，参加基本医疗保险的有408712人，参加失业保险的有10798人。城镇居民最低生活保障人数11738人，农村居民最低生活保障人数49248人。

6. 财政、金融

财政：全县地方一般公共财政预算收入完成75747万元，比上年下降4.2%；全县地方一般公共财政预算支出完成626000万元，比上年增长64.6%。

金融：全县金融机构存款余额为1200305万元，比上年增长9.6%；金融机构贷款余额为587900万元，比上年增长31.1%。城乡居民储蓄存款余额832718万元，比上年增长12.1%；涉农贷款346179万元，比上年增长11.7%。

第二节　社区发展

1. 社区、人口和民族

保护区涉及5个乡镇（街道）、6个村（居）委员会、8个村民小组。保护区共居住有51户154人，其中核心区3户5人，缓冲区30户94人，实验区18户55人。区域内以汉族为主，少数民族以苗族、彝族为主。保护区内居住人口统计见表8–1。

表8-1　永善五莲峰市级自然保护区内居住人口统计表

片区	乡镇（街道）	村（居）委会	村民小组	村庄名称	计		核心区		缓冲区		实验区	
					户数	人数	户数	人数	户数	人数	户数	人数
合计					51	154	3	5	30	94	18	55
蒿枝坝片区	马楠	虹口	碓窝厂	碓窝厂	4	13					4	13
	水竹	双旋	大划沟	大划沟	14	42					14	42
	水竹	双旋	蒿枝坝	蒿枝坝	3	5	3	5				
二龙口片区	永兴	顺河	火地坪	火地坪	7	26			7	26		
	溪洛渡	云荞	乔棚	二龙口	8	26			8	26		
	团结	新田	小厂	小厂	2	5			2	5		
	马楠	马楠	壕子口	壕子口	8	23			8	23		
	马楠	马楠	道坡	道坡	5	14			5	14		

2. 社区经济

保护区内及周边社区农业产业结构单一，主要经济来源为种植业和养殖业，农闲季节少部分人靠外出打工贴补家用，农民人均纯收入9769元/年。主要种植燕麦、荞子、土豆、蔬菜及少量玉米等农作物；主要养殖猪、牛、羊、鸡等牲畜。

3. 教育、文化

保护区所涉及乡镇（街道）共有中学7所、完小66所，中、小学学生30200人；在文化建设方面，乡镇建有文化站、图书馆，保护区周边行政村建有村级文化活动场所，大多集图书室、党员活动室、棋牌室、乒乓室、健身房于一体。溪洛渡街道组建溪洛渡艺术团进行文化演出，对丰富村民业余文化生活和促进乡村文化产业起到了重要作用，但文化教育发展总体较低。

4. 医疗卫生

保护区涉及乡镇（街道）有公立医院2个、卫生院（室）65个、床位660个，但医疗条件较差，医疗设备简陋，群众看病依然困难，遇到需要治疗急病、重病，大多社区居民会选择到市里和省城治疗。近年来，永善县加快推进县域内紧密型医共体建设步伐，积极争取资金补齐卫生基础设施、医疗设备短板弱项。组建专科联盟、搭建远程会诊中心，全面构建优质高效医疗卫生服务体系，实现群众就近享受更多优质医疗服务。

5. 农村居民社会保障

永善县健全多层次社会保障体系，深入推进全民参保专项行动，基本实现人人享有社会保险。严格落实“强化宣传、加快扩面、提高待遇、加强征缴、规范管理、优质服务、强化监管”的要求，不断健全完善社会保障体系，提高待遇水平，增强保障质量。保护区所在乡镇（街道）参加农村医疗保险161319人。

6. 交通

永善五莲峰自然保护区共有干线公路10km，支线公路51km，巡护道路300km，但由于保护区山高、箐深，自然条件差，道路时常晴通雨阻，路况不佳。

7. 通信、通电

保护区涉及乡镇（街道）网络集镇覆盖率100%；行政村光宽带覆盖率94%，行政村4G覆盖率97%，手机普及率很高，已能满足与外界的信息交流。随着电网主网加固、配电网升级和农村电网改造，城乡电网供电能力和供电质量不断提高，保护区内及周边社区均已通电。

第三节　社区发展存在的问题与建议

一、社区发展存在问题

1. 植物资源无法利用

苗药历史悠久，实用性很强，保护区周边村民以苗族、彝族等少数民族为主，许多村民有采药养生、鲜食和治病的习俗。据不完全统计，保护区以厚朴、中华五味子、竹节参和黄连等为代表的药用植物36种；以杉木、柳杉和日本落叶松等为代表经济木材26种；以珙桐、武当玉兰和中华木荷等为代表的观赏植物62种；以中华猕猴桃、八月瓜和猫儿屎为代表的水果植物15种，以楤木、水竹和方竹为代表的野生蔬菜26种，但因为保护区管理严格，周边村民难以正常进入保护区，更没办法利用保护区的各种植物资源。

2. 经济来源单一

作为有着靠山吃山传统的当地村民，种植业和养殖业是其主要的经济来源。但农产品周期长、受市场波动大、收益低，使社区经济难以得到持续增长。此外，部分村民依赖保护区的资源较大，如采集野生菌类、蔬菜、药材等，缺乏利用科学技术开展中药材栽培和种苗培育等致富项目的意识和资金扶持，增收途径狭窄。

3. 社区居民对保护区具有抵触情绪

保护区周边社区居民多是土生土长的，“靠山吃山”的理念根深蒂固，认为现有的森林资源是祖祖辈辈生产生活的地方，是他们赖以生存的家园，依靠自己可以保护得很好，无须通过封山来保护。而保护区的建立制约了周边社区的发展，使他们失去一定的经济收入，对保护区的工作产生了抵触情绪。

4. 保护区无法为周边社区带来利益

保护区管理机构成立后，工作的重点是保护资源不受破坏，没有探索周边经济发展。位于保护区周边的村庄经济发展停滞，不少属于贫困村，主要经济来源为种植玉米、土豆，牲畜养殖等。保护区周边社区居民无法依靠森林资源和土地资源生产生活，造成了保护区存在“经济发展”和“资源保护”双重困难。同时，保护区经费多是公益林和天然林管护经费，难以用于扶持社区发展。由于资金匮乏，保护区社区发展的能源替代、持续利用、社区参与等项目实施较少，社区参与发展机会很少。

二、社区发展建议

1. 发展目标

（1）开展社区共管与社区发展扶持相结合，发展社区经济，加快社区脱贫，提高保护区周边和区内居民生活水平，有效改善社区生活环境和卫生状况，使保护区与社区和谐发展。

（2）改进资源利用方式和社区能源结构，加大太阳能等替代能源的使用，减少保护区周边居民对自然资源的依赖，实现生态环境与资源保护和社区经济发展的良性循环。

（3）开展宣传教育活动，提高社区居民文化素质和法律意识，增强社区居民的保护意识，自觉参与保护，降低保护区内案件发生率。

（4）为周边社区提供种植、养殖业等方面的实用技术培训，促进社区经济发展，减轻社区发展对自然资源依赖，实现自然保护区的可持续发展。

2. 社区扶持项目规划

（1）直接减轻威胁保护区项目

①建卫生厕所：为提高社区环境卫生质量，防止传染病发生。每年选5个自然村，每村选择5户建卫生厕所。

②建垃圾收集点：集中收集处理垃圾，每年选5个自然村，根据需要建设垃圾收集点。

③人畜饮水工程项目：重点扶持保护区周边生产、生活用水困难的村社，解决人畜饮水困难的

问题。规划扶持建设蓄水池5个，人畜饮水管网改造和建设25km。

（2）农村能源示范项目

在保护区周边社区开展节能改灶试点示范区，选择在紧靠保护区的自然村中需柴量大的农户，每户扶持一口回风炉，扶持200户，每户补助500元。

（3）低产方竹林（筇竹）改造

低产方竹林（筇竹）改造户均4.0亩，扶持100户。

（4）经济林示范项目

扶持保护区周边种植核桃、花椒、方竹（筇竹）等150hm^2。

（5）用材林示范项目

保护区周边农民长年靠山吃山，对保护区的生物多样性破坏较为严重。为减少村组群众对保护区资源的依赖程度，规划在保护区周边地区发展杉木用材林200hm^2。

（6）养殖业示范项目

针对周边村组目前存在养殖技术落后、产出率低、资源浪费大等问题，在进行宣传教育的同时，聘请技术人员到周边村组对群众进行有关家畜喂养、疾病防治等知识培训和养殖新品种的推广，在周边地区低海拔地区以推广养殖新品种猪、鸡为主，并组织群众参观学习生猪饲养及家畜家禽的厩养化技术。规划在保护区周边村组扶持科技养殖示范户50户。

（7）实用技术培训

选择1个有条件的村寨作为村组共管经济发展试点示范区，共50户左右，对户均1人以上进行实用技术培训。培训内容有：中药材栽培技术以及珍稀树种的育苗及栽培技术、经济林栽培和管理等。

（8）保护区资源开发示范

在摸清保护区内筇竹资源的储量、分布、生长量，并且管理到位的前提下，每年的森林防火期间实行开、封制度，合理采伐筇竹资源，有计划地允许保护区周边村民采集保护区内的竹笋，缓解保护区与周边村民经济收入的矛盾。

（9）社区居民综合素质培训

①培训社区居民学习相关知识技能，充实其头脑、拓宽其眼界、蜕变其思想；提高社区居民对事物的认知水平以及处理矛盾的能力，培养社区居民的法治观念，直接或间接向社区经济发展提供智力支持。

②通过相关知识技能培训，改变社区居民的小农经济思想，鼓励开办家庭旅馆、餐饮，鼓励开展民族特色产品、服饰针织、传统手工艺品等不破坏自然资源的商贸活动，以多种形式积极参与

就业。

③社区旅游从业人员要进行从业技能培训，包括观念上的和技能上的，如环境卫生意识、导游技能、餐饮服务技能、客房服务技能、语言能力等技能培训，以提高服务质量，规范服务行为，提升旅游品牌。

（10）传统民族文化相关的产品加工制作

保护区周边生活着汉族、彝族、回族、苗族等少数民族。结合永善县旅游发展规划，鼓励发展乡镇旅游商品生产企业，创造就业机会，吸纳本地社区居民，依托各少数民族文化发展各村寨民族小手工业，进行传统服装、饰品、民俗手工艺品、乐器等的加工制作，作为民俗文化体验的纪念品进行销售，促进农村综合性旅游经济的发展。

3. 资金渠道

（1）中央及各级政府社区发展资金和各级扶贫资金。

（2）地方政府经济和社会发展规划、计划，并在经费安排和政策上重点倾斜。

（3）社区自筹资金。

（4）争取社会团体、企业、个人的资助。

（5）争取项目援助。

（6）共管计划编制完成后，可通过招商引资活动争取更多的资金。

（7）利用“社区发展投资基金”在社区开展切实可行的创收活动。

第九章　保护区建设与管理

永善五莲峰市级自然保护区是经昭通市人民政府批准成立，以保护区域内中山湿性常绿阔叶林、山地常绿落叶阔叶混交林及分布其间的珍稀保护动植物物种为主要保护对象。2017年，明确永善县国有林场加挂永善县自然保护区管护局牌子，机构规格为正科级，人员编制22名。自保护区成立以来，保护区管护局在制度建设、保护管理、科研监测、宣传教育等方面做了大量工作，并取得成效。但保护区还存在着管理机构有待完善、基础设施严重滞后、保护管理人员不足、经费严重投入不足、执法体系不完善、保护与发展矛盾突出等方面的问题，建议加快推进保护地整合优化工作、理顺管理体制、加强队伍建设、加大科研经费投入、加强基础设施设备建设、完善管理制度、加强人类活动的管理等措施，使保护区走上规范、科学的管理轨道。

第一节　保护区建设

一、历史沿革及法律地位

（一）历史沿革

1. 保护区的成立

2002年12月19日，《永善县人民政府关于对县林业局请求建立五莲峰、小岩方县级自然保护区的批复》（永政复〔2002〕22号）文件批准建立永善县五莲峰县级自然保护区。保护区类型为自然生态系统类别的森林生态系统类型的自然保护区，面积为30841hm^2。

2. 保护区的晋升和范围调整

2003年5月6日，《昭通市人民政府关于公布威信县大雪山等9处新建市级自然保护区的通知》（昭政发〔2003〕61号），正式批准永善县五莲峰县级自然保护区晋升为永善县五莲峰市级自然保护区。保护区类型为自然生态系统类别的森林生态系统类型的自然保护区，面积为30841hm^2，晋升后的永善县五莲峰市级自然保护区由永善县国营莲峰林场管理。

2014年6月22日，永善县人民政府向昭通市人民政府上报关于《永善县五莲峰市级自然保护区调整方案》（永政请〔2014〕23号）的请示，请求对永善县五莲峰市级自然保护区的范围进行调整。

2014年8月20日，《昭通市人民政府关于永善县五莲峰市级自然保护区范围调整的批复》（昭政复〔2014〕43号）同意永善县五莲峰市级自然保护区范围调整。调整后的永善县五莲峰市级自然保护区属于“自然生态系统”类别中的“森林生态系统类型”，规模为中型自然保护区，面积18705.73hm^2，其中：核心区面积6681.68hm^2，缓冲区面积5331.07hm^2，实验区面积6692.98hm^2。

3. 行政管辖

2002年，成立永善县五莲峰县级自然保护区时，采用当时的县级行政界线，保护区范围属于永善县。

2003年，永善县五莲峰县级自然保护区升级为市级自然保护区，保护区范围主要以永善县国有林场的界线为基础，团结小厂和马楠虹口属于国有林场范围，水竹双旋属于永善实际管理区域。

2014年，进行永善县五莲峰市级自然保护区范围调整时，由于县级行政界线（林地一张图界线）发生变化，致使保护区内（团结小厂、马楠虹口、水竹双旋部分面积871.17hm^2）被划入大关县境内。

本书采用第三次全国国土调查的行政界线，致使保护区内（团结小厂、马楠虹口、水竹双旋部分面积913.61 hm^2）被划入大关县境内，划入大关县的该部分面积一直以来为永善县管辖。

保护区的成立、升级、范围调整都是由永善县单独上报审批，单独管理。

4. 管理机构调整

1959年12月26日，经云南省人民政府批准，在永善县境内五莲峰一带（主要为莲峰、水竹、马楠、溪洛渡和团结等乡镇），成立永善县国营莲峰林场（隶属永善县林业局管理），场部设在莲峰镇，后搬迁至溪洛渡镇（街道）新拉村，负责管理永善县境内的国有林地。永善县五莲峰县级自然保护区自建立以来一直由永善县国营莲峰林场管理。

在国有林场改革的大潮中，2017年4月19日，《永善县机构编制委员会关于将永善国营莲峰林场更名为永善县国有林场的通知》（永编发〔2017〕17号）将“永善县国营莲峰林场”正式更名为“永善县国有林场”。

2017年7月25日，《昭通市机构编制委员会关于明确永善县国有林场机构规格等事项的批复》（昭市编〔2017〕69号）同意永善县国有林场加挂永善县自然保护区管护局牌子。

2017年11月4日，《永善县机构编制委员会关于印发永善县国有林场机构编制方案的通知》

（永编发〔2017〕38号）明确永善县国有林场加挂永善县自然保护区管护局牌子，机构规格为正科级，隶属县人民政府，由县林业局负责监管，为财政全额拨款的公益一类正科级事业单位，人员编制22名，领导职数为1正4副。场部现位于昭通市永善县城溪洛渡大道南端永善县林业和草原局内。

永善五莲峰市级自然保护区由永善县国有林场管理（加挂永善县自然保护区管护局牌子），实行“一个机构，两块牌子”的管理模式。

（二）法律地位

自然保护区建立的各个阶段以及土地使用权等，具有严谨实效的法律地位，均有各级人民政府及专有批文，具有法律保证，其依据主要有以下各级人民政府的文件：

2002年12月19日，《永善县人民政府关于对县林业局请求建立五莲峰、小岩方县级自然保护区的批复》（永政复〔2002〕22号）文件批准建立永善县五莲峰县级自然保护区。

2003年5月6日，《昭通市人民政府关于公布威信县大雪山等9处新建市级自然保护区的通知》（昭政发〔2003〕61号）正式批准永善县五莲峰县级自然保护区晋升为永善县五莲峰市级自然保护区，面积为30841hm^2。

2014年8月20日，《昭通市人民政府关于永善县五莲峰市级自然保护区范围调整的批复》（昭政复〔2014〕43号）同意永善县五莲峰市级自然保护区范围调整，调整后的永善县五莲峰市级自然保护区面积18705.73hm^2，其中：核心区面积6681.68hm^2，缓冲区面积5331.07hm^2，实验区面积6692.98hm^2。

二、保护区类型和主要保护对象

（一）保护区类型

1. 保护区的性质

永善五莲峰市级自然保护区是经昭通市人民政府批准建立的市级自然保护区，保护区管理机构属公益性事业单位。

2. 保护区的类型

根据环境保护部（现生态环境部）和国家技术监督局（现国家市场监督管理总局）1993年联合发布的中华人民共和国国家标准《自然保护区类型与级别划分原则》（GB/T 14529—93），永善县五莲峰市级自然保护区属于“自然生态系统”类别中的“森林生态系统类型”，规模为中型自然保护区。

（二）保护区主要保护对象

主要保护对象是保护区内主要分布的中山湿性常绿阔叶林、山地常绿落叶阔叶混交林及分布其间的珍稀保护动植物物种。

1. 保护独特的森林生态系统

保护五莲峰川、滇交界的原生阔叶植被过渡类型，保护以峨眉栲林为主的亚热带中山湿性常绿阔叶林、以水青冈林为主的常绿落叶阔叶林和以杉木林为主的暖温性针叶林的森林生态系统，包括：峨眉栲-华木荷群落、峨眉栲-筇竹群落、峨眉栲-珙桐群落、水青冈-峨眉栲群落、杉木群落、柳杉群落等森林生态系统。

2. 保护丰富的国家重点保护植物资源

保护以珙桐、水青树、红椿、中华猕猴桃为代表的重点保护野生植物资源。

3. 保护丰富的珍稀濒危动物资源

保护以林麝、贵州疣螈、红隼、中华斑羚、藏酋猴、黑熊为代表的珍稀濒危野生动物资源。国家级和省级保护物种共23种，包括：国家Ⅰ级保护动物1种，即林麝；国家Ⅱ级保护动物21种，即毛冠鹿、中华斑羚、藏酋猴、貉、黑熊、青鼬、豹猫、红隼、普通鵟、鹊鹞、松雀鹰、白鹇、白腹锦鸡、红腹角雉、斑头鸺鹠、灰林鸮、画眉、红嘴相思鸟、白胸翡翠、大噪鹛和贵州疣螈；云南省级保护动物2种，即眼镜蛇、毛冠鹿。列入CITES附录物种14种，即中华斑羚、黑熊、红隼、普通鵟、鹊鹞、松雀鹰、斑头鸺鹠、灰林鸮、画眉、红嘴相思鸟、林麝、藏酋猴、豹猫、树鼩。列入IUCN红色物种3种，即林麝、中华斑羚和黑熊。

上述保护对象在各片区中的分布情况是：团结上厂片区的主要保护对象为以峨眉栲-珙桐群落、峨眉栲-华木荷群落、峨眉栲-筇竹群落为主的中山湿性常绿阔叶林森林生态系统，以及森林生态系统内以豹猫、树鼩为主的保护动物和以珙桐、筇竹、领春木等为主的保护植物；二龙口片区主要保护对象为以水青冈-峨眉栲群落、峨眉栲-华木荷群落、峨眉栲-筇竹群落、峨眉栲-珙桐群落、杉木群落、日本落叶松群落、草甸为主的中山湿性常绿阔叶林和常绿落叶阔叶混交林、暖温性针叶林的森林生态系统，以及森林生态系统内以林麝、贵州疣螈、红隼、普通鵟、鹊鹞、松雀鹰、白鹇、白腹锦鸡、红腹角雉、斑头鸺鹠、灰林鸮、中华斑羚、藏酋猴、黑熊、青鼬、豹猫、树鼩、画眉、红嘴相思鸟为主的保护动物和以珙桐、水青树、红椿、领春木、筇竹等为主的保护植物；蒿枝坝片区主要保护对象为以峨眉栲-华木荷群落、峨眉栲-珙桐群落、峨眉栲-筇竹群落、柳杉群落、草甸为主的中山湿性常绿阔叶林森林生态系统，以及森林生态系统内以眼镜蛇、鹊鹞、白腹锦鸡为主的保护动物和以珙桐、筇竹、水青树等为主的保护植物。

三、保护区建设目标

（一）总体目标

认真贯彻执行国家各项关于自然保护区建设管理和野生动植物保护的法律、法规和各项方针政策。通过保护区规划的实施，逐步建立和完善自然保护区管理体系和管理制度，提高管理能力，落实各项保护管理措施，使保护区内自然资源和自然环境得到有效保护。使保护区人为干扰得到有效控制、科研监测得到逐步开展、科普宣传教育得到全面普及、生态旅游得到有序进行、自然资源得到合理利用。坚持保护优先、保护与发展相协调的原则，积极开展村组共管活动。不断提高保护区在国内外的知名度，为滇东北生物多样性保护作出贡献。

（二）近期目标

理顺保护管理体系，组织协调好有关方面的关系，建立健全管理机构，开展完善基础设施和设备建设，开展科研与监测，实现资源动态管理，保护生物资源及自然景观不受破坏。

（1）逐步建立健全并理顺保护管理机构，健全保护管理的规章制度，规范保护管理。

（2）加强基础设施建设，完成保护区勘界定标工作，实施各项保护管理工程。

（3）落实编制，充实队伍，合理安排人员，使人才结构合理化。

（4）加强与保护区周边村组的协调和宣传，逐步提高群众自然保护意识，开展村组发展示范项目，减轻村组群众对保护区的干扰和依赖。

（5）建立社区共管机制，使保护区的保护和建设得到社会的支持。

（6）建立村组共管组织，大力推广村组发展项目，改善周边社区经济条件，促进保护区建设和周边村组经济的协调发展。

（7）规范森林生态旅游活动，合理利用保护区旅游资源，科学、规范、合理地在保护区一般控制区开展生态旅游，走可持续发展道路。

（8）适当开展科学研究，对职工进行职业技术培训，加强保护宣传力度，提高保护区的知名度。

（9）积极恢复和发展森林植被，提高森林覆盖率。

（三）中远期目标

（1）进一步完善保护区体系建设，实现管理的规范化、系统化和科学化。

（2）加强与国内外科研、教学机构的交流与合作，充分发挥保护区的资源优势和区位特点，多渠道争取资金，根据保护区的特点，有针对性地开展科研监测项目。

（3）进一步开展保护区综合科学考察，摸清保护区本底资源数据，建立生物多样性管理数据库，开发保护区管理信息系统。

（4）加强宣传教育工作，不断提高保护区知名度，增强周边群众的保护意识，有计划地开展职工培训教育工作。

（5）在保护好自然环境和自然资源的基础上，在实验区进行适度开发，合理利用野生动植物资源、水资源和景观资源，逐步提高保护区的自养能力。

（6）把保护区建成典型的教学示范基地。

四、管理机构及人员编制

2017年11月，《永善县机构编制委员会关于印发永善县国有林场机构编制方案的通知》（永编发〔2017〕38号）明确永善县国有林场加挂永善县自然保护区管护局牌子，机构规格为正科级，隶属县人民政府，由县林业局负责监管，为财政全额拨款的公益一类正科级事业单位，人员编制22名，领导职数为1正4副。场部现位于昭通市永善县城溪洛渡大道南端永善县林业和草原局内。

（1）组织机构名称：根据（永编发〔2017〕38号）文件，将组织机构定名为“永善县自然保护区管护局”。

（2）性质：根据（永编发〔2017〕38号）文件，为财政全额拨款的公益一类事业单位。

（3）管理体系：根据（永编发〔2017〕38号）文件，管护局隶属县人民政府，由县林业局负责监管，人员编制22名，领导职数为1正4副。管护局内部设局长室、行政办公室（含财务室）、科学研究所（含标本室）、宣教股、保护管理股，站二级管理、一级核算，下设水竹乡、溪洛渡镇（街道）、团结乡3个管护站。

五、基础设施和设备现状

保护区成立以来，一直受到县委、县政府的高度重视，在县委、县政府正确领导和各界朋友的大力支持和关心下，永善县国有林场利用天然林资源保护资金70万元修建管护房660m²、瞭望台1个、购置了对讲机1对、铁扫帚100把、水枪14把、油锯1台、风力灭火机4台、铲子15把、普通望远镜6个、砍刀50把。

第二节　保护区管理

一、制度建设

保护区管护局各项管理制度和措施，健全保护管理规章制度，明确职责。通过制度建设，使保护管理工作初步做到日常化、制度化，做到有法可依，有章可循，强化依法行政、依法管理。工作人员积极开展巡护管理、森林防火、宣传教育、野生动物肇事解释等工作。

二、保护管理

保护区建立后，为了加强保护区的管理，保护区管理部门（国有林场）在上级主管部门和当地政府的支持下，采取了积极有效的管理措施。林场和保护区管护局已制定了管理制度和巡逻制度，与聘请的护林员签订目标管理责任书，实施分片定点管护，建立管护与检查体系。大力宣传有关自然保护区的知识和法规，增强群众的生态意识和法律意识。同时对有关案件及时处理，依法严厉打击破坏森林资源的各种违法犯罪活动，用实例教育群众。认真履行森林防火各项管理制度，不断调整充实防火领导机构，加大森林防火宣传力度，加强火源管理。经过努力，多年来没有发生过重大森林火灾，确保保护区内生物多样性的安全。

由于管护人员知识老化，达不到自然保护区管理要求，所以保护管理工作比较粗放，专业化水平较低。主要是通过依靠护林员开展日常巡山护林、防火宣传，以及管护点对进入保护区人员登记、控制和管理所人员的林政执法等工作。

三、科研监测

2017年7月25日，《昭通市机构编制委员会关于明确永善县国有林场机构规格等事项的批复》（昭市编〔2017〕69号）同意永善县国有林场加挂永善县自然保护区管护局牌子。保护区由永善县国有林场管理（加挂永善县自然保护区管护局牌子），实行“一个机构，两块牌子”的管理模式。管护局建立后，由于经费问题、科研人才问题，科研监测活动正在筹备开展。

四、宣传教育

保护区管护局每年围绕各项保护管理工作进行了统一筹划，采用召开专题会议和上传工作信息形式对自然保护区的资源状况、管理工作等进行宣传，通过召开群众会议、赶集、发放宣传单、张贴标语（刷写标语）等方式对社区居民、旅游者开展防火、野生动植物保护、法律法规等方面的宣传。

五、生态保护情况

保护区总面积为18705.73hm^2。其中：区内国家级公益林地面积17274.79hm^2，占保护区总面积的92.35%；省级公益林地面积122.63hm^2，占保护区总面积的0.71%。按国家级公益林和省级公益林管理的有关规定加强各级公益林管理，并按相关补偿标准、办法、细则要求完成兑现工作。

六、村组共管

（1）保护区相邻的乡镇（街道）政府和各村民委员会，大力支持保护区管护工作，都已与自然保护区制定了《护林公约》，建立了联防制度，开展群防工作。

（2）合理安排群众到保护区采集竹笋。永善县林业和草原局在加强管理的基础上，有计划、有限度地允许保护区周边群众到保护区内采集竹笋，不仅使保护区内的资源得到有效利用，还使群众获得分享保护区资源的权利，增加了群众的收入，从而促使其支持和拥护自然保护区的建设和管理。

（3）聘用护林员，解决就业问题。保护区聘用了一批护林人员，为周边村组解决了部分就业问题，也是保护区周边群众直接参与保护区管理的一种形式。

第三节　有效管理评价

一、管理机构

保护区管护局在行政上受永善县人民政府领导，业务上受永善县林业和草原局、昭通市林业和草原局指导。管护局行政级别为正科级，设局长1名，副局长4名，根据法律、法规和相关政策，对保护区行使保护管理职能，对保护区实行统一管理。管护局内部设局长室、行政办公室（含财务室）、科学研究所（含标本室）、宣教股、保护管理股，站二级管理、一级核算，下设水竹乡、溪洛渡街道、团结乡3个管护站。

二、管理队伍

经永善县机构编制委员会批准，保护区核定事业编制22人。目前，保护区人员配备尚显不足，不能涵盖保护区工作的方方面面，应根据保护管理工作的需要，配齐工作人员，并在管理深度上下功夫，提高保护管理人员专业水平，特别是提高科研人员的工作能力。

三、基础设施与设备

保护区现无自有的基础设施，所使用办公用房和管护用房660m^2，权属为保护区管护局基础设施与设备配备整体不足，亟待投入资金完善基础建设和设备配备。

四、法规体系

保护区管理机构成立后，依据《云南省自然保护区管理条例》《中华人民共和国自然保护区条例》等法律、法规行使保护管理工作。但由于保护区机构改革前，人员少、任务重，加上正式设立保护区机构的时间不长，尚未实现“一区一法”，并且未制订属于保护区的管理办法、管理制度、保护区各科室工作任务和职责、保护点工作职责和管理制度等，难以使管护队伍做到任务到位、目标明确、职责分明，管护工作离正规化和规范化的轨道还相差甚远。保护区管理区点多面广、情况复杂，在贯彻执行当地政府和上级业务主管部门的管理制度中，现有的规章制度远远不能满足实际保护管理工作需求。

五、科研监测

保护区管理机构成立以来，由于科研经费、科研人员缺乏等原因，科研监测正在筹备开展，尚未取得实际成果。因此，之后的科研工作要加强科研人才培养和科研投入。

六、宣传教育

保护区建立以来，管护局比较重视宣教工作，积极协调环保、新闻、文化等部门多次进行“爱护生态、保护资源”“把青山留给子孙后代”等一系列宣传活动，周边社区群众的环境保护意识有所提高，破坏森林和偷猎等事件呈下降趋势。通过不断的宣传教育，提高了公众对保护区的认知度和环境保护意识，同时较大地提升了保护区在国内外的知名度和影响力。

七、管理成效

近年来，管护局在取得政府和广大群众对保护工作支持的同时，通过禁猎、禁捕、加强日常巡护和加大查处力度，对保护区内的乱采滥挖、乱捕滥猎活动予以严厉打击。

针对保护区周边人为活动频繁区域林火威胁严重的问题，保护区管护局着重加强对森林火灾的防范工作，成立县级专业扑火队，并采取各种措施预防森林火灾的发生。每到护林防火季节及农村过节时期，保护管理人员都深入农户宣传护林防火，这也确保了从保护区成立以来未发生过大的火灾的良好记录。但不可否认的是由于资金投入渠道缺乏，目前保护区的防火力量还非常薄弱。

八、相关利益群体协调

保护区的建立和发展涉及保护区管理者、周边社区、当地政府及社会公众等众多相关利益者，不同相关利益者的需求及其对保护区的态度直接影响到保护区的发展。与保护区保护和发展相关的不同利益群体主要有：①政府及其职能部门。②区内及周边社区。③教育、科研及培训部门等。

保护区内涉及有8个自然村民小组共计51户154人。保护区及周边经济欠发达，保护区周边群众生产生活对自然资源的依赖较大。虽然管护局积极参与太阳能、节柴灶、圈养畜牧等新科技推广，积极参与产业结构调整和林业产业扶贫，积极参与脱贫攻坚等重大政策性民生工程，取得积极的社会效益。但由于保护区建设暂无经费，需要保护区管护局开展的各项社区协调工作尚未真正开展，保护区亟须解决好社区共建、共管的问题。

九、自养能力

自保护区建立以来，主要精力花在保护区资源保护工作上，没有专人进行相关方面工作的尝试，保护区仅靠财政拨款维持，自养能力极低。为促进保护区保护工作的顺利开展和保护事业的健康发展，今后在努力争取上级对保护区项目建设投资的同时，应尽快落实完善生态公益林补偿机制，应积极、合理、有效地开展保护区和社区经济发展项目，以增强保护区自身的经济实力和发展后劲。

第四节　存在的问题与对策

一、存在的问题

自保护区建立以来，取得了一定保护成效，但在建设和发展过程中存在一些困难和问题，特别是科研监测、宣传教育、资源合理利用，以及如何全面、科学、有效地管理保护区，促进保护区可持续发展等方面仍存在着一些矛盾和问题，制约着保护区保护管理水平的提高。

1. 管理机构有待完善

保护区级别为市级，行政和人事归永善县委、县政府领导和管理，业务受县林业和草原局、市林业和草原局指导；目前管护局内部机构设置不完善，管护局仅为一级管理，对开展工作造成一定的局限性。

2. 基础设施严重滞后

目前，保护区基础设施建设严重滞后，管护局办公与县林业和草原局同属办公，保护区尚未建立自主的保护区管护局用房，保护区界桩、界碑及标示牌等严重缺乏，科研、宣教设施设备缺乏，特别是野外科研、宣教设施亟待增强。由于这些基础设施严重滞后，给保护管理工作带来诸多不利影响，一定程度上制约了保护区发展。

3. 保护管理人员不足

保护区点多、面广、线长，人员编制偏紧，现有人员专业结构不能满足保护管理工作的需要；并且在职人员中专业技术人员比例不高，专业性较弱，无法进行基本的标本制作、物种辨认，管理、专业技能亟待加强。

4. 科研监测、宣教等经费严重不足

由于地方政府财政困难，保护区管护局的人员工资和公务费由地方财政按月拨付。除此之外，保护区管护局无科研监测、公众意识宣传教育、巡护等业务经费，科研监测、宣传教育设施设备缺乏，严重制约了保护事业的发展。

5. 执法体系不完善

由于保护区机构改革前人员少、任务重，加上正式设立保护区机构的时间不长，尚未实现“一区一法”，相应的多种管理制度尚未健全。并且，保护区管护局没有综合执法权，林业行政执法由市森林公安局执法，执法范围和区域受限，给依法管理自然保护区带来诸多不便。

6. 社区群众对保护区依赖依然严重

保护区内涉及有8个自然村共计51户154人，其建设用地、生产用地周边与保护区相邻或部分在保护区内；并且村民生产生活用柴均依赖保护区，放牧耕种等活动对保护区的影响较大，这些区域村民的生产生活活动对保护区形成了严重干扰。

7. 保护与发展矛盾突出

经济发展历来是国家和地方政府非常重视的问题，它涉及社会的方方面面，只注重保护不求发展的泛保护主义将不利于社区和周边社会的稳定。如何妥善解决资源、环境保护与经济发展的矛盾，实现保护区与社区经济的协调发展，是保护区必须解决的紧要问题。随着近年来区域社会经济的发展，保护区与社区经济发展之间矛盾日益冲突，影响了保护区的发展和保护管理的有效性。

二、对 策

1. 加快保护地整合优化工作

根据“中办发〔2019〕42号”“自然资函〔2020〕71号”文等政策文件要求，按照保护面积不减少、保护强度不降低、保护性质不改变的总体要求，加快推进保护地整合优化工作，彻底解决保护地交叉重叠问题。

2. 理顺管理体制

结合自然保护区管理体制改革，划清自然保护区的管护范围，由保护区管护局统一行使对五莲峰市级自然保护区的管护监督职能，并承担管护主体责任，全面加强保护区森林资源管护和监测。保护区管护局统一对管护人员进行日常督促考核管理。

3. 提高人员素质

充实局、站人员，结合保护区岗位结构和人员现状，制订合理的人才引进和培训计划，提高管理人员素质，按照具体的管理任务，合理配备管理人员。切实提高保护区科学管理水平，增加科技人员的比重，增加编制，调入专业技术人员，并积极吸纳高校毕业生。同时，结合保护区自身特点，可进一步自上而下地对保护区决策人员、管理人员、科研人员、宣传人员、数据管理人员、执法人员、巡护人员、行政管理服务人员等开展职业教育和技能培训，全面提升保护区各类人员的文化素质和业务能力。

4. 加强基础设施建设

将保护区建设纳入各级政府经济社会发展计划，完成局、站、哨卡基础设施和配套工程建设，配备相应的设施设备，改善职工办公环境和基本生活条件，为保护区各项工作的正常开展提供硬件保障。

5. 加大科研监测经费投入

根据保护区科研监测工作的实际需要，加大科研监测经费投入，加强科研基础设施建设，购置科研监测设备，营造良好的科研平台，吸引相关科研机构合作开展科研工作。针对主要保护对象，加大本底资源调查的详细程度，扩大研究范围和研究对象，推进研究深度，加强科研能力。监测项目主要是建立健全监测样地、样线，对主要保护对象及其栖息环境进行动态监测，在科研机构的支持下长期自主开展监测，不断加强监测能力。

6. 加强对保护区内人类活动的管理

对保护区内的人类活动进行现地核实，查清起源及存在问题，建立人类活动台账，依据调查情况依法依规处理，并充分考虑涉及群众的民生问题，结合实际开展整改，加强监管。对位于保护区内或对保护区压力较大和生活条件较差的社区居民进行搬迁，以改善群众生产、生活条件，加快脱贫致富，减轻对保护区的压力。

7. 制订和完善各项管理制度

保护区管理机构和管理人员要认真组织贯彻落实相关的法律、法规和条例，制订和完善各项管理制度，保障对保护区的有效保护管理；加强宣传，让社区群众主动自觉参与自然资源的保护工作，合理地、适当地利用保护区集体林，使区内放牧、乱砍滥伐、偷猎、林下采集等现象得到有效控制。

参考文献

[1] 陈小勇．云南鱼类名录［J］．动物学，2013，34（4）：281-343.

[2] 陈宜瑜．横断山区鱼类［M］．北京：科学出版社，1998.

[3] 陈宜瑜．中国动物志-硬骨鱼纲-鲤形目（中卷）［M］．北京：科学出版社，1998.

[4] 陈永森．云南省志-地理志［M］．昆明：云南人民出版社，1998.

[5] 成功，龚济达，薛达元，等．云南省陇川县景颇族药用植物传统知识现状［J］．云南农业大学学报（自然科学），2013，28（1）：1-8.

[6] 成庆泰．云南的鱼类研究［J］．动物学杂志，1958，2（3）：153-262.

[7] 褚新洛，陈银瑞．云南鱼类志（上册）［M］．北京：科学出版社，1989.

[8] 褚新洛，陈银瑞．云南鱼类志（下册）［M］．北京：科学出版社，1990.

[9] 褚新洛，郑葆珊，戴定远．中国动物志-硬骨鱼纲-鲇形目［M］．北京：科学出版社，1999.

[10] 杜凡，杨宇明，李俊清，等．云南假泽兰属植物及薇甘菊的危害［J］．云南植物研究，2006，28（5）：505-508.

[11] 韩联宪，刘越强，谢以昌，等．双柏恐龙河自然保护区春季鸟类组成［M］//王紫江，黄海魁．保护鸟类人鸟和谐．北京：中国林业出版社，2009：219-225.

[12] 何开仁．景颇族医药的历史现状与发展［J］．中国民族医药杂志，2009，15（10）：6-7.

[13] 何明华．浅谈怒江水系鱼类资源保护［J］．林业调查规划，2005，30（增刊）：73-77.

[14] 侯学煜．论中国植被分区的原则、依据和系统单位［J］．植物生态学报，1964（2）：153-179.

[15] 胡华斌．云南德宏景颇族传统生态知识的民族植物学研究［D］．昆明：中国科学院昆明植物研究所，2006：1-100.

[16] 贾敏如，李星炜．中国民族药志要［M］．北京：中国医药科技出版社，2005：1- 857.

[17] 姜汉侨．云南植被分布的特点及其地带规律性［J］．云南植物研究，1980（1）：24-34.

[18] 蒋志刚，江建平，王跃招，等．中国脊椎动物红色名录［J］．生物多样性，2016，24（5）：500-551.

[19] 乐佩琦．中国动物志-硬骨鱼纲-鲤形目（下卷）［M］．北京：科学出版社，2000.

[20] 雷富民，卢汰春. 中国鸟类特有种 [M]. 北京：科学出版社，2006.

[21] 李荣兴. 德宏民族药名录 [M]. 芒市：德宏民族出版社，1990：1-214.

[22] 李锡文. 云南高原地区种子植物区系 [J]. 云南植物研究，1995，17（1）：1-14.

[23] 李锡文. 云南热带种子植物区系 [J]. 云南植物研究，1995（2）：115-128.

[24] 李锡文. 云南植物区系 [J]. 植物分类与资源学报，1985，7（4）：361-382.

[25] 刘华训. 我国山地植被的垂直分布规律 [J]. 地理学报，1981，36（3）：267-279.

[26] 马克平，刘灿然，刘玉明. 生物群落多样性的测度方法Ⅱ β多样性的测度方法 [J]. 生物多样性，1995，3（1）：38-43.

[27] 宋永昌. 中国常绿阔叶林分类试行方案 [J]. 植物生态学报，2004，28（4）：435-448.

[28] 王荷生，张镱锂. 中国种子植物特有属的生物多样性和特征 [J]. 云南植物研究，1994，16（3）：1-3.

[29] 韦淑成，周庆宏. 昆明优良乡土绿化树种 [M]. 昆明：云南科技出版社，2011：114.

[30] 吴征镒，路安民，汤彦承，等. 中国被子植物科属综论 [M]. 北京：科学出版社，2003.

[31] 吴征镒，孙航，周浙昆，等. 中国植物区系中的特有性及其起源和分化 [J]. 云南植物研究，2005，27（6）：577-604.

[32] 吴征镒，朱彦丞. 云南植被 [M]. 北京：科学出版社，1987：81-793.

[33] 吴征镒. 论中国植物区系的分区问题 [J]. 植物分类与资源学报，1979，1（1）：3-22.

[34] 西南林学院，云南林业厅. 云南树木图志（上、中、下册）[M]. 昆明：云南科技出版社，1988-1991.

[35] 肖之强，马晨晨，代俊，等. 铜壁关自然保护区藤本植物多样性研究 [J]. 热带亚热带植物学报，2016，24（4）：437-443.

[36] 杨大同，饶定齐. 云南两栖爬行动物 [M]. 昆明：云南科技出版社，2008.

[37] 杨晓君，吴飞，王荣兴，等. 云南省生物物种名录（2016版）[M]. 昆明：云南科技出版社，2017：553-578.

[38] 尹五元，舒清态，李进宇. 云南铜壁关自然保护区种子植物区系研究 [J]. 西北农林科技大学学报（自然科学版），2007，35（1）：204-210.

[39] 袁明，王慷林，普迎冬. 云南德宏傣族景颇族自治州竹亚科（禾本科）植物区系地理研究 [J]. 植物分类与资源学报，2005，27（1）：19-26.

[40] 张立敏，高鑫，董坤，等. 生物群落β多样性量化水平及其评价方法 [J]. 云南农业大学学报自然科学，2014，29（4）：578-585.

［41］张荣祖. 中国动物地理［M］. 北京：科学出版社，1999.

［42］郑光美. 中国鸟类分类与分布名录［M］. 3版. 北京：科学出版社，2018.

［43］郑作新. 中国鸟类分布名录［M］. 北京：科学出版社，1976.

［44］中国科学院昆明植物研究所. 云南植物志（1~16卷）［M］. 北京：科学出版社，1977-2006.

［45］中国科学院植物研究所. 中国高等植物图鉴（1~5册）［M］. 北京：科学出版社，1972-1976.

［46］中国植物志编委会. 中国植物志（1~80卷）［M］. 北京：科学出版社，1959-2004.

［47］中华人民共和国濒危物种进出口管理办公室，中华人民共和国濒危物种科学委员会. 濒危野生动植物种国际贸易公约［Z］. 2016.

［48］朱华，赵见明，蔡敏，等. 云南德宏州种子植物区系研究（Ⅰ）——科和属的地理成分分析［J］. 广西植物，2004，24（3）：193-198.

［49］郑进烜. 云南海子坪省级自然保护区种子植物区系特征［J］. 福建林业科技，2014，41（3）：80-85.

［50］郑进烜，余昌元. 双柏恐龙河州级自然保护区［M］，昆明：云南科技出版社，2021.

［51］Green DM，Baker MG. Urbanization impacts on habitat and bird communities in a sonoran desert ecosystem［J］. Landscape & Urban Planning，2003，63（4）：225-239.

［52］Kong D，Wu F，Shan P，et al. Status and distribution changes of the endangered Green Peafowl（Pavo muticus）in China ver the past three decades（1990-2017）［J］. Avian Research，2018，9（1）：18.

［53］Wu Fei，Liu Luming，Fang Jianling，et al. Conservation value of human-modified forests for birds in mountainous regions of south-west China［J］. Bird Conservation International，2017，27（2）：187-203.

［54］Wu Fei，Liu Luming，Gao Jianyun，et al. Birds of the Ailao Mountains，Yunnan province，China［J］. Forktail，2015，31：47-54.

［55］Wu Fei，Yang Xiaojun，Yang Junxing. Using additive diversity partitioning to help guide regional montane reserve design in Asia：an example from the Ailao Mountains，Yunnan Province，China［J］. Diversity and Distributions，2010，16：1022-1033.

永善五莲峰市级自然保护区综合科学考察单位及人员名单

一、考察单位

主持单位：云南省林业调查规划院生态分院

参与单位：云南师范大学

西南林业大学

永善县林业和草原局

永善县自然保护区管护局

二、专题组成员

（一）管理组

潘庭华　云南省林业调查规划院生态分院　副院长、高级工程师

汤明华　云南省林业调查规划院生态分院　主　任、高级工程师

赵金发　云南省林业调查规划院生态分院　主　任、高级工程师

赵少涛　永善县政府办主任　县林业和草原局原局长

刘　健　永善县林业和草原局（永善县自然保护区管护局）　局长

李　勇　永善县自然保护区管护局　副局长、高级工程师

（二）自然地理专题

董李勤　西南林业大学　系主任/博士

程希平　西南林业大学　副院长/副教授

张　昆　西南林业大学　博士

刘婷婷　西南林业大学　实验员/实验师

汤　涛　会泽县林业综合行政执法大队　工程师

陈晓东　云南省林业调查规划院生态分院　工程师

（三）植物、植被专题

张永洪　云南师范大学　博士/教授

汤明华　云南省林业调查规划院生态分院　主　任、高级工程师

潘庭华　云南省林业调查规划院生态分院　副院长、高级工程师

赵金发　云南省林业调查规划院生态分院　主　任、高级工程师

郑静楠　云南省林业调查规划院　工程师

黄　媛　云南师范大学　博士/研究员

张建文　中国科学院昆明植物研究所　副研究员

郭建玲　华南农业大学　博士研究生

钱少娟　云南师范大学　硕士研究生

何烈芬　云南师范大学　硕士研究生

（四）动物专题

杨士剑　云南师范大学　博士/教授

施利民　云南师范大学　博士/讲师

金朝光　云南师范大学　硕士/实验师

张德祥　云南师范大学　硕士研究生

邵曰派　云南师范大学　硕士研究生

金吉辉　云南师范大学　硕士研究生

黄志良　云南师范大学　本科生

孔德冲　云南师范大学　本科生

代贵红　云南师范大学　本科生

朱岚萍　云南师范大学　本科生

（五）生物多样性评价专题

潘庭华　云南省林业调查规划院生态分院　副院长、高级工程师

汤明华　云南省林业调查规划院生态分院　主　任、高级工程师

赵金发　云南省林业调查规划院生态分院　主　任、高级工程师

郑静楠　云南省林业调查规划院　工程师

高　林　云南省林业调查规划院生态分院　工程师

张　丽　云南省林业调查规划院　工程师

李　勇　永善县自然保护区管护局　副局长、高级工程师

（六）土地利用专题

汤明华　云南省林业调查规划院生态分院　主　任、高级工程师

赵金发　云南省林业调查规划院生态分院　主　任、高级工程师

潘庭华　云南省林业调查规划院生态分院　副院长、高级工程师

李　勇　永善县自然保护区管护局　副局长、高级工程师

李正强　永善县自然保护区管护局　高级工程师

（七）社区经济与社区发展专题

赵金发　云南省林业调查规划院生态分院　主　任、高级工程师

汤明华　云南省林业调查规划院生态分院　主　任、高级工程师

潘庭华　云南省林业调查规划院生态分院　副院长、高级工程师

郑静楠　云南省林业调查规划院　工程师

刘　娟　云南林业职业技术学院　副教授

李　勇　永善县自然保护区管护局　副局长、高级工程师

（八）保护区建设与管理专题

潘庭华　云南省林业调查规划院生态分院　副院长、高级工程师

汤明华　云南省林业调查规划院生态分院　主　任、高级工程师

赵金发　云南省林业调查规划院生态分院　主　任、高级工程师

刘　健　永善县林业和草原局（永善县自然保护区管护局）　局长

李　勇　永善县自然保护区管护局　副局长、高级工程师

李正强　永善县自然保护区管护局　高级工程师

（九）GIS及制图专题

陈晓东　云南省林业调查规划院生态分院　工程师

汤明华　云南省林业调查规划院生态分院　主　任、高级工程师

三、参加调查的市、县林草局人员

马　源　昭通市林业和草原局　工程师

陈　峦　永善县林业和草原局　高级工程师

李　彦　永善县林业和草原局　高级工程师